新工科建设之路·计算机类规划教材

数据结构实践教程
（第 3 版）

黑新宏　胡元义　主编

费　蓉　鲁晓峰　邓亚玲　段敬红　梁　琨　谈姝辰　张　永　副主编

电子工业出版社
Publishing House of Electronics Industry
北京·BEIJING

内 容 简 介

本书是作者积多年讲授与研究"数据结构"课程的经验并结合指导学生上机实践编写而成的。作者力求从实践的角度，帮助读者深入学习、理解和掌握数据结构知识并能灵活应用这些知识。本书涵盖了"数据结构"课程涉及的上机实践内容，并且列举了理论知识对应的算法实现程序，这些程序都已在 VC++6.0 环境下调试通过。

本书可以配合目前各类数据结构（C 语言）教材使用，不仅可以实现教学与上机的衔接，还可以帮助读者开拓学习和应用视野。本书程序设计内容丰富、编程方法全面，因此可以作为计算机应用人员的参考书。

未经许可，不得以任何方式复制或抄袭本书之部分或全部内容。
版权所有，侵权必究。

图书在版编目（CIP）数据

数据结构实践教程 / 黑新宏，胡元义主编. —3 版. —北京：电子工业出版社，2021.1
ISBN 978-7-121-40261-6

Ⅰ．①数… Ⅱ．①黑… ②胡… Ⅲ．①数据结构－高等学校－教材 Ⅳ．①TP311.12

中国版本图书馆 CIP 数据核字（2020）第 256810 号

责任编辑：孟　宇　　　　特约编辑：田学清
印　　刷：北京虎彩文化传播有限公司
装　　订：北京虎彩文化传播有限公司
出版发行：电子工业出版社
　　　　　北京市海淀区万寿路 173 信箱　　邮编：100036
开　　本：787×1092　1/16　印张：19.5　字数：487 千字
版　　次：2002 年 12 月第 1 版
　　　　　2021 年 1 月第 3 版
印　　次：2023 年 8 月第 4 次印刷
定　　价：59.00 元

凡所购买电子工业出版社图书有缺损问题，请向购买书店调换。若书店售缺，请与本社发行部联系，联系及邮购电话：（010）88254888，88258888。

质量投诉请发邮件至 zlts@phei.com.cn，盗版侵权举报请发邮件至 dbqq@phei.com.cn。
本书咨询联系方式：mengyu@phei.com.cn。

前　言

如果把程序设计比作一棵大树，那么数据结构无疑是大树的躯干。因此，可以把数据结构看作程序设计的精髓。计算机各个领域的应用都会涉及各种数据结构，只有较好地掌握了数据结构知识，才能在程序设计中做到游刃有余，从而在计算机应用领域的研究和开发中做到胸有成竹。

"数据结构"是计算机专业的核心课程，其内容是在长期的程序设计实践中提炼、升华而成的，反过来又应用于程序设计。"数据结构"课程是"操作系统""编译原理"等计算机专业核心课程的基础，在计算机专业课程的学习中具有承上启下的作用。另外，"数据结构"是一门应用广泛且有实用价值的课程，不掌握数据结构知识就难以成为一名合格的软件工程师或计算机工作者。

"数据结构"课程对理论与实践方面的要求都很高，并且内容难度很大。虽然多数教材都强调了实践的重要性，但还是缺乏数据结构算法实践方面的内容。很多教材对算法的描述只是扼要性和概述性的，并且大多数算法都采用类 C、类 C++或类 Pascal 语言描述。在这些算法中，有些算法虽然看起来正确但无法上机实现；为了适应运行环境，有些算法需要做重大修改后才能真正上机实现，即使是一些简单的算法也不能直接上机实现。由于数据结构算法的上机实现涉及栈、队列、树和图等具体存储结构，并且一个算法的实现往往涉及其中几种结构，这就增加了算法实现程序编写的难度，而初学者更是感到无从下手。针对这种情况，我们编写了《数据结构实践教程》（第 3 版）。在内容方面，我们坚持以理论知识为纲、实践应用为线，侧重创新，以达到开拓学生思维空间和实际动手能力的目的。目前，国家所倡导的"卓越工程师计划"就是要培养程序设计能力强并且具有创新精神的高素质人才，我们所做的正是为实现这一目标奠定坚实的基础。本书可作为"数据结构"课程的辅助与拓展教材，也可帮助计算机专业或其他相关专业的学生学习"数据结构"课程，让他们在尽可能短的时间内对数据结构知识的实践与应用有比较全面、深入和系统的认识，达到理论与实践相结合的目的。

本书中的所有程序都由作者编写并已在 VC++6.0 环境下调试通过，书中许多算法实现程序的设计思想都是作者独创的。本书对所有程序都添加了详细的注释。由于篇幅有限，仅列举了比较复杂且难度较大的算法实现程序的运行结果。这样可以使本书更为紧凑，使算法实现程序更加容易阅读和理解，也更加适应教学和实践的需要，对读者阅读和理解程序如何实现算法的功能将起到事半功倍的作用。

本书分为 9 章。第 1~8 章与数据结构相应的理论知识进行衔接，各章先对其涉及的理论知识进行简要介绍，然后给出涉及理论知识的全部算法实现程序。这些算法实现程序既可作为学习算法的拓展和补充，也可作为实践上机内容。第 9 章是数据结构算法设计与实现的扩展，给出了数据结构知识更多的应用内容，具有拓展数据结构思维及灵活运用数据结构知识的作用。

本书中的思考题大部分可作为"数据结构"课程设计题目，第 9 章也可作为"数据结构"课程设计的参考资料。

由于作者水平所限，书中难免存在不足之处，敬请广大读者批评指正。

编　者
2020 年 8 月 7 日

目　　录

第 1 章　线性表 ··· 1
　1.1　线性表的定义 ·· 1
　1.2　线性表的顺序存储——顺序表 ·· 1
　1.3　线性表的链式存储 ·· 2
　　　实验 1　顺序表及其基本运算 ··· 5
　　　实验 2　在表头插入元素生成单链表 ·· 7
　　　实验 3　在表尾插入元素生成单链表 ·· 10
　　　实验 4　单链表及其基本运算 ··· 12
　　　实验 5　双向循环链表及其基本运算 ·· 15
　　　实验 6　静态链表 ·· 18

第 2 章　栈和队列 ··· 23
　2.1　栈 ·· 23
　2.2　队列 ··· 25
　　　实验 1　顺序栈及其基本运算 ··· 28
　　　实验 2　链栈及其基本运算 ·· 30
　　　实验 3　循环队列及其基本运算 ·· 34
　　　实验 4　链队列及其基本运算 ··· 36

第 3 章　串 ·· 39
　　　实验 1　顺序串及其基本运算 ··· 41
　　　实验 2　链串及其基本运算 ·· 43
　　　实验 3　在链串中求子串的运算 ·· 46
　　　实验 4　在链串中插入子串的运算 ··· 48
　　　实验 5　串的简单模式匹配 ·· 49
　　　实验 6　串的无回溯 KMP 匹配 ··· 51

第 4 章　数组与广义表 ·· 56
　4.1　数组 ··· 56
　4.2　特殊矩阵 ··· 58
　4.3　稀疏矩阵 ··· 58
　4.4　广义表 ·· 61
　　　实验 1　矩阵转置 ·· 62
　　　实验 2　矩阵的快速转置 ··· 65
　　　实验 3　稀疏矩阵的十字链表存储 ··· 68
　　　实验 4　广义表及其基本运算 ··· 71

第 5 章 　树与二叉树 ·· 76

    5.1   树 ··· 76
    5.2   二叉树 ··· 76
    5.3   二叉树的性质 ·· 78
    5.4   二叉树的存储结构 ·· 78
    5.5   二叉树的遍历方法 ·· 80
    5.6   线索二叉树 ··· 80
    5.7   哈夫曼树 ·· 82
    5.8   哈夫曼编码 ··· 84
        实验 1　二叉树的遍历 ··· 84
        实验 2　二叉树的非递归遍历 ·· 87
        实验 3　另一种非递归后序遍历二叉树的方法 ···································· 90
        实验 4　二叉树遍历的应用 ··· 92
        实验 5　由二叉树的遍历序列恢复二叉树 ·· 95
        实验 6　按层次遍历二叉树 ··· 98
        实验 7　中序线索二叉树 ··· 101
        实验 8　哈夫曼树与哈夫曼编码（1） ··· 104
        实验 9　哈夫曼树与哈夫曼编码（2） ··· 109

第 6 章 　图 ··· 115

    6.1   图的概念 ··· 115
    6.2   图的基本术语 ··· 116
    6.3   邻接矩阵 ··· 118
    6.4   邻接表 ·· 120
    6.5   图的遍历 ··· 121
    6.6   图的连通性问题 ··· 121
    6.7   生成树与最小生成树 ··· 122
    6.8   最短路径 ··· 123
    6.9   AOV 网与拓扑排序 ··· 124
    6.10 AOE 网与关键路径 ··· 126
        实验 1　建立无向图的邻接矩阵 ·· 127
        实验 2　图的深度优先搜索 ·· 129
        实验 3　图的广度优先搜索 ·· 132
        实验 4　图的连通性 ··· 135
        实验 5　深度优先生成树 ·· 138
        实验 6　广度优先生成树 ·· 141
        实验 7　最小生成树的 Prim 算法 ·· 144
        实验 8　最小生成树的 Kruskal 算法 ·· 147
        实验 9　单源点最短路径的 Dijkstra 算法 ······································ 150
        实验 10　每对顶点之间最短路径的 Floyd 算法 ····························· 154

  实验 11 拓扑排序 157
  实验 12 关键路径 160

第 7 章　查找 167
7.1　顺序查找 167
7.2　有序表的查找 168
7.3　二叉排序树与平衡二叉树 168
7.4　哈希表与哈希方法 169
7.5　哈希函数的构造方法 169
7.6　处理冲突的方法 170
  实验 1 顺序查找 171
  实验 2 折半（二分）查找 173
  实验 3 分块查找 174
  实验 4 二叉排序树 176
  实验 5 平衡二叉树 182
  实验 6 哈希查找 192

第 8 章　排序 196
8.1　插入排序 196
8.2　交换排序 197
8.3　选择排序 198
8.4　归并排序 200
8.5　基数排序 200
  实验 1 插入排序 201
  实验 2 折半插入排序 203
  实验 3 希尔排序 205
  实验 4 冒泡排序 207
  实验 5 快速排序 209
  实验 6 选择排序 214
  实验 7 堆排序 216
  实验 8 归并排序 219
  实验 9 基数排序 223

第 9 章　数据结构算法应用 228
9.1　顺序表的应用 228
9.1.1　顺序表的逆置 228
9.1.2　将两个升序的顺序表 A 和 B 合并为一个升序的顺序表 C 229
9.1.3　单链表的逆置 231
9.1.4　将递增有序的单链表 A 和 B 合并为递减有序的单链表 C 232
9.1.5　删除单链表中值相同的节点 234
9.1.6　按递增次序输出单链表中各节点的数据值 235
9.1.7　用单链表实现约瑟夫（Josephus）问题 237

9.2 栈和队列的应用 ... 239
9.2.1 用栈判断给定的字符序列是否为回文 ... 239
9.2.2 循环链表中只有队尾指针的入队和出队算法 ... 240
9.2.3 算术表达式中的括号匹配 ... 242
9.2.4 将队列中所有元素逆置 ... 245
9.2.5 用两个栈模拟一个队列 ... 248
9.2.6 用栈实现汉诺塔（Tower of Hanoi）问题的非递归解法 ... 250

9.3 串的应用 ... 252
9.3.1 将串 s1 中连续的字符用串 s2 替换 ... 252
9.3.2 计算一个子串在串中出现的次数 ... 253
9.3.3 输出长度最大的等值子串 ... 255
9.3.4 将链串 s 中首次与链串 t 匹配的子串逆置 ... 256

9.4 数组与广义表的应用 ... 258
9.4.1 将所有奇数存放到数组的前半部分，所有偶数存放到数组的后半部分 ... 258
9.4.2 求字符数组中连续相同字符构成的子序列长度 ... 259
9.4.3 求广义表的表头和表尾 ... 260
9.4.4 另一种广义表生成方法 ... 264

9.5 树与二叉树的应用 ... 268
9.5.1 交换二叉树的左子树和右子树 ... 268
9.5.2 统计二叉树叶子节点个数的非递归算法的实现 ... 269
9.5.3 判定一棵二叉树是否为完全二叉树 ... 271
9.5.4 求二叉树中第一条最长的路径并输出此路径上各节点的值 ... 273

9.6 图的应用 ... 276
9.6.1 邻接矩阵转换为邻接表 ... 276
9.6.2 深度优先搜索的非递归算法的实现 ... 278
9.6.3 求无向连通图中距顶点 v_0 路径长度为 k 的所有节点 ... 280
9.6.4 用深度优先搜索对图中所有顶点进行拓扑排序 ... 283

9.7 查找的应用 ... 286
9.7.1 判断一棵二叉树是否为二叉排序树 ... 286
9.7.2 另一种平衡二叉树的生成方法 ... 288

9.8 排序的应用 ... 293
9.8.1 用双向循环链表表示的插入排序 ... 293
9.8.2 双向冒泡排序 ... 295
9.8.3 双向选择排序 ... 297
9.8.4 单链表存储下的选择排序 ... 298
9.8.5 归并排序的迭代算法实现 ... 300

参考文献 ... 303

第 1 章

线性表

1.1 线性表的定义

线性表是最简单、最基本、最常用的一种线性结构。线性结构的特点是数据元素（以下简称元素）之间是线性关系，元素一个接一个地排列，并且一个线性表中所有元素的类型都是相同的。简单来说，一个线性表是 n 个元素的有限序列，其特点是在元素的非空集合中：存在唯一一个称为"第一个"的元素；存在唯一一个称为"最后一个"的元素；除了第一个元素，序列中的每个元素只有一个直接前驱；除了最后一个元素，序列中的每个元素只有一个直接后继。

1.2 线性表的顺序存储——顺序表

线性表的顺序存储是指用一组地址连续的存储单元按顺序依次存放线性表中的每个元素，这种存储方式存储的线性表称为顺序表。在这种顺序存储结构中，逻辑上相邻的两个元素在物理位置上也相邻，即无须增加额外的存储空间来表示线性表中元素之间的逻辑关系。

由于顺序表中的每个元素具有相同的类型，即每个元素的大小相同，因此顺序表中第 i 个元素 a_i 的存储地址为

$$\text{Loc}(a_i)=\text{Loc}(a_1)+(i-1)\times L \qquad 1\leqslant i\leqslant n$$

其中，$\text{Loc}(a_1)$ 为顺序表的起始地址（即第一个元素的地址）；L 为每个元素所占存储空间的大小。由此可知，只要知道顺序表的起始地址和每个元素所占存储空间的大小，就可以求出任意一个元素的存储地址，即顺序表中的任意一个元素都可以随机存取（随机存取的特点是存取每个元素所花费的时间相同）。

在程序设计语言中，一维数组在内存中占用的存储空间就是一组连续的存储区域，并且每个数组元素的类型相同，故用一维数组存储顺序表非常合适。在 C 语言中，一维数组的数组元素下标是从 0 开始的，因此顺序表中序号为 i 的元素 a_i 如果存储在一维数组中，那么其下标为 i–1。为了避免这种不一致性，当顺序表中的元素存放在一维数组中时从下标为 1 的位置开始，因此元素的序号就是其下标。

此外，考虑到顺序表的运算有插入、删除等操作，即表长是可变的，因此数组的容量需要设计得足够大。我们用 data[MAXSIZE] 来存储顺序表，而 MAXSIZE 是根据实际问题

所定义的一个足够大的整数，此时顺序表中的元素由 data[1] 开始依次存放。由于当前顺序表中实际元素的个数可能还未达到 MAXSIZE-1，因此需要用变量 len 来记录当前顺序表中最后一个元素在数组中的位置（即下标），即 len 起着指针的作用，它始终指向顺序表中的最后一个元素，并且表空时 len 等于 0。

从结构上考虑，可以将 data 和 len 组合在一个结构体中，用来作为顺序表的类型：

```
typedef struct
{
    datatype data[MAXSIZE];         //存储顺序表中的元素
    int len;                        //顺序表的表长
}SeqList ;                          //顺序表的类型
```

其中，datatype 为顺序表中元素的类型，在具体实现中可为 int、float、char 类型或其他结构类型。另外，顺序表中的元素可存放在 data 数组中下标为 1～MAXSIZE-1 的任何一个位置。第 i 个元素的实际存放位置就是 i。len 为顺序表的表长。

有了顺序表的类型，就可以按照如下方式定义顺序表和指向顺序表的指针变量：

```
SeqList List,*L;
```

在上述代码中，List 是一个结构体变量，其内部含有一个可存储顺序表元素的 data 数组及一个表示顺序表表长的整型变量 len；L 是指向 List 这类结构体变量的指针变量，如"L=&List;"，或者动态生成一个顺序表存储空间，并由 L 指向该空间，如"L=(SeqList*)malloc(sizeof(SeqList));"。在这种定义下，List.data[i]或 L->data[i]均表示顺序表中第 i 个元素的值，而 List.len 或 L->len 均表示顺序表的表长。线性表顺序存储的不同表示如图 1-1 所示。

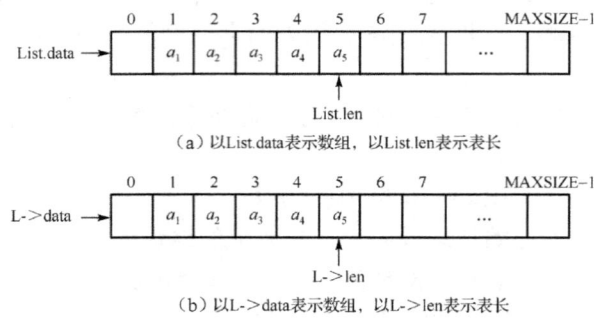

图 1-1　线性表顺序存储的不同表示

1.3　线性表的链式存储

线性表的链式存储可以用连续或不连续的存储单元来存储线性表中的元素，在这种存储方式下，元素之间的逻辑关系已无法再用物理位置上的邻接关系来表示，因此，需要用指针来指示元素之间的逻辑关系，即通过指针链接元素之间的邻接关系，而这种指针是要占用额外的存储空间的。链式存储方式失去了顺序表可以随机存取元素的功能（在链式存储下存取每个元素所花费的时间不同），但换来了存储空间操作的便捷性，即进行插入和删除操作时无须移动大量的元素。

1. 单链表

由于线性表中的每个元素至多只有一个前驱元素和一个后继元素，因此元素之间是"一对一"的逻辑关系。采用链表实现元素之间这种线性关系最简单、最常用的方法如下：每个元素均用节点表示，在每个节点中除了含有数据信息，还要有一个指针用来指向它的直接后继节点，即通过指针建立节点（元素）之间的线性关系。节点中存放数据信息的部分称为数据域，存放指向后继节点的指针的部分称为指针域，如图 1-2 所示。因此，线性表中的 n 个元素通过各自节点的指针域"链"在一起而被称为链表，因为每个节点中只有一个指向后继节点的指针，故称为单链表。

图 1-2　单链表的节点结构

链表是由一个个节点构成的，单链表节点的定义如下：

```
typedef struct node
{
    datatype data;              //data 为节点的数据信息
    struct node *next;          //next 为指向后继节点的指针
}LNode;                         //单链表节点类型
```

通常用"头指针"来标识一个单链表，如单链表 L、单链表 H 等均是指单链表中的第一个节点的地址存放在指针变量 L 或 H 中；当头指针为 NULL 时，表示单链表为空，如图 1-3 所示。

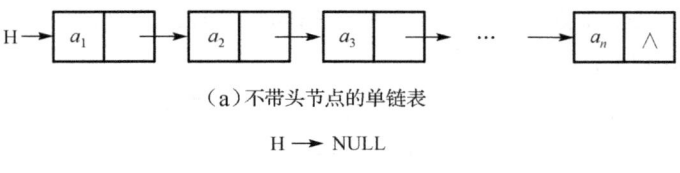

图 1-3　不带头节点的单链表和空单链表

在线性表的链式存储中，为了便于单链表的建立，并且在各种情况下使插入和删除操作的实现能够统一，通常在单链表的第一个节点之前添加一个头节点，该头节点不存储任何数据信息，只是用其指针域中的指针变量指向单链表的第一个节点，即通过头指针（指针变量）指向头节点，这样就可以依次访问单链表中的所有节点，如图 1-4 所示。

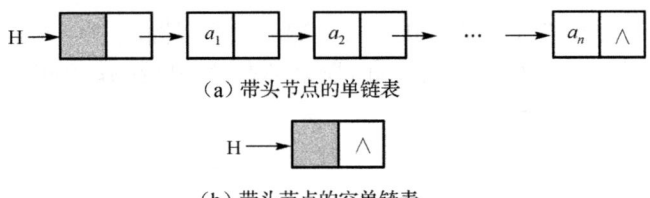

（a）带头节点的单链表

（b）带头节点的空单链表

图 1-4　带头节点的单链表和空单链表

添加头节点之后，无论单链表中的节点如何变化（如插入新节点、删除单链表中任意一个节点），头节点将始终不变，这使单链表的运算变得更加简单。

2. 循环链表

所谓循环链表，就是将单链表中最后一个节点的指针值由空改为指向单链表的头节点，整个链表形成一个环。这样，从链表中的任意一个位置出发都可以找到链表的其他节点，如图 1-5 所示。在循环链表上的操作与单链表的基本相同，只是将原来判断指针是否为 NULL 改为判断是否为头指针值，而再无其他不同之处。

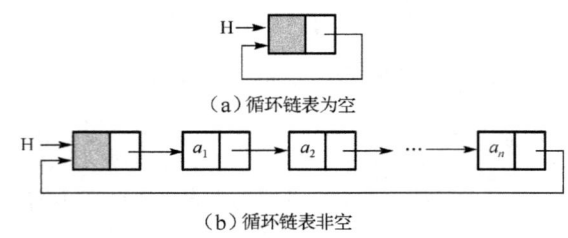

（a）循环链表为空

（b）循环链表非空

图 1-5　带头节点的循环链表

3. 双向循环链表

所谓双向循环链表，是指链表的每个节点中除了数据域，还设置了两个指针域：一个用来指向该节点的直接前驱节点，另一个用来指向该节点的直接后继节点。双向循环链表的节点结构如图 1-6 所示。

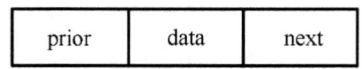

图 1-6　双向循环链表的节点结构

双向循环链表节点的定义如下：

```
typedef struct dlnode
{
   datatype data;      //data 为节点的数据信息
   struct dlnode *prior,*next;
                       //prior 和 next 分别为指向直接前驱与直接后继节点的指针
}DLNode;                //双向循环链表节点类型
```

双向循环链表也用头指针来标识，通常采用带头节点的循环链表结构。图 1-7 所示是带头节点的双向循环链表。也就是说，在双向循环链表中可以通过指向某个节点的指针 p 直接得到指向该节点后继节点的指针 p->next，也可以直接得到指向该节点前驱节点的指针 p->prior。因此，在查找前驱节点的操作中无须再循环遍历链表进行查找。

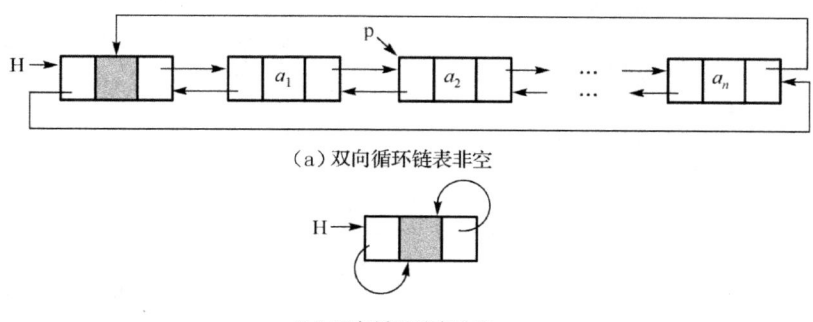

（a）双向循环链表非空

（b）双向循环链表为空

图 1-7 带头节点的双向循环链表

实验 1　顺序表及其基本运算

1. 实验目的

了解顺序表的结构特点及有关概念，掌握顺序表的基本运算。

2. 实验内容

建立一个顺序表，并对顺序表进行初始化、插入、删除和查找运算。

3. 参考程序

```
#include<stdio.h>
#include<stdlib.h>
#define MAXSIZE 20
typedef struct
{
   int data[MAXSIZE];                        //存储顺序表中的元素
   int len;                                  //顺序表的表长
}SeqList ;                                   //顺序表的类型
SeqList *Init_SeqList()                      //顺序表初始化
{
   SeqList *L;
   L=(SeqList*)malloc(sizeof(SeqList));      //生成顺序表存储空间
   L->len=0;                                 //初始顺序表长度为 0
   return L;                                 //返回指向顺序表表头的指针
}
void CreatList(SeqList *L)                   //建立顺序表
{
   int i;
```

```c
    printf("Input length of List:");
    scanf("%d",&L->len);                              //输入顺序表长度值
    printf("Input int elements of List:\n");
    for(i=1; i<=L->len; i++)                          //按顺序表长度输入相应个数的顺序表元素
       scanf("%d",&L->data[i]);
}
void Insert_SeqList(SeqList *L,int i,int x)           //在顺序表中插入元素
{
   int j;
   if(L->len==MAXSIZE-1)
      printf("The List is full!\n");                  //表满
   else
      if(i<1|| i>L->len+1)
         printf("The position is invalid !\n");       //插入位置非法
      else                                            //找到插入位置 i
      {
         for(j=L->len; j>=i; j--)                     //将 a_n～a_i 顺序后移一个元素位置
            L->data[j+1]=L->data[j];
         L->data[i]=x;                                //将元素 x 插入第 i 个位置
         L->len++;                                    //表长增加 1
      }
}
void Delete_SeqList(SeqList *L, int i)                //在顺序表中删除元素
{
   int j;
   if(L->len==0)
      printf("The List is empty !\n");                //表为空
   else
      if(i<1 || i>L->len)
         printf("The position is invalid !\n");       //删除位置非法
      else                                            //找到删除位置 i
      {
         for(j=i+1;j<=L->len;j++)                     //a_{i+1}～a_n 顺序前移一个位置实现对 a_i 的删除
            L->data[j-1]=L->data[j];
         L->len--;                                    //表长减 1
      }
}
int Location_SeqList(SeqList *L,int x)                //在顺序表中查找元素
{
   int i=1;                                           //从第一个元素开始查找
   while(i<L->len&&L->data[i]!=x)                     //顺序表未查完且当前元素不是要找的元素
      i++;
   if(L->data[i]==x)
      return i;                                       //找到要找的元素返回其位置
   else
      return 0;                                       //未找到要找的元素返回 0
}
void print(SeqList *L)                                //顺序表的输出
```

```c
{
    int i;
    for(i=1; i<=L->len; i++)
        printf("%4d",L->data[i]);
    printf("\n");
}
void main()
{
    SeqList *s;
    int i,x;
    s=Init_SeqList();                            //顺序表的初始化
    printf("Creat List:\n");
    CreatList(s);                                //以整型数据建立顺序表
    printf("Output list:\n");
    print(s);                                    //输出所建立的顺序表
    printf("Input element and site of insert:\n");
    scanf("%d%d",&x,&i);                         //输入要插入的元素 x 值和位置值 i
    Insert_SeqList(s, i, x);                     //将元素 x 插入顺序表中
    printf("Output list:\n");
    print(s);                                    //输出插入元素 x 之后的顺序表
    printf("Input element site of delete:\n");
    scanf("%d",&i);                              //输入要删除元素的位置值 i
    Delete_SeqList(s, i);                        //删除顺序表第 i 个位置上的元素
    printf("Output list:\n");
    print(s);                                    //输出删除元素后的顺序表
    printf("Input element value of location:\n");
    scanf("%d",&x);                              //输入要查找的元素 x 值
    i=Location_SeqList(s, x);                    //定位要查找的元素 x 在顺序表中的位置
    if(i!=0)
        printf("element %d site is %d\n",x,i);   //输出该位置的元素值和位置值
    else
        printf("Not find %d!\n", x);             //顺序表中无此元素
}
```

4. 思考题

（1）如果按照由表尾至表头的顺序输入顺序表元素，那么顺序表应如何建立？

（2）每次删除操作都会移动大量元素，删除多个元素就要多次移动大量元素，能否一次进行多个元素的删除操作，并且使元素的移动只进行一次？

（3）如何实现顺序表的逆置？

实验 2 在表头插入元素生成单链表

1. 概述

建立单链表是从空表开始的，每读入一个数据就申请一个节点，然后插在头节点之后，图 1-8 所示是存储线性表（'A','B','C','D'）的单链表建立过程，因为是在单链表的表头插入的，所以读入数据的顺序与线性表中元素的顺序正好相反。

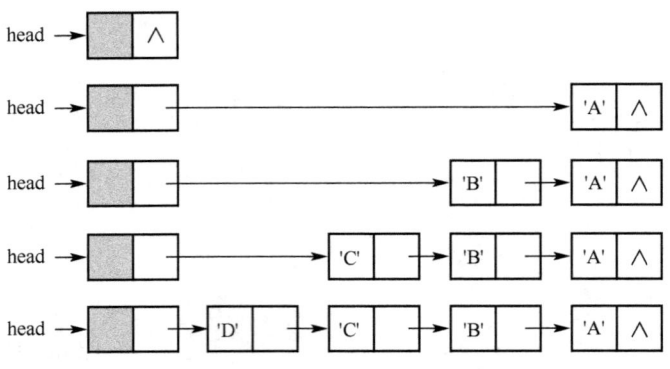

图1-8 在表头插入元素建立单链表

2. 实验目的

了解单链表的结构特点及有关概念，掌握在表头插入元素并生成单链表的方法。

3. 实验内容

在表头插入元素建立一个单链表。

4. 参考程序

（1）生成单链表之后返回单链表头指针的实现方式如下：

```
#include<stdio.h>
#include<stdlib.h>
typedef struct node
{
  char data;                            //data 为节点的数据信息
  struct node *next;                    //next 为指向后继节点的指针
}LNode;                                 //单链表节点类型
LNode *CreateLinkList()                 //在表头生成单链表
{
  char x;
  LNode *head,*p;           //head 为单链表头指针，p 为生成单链表的暂存指针
  head=(LNode *)malloc(sizeof(LNode));      //申请链表头节点存储空间
  head->next=NULL;                          //head 为空
  printf("Input any char string : \n") ;
  scanf("%c",&x);                     //节点的数据域为 char 类型，读入节点数据
  while(x!='\n')                      //生成链表的其他节点（遇到回车符时结束）
  {
    p=(LNode *)malloc(sizeof(LNode));       //申请一个节点存储空间
    p->data=x ;                             //将读入的数据赋给待插入节点*p
    p->next=head->next ;   //将头节点的 next 值赋给*p 的 next 以保证不断链
    head->next=p;          //头节点的 next 指针指向待插入节点*p，实现在表头插入
    scanf("%c",&x);                         //继续生成下一个新节点
  }
```

```c
        return head;                        //返回单链表的头指针
}
void print(LNode *h)                        //输出单链表
{
    LNode *p;
    p=h->next;
    while(p!=NULL)
    {
        printf("%c,",p->data);
        p=p->next;
    }
    printf("\n");
}
void main()
{
    LNode *h;
    h=CreateLinkList();                     //输入的字符数据在表头生成单链表
    print(h);                               //输出单链表
}
```

（2）采用二级指针变量的实现方式如下：

```c
#include<stdio.h>
#include<stdlib.h>
typedef struct node
{
    char data;                              //data 为节点的数据信息
    struct node *next;                      //next 为指向后继节点的指针
}LNode;                                     //单链表节点类型
void CreateLinkList(LNode **head)           //在表头生成单链表
{               //将主调函数中指向待生成单链表的指针地址（如&p）传给**head
    char x;
    LNode *p;
    *head=(LNode *)malloc(sizeof(LNode));
                            //在主调函数空间中申请一个链表头节点存储空间
    (*head)->next=NULL ;                    //*head 空
    printf("Input any char string : \n");
    scanf("%c",&x);                         //节点的数据域为 char 类型，读入节点数据
    while(x!='\n')                          //生成链表的其他节点（遇到回车符时结束）
    {
        p=(LNode *)malloc(sizeof(LNode));   //申请一个节点存储空间
        p->data=x ;                         //将读入的数据赋给待插入节点*p
        p->next=(*head)->next ;  //将头节点的next 值赋给*p 的next 以保证不断链
        (*head)->next=p;    //头节点的next 指针指向待插节点*p,实现在表头插入
        scanf("%c",&x);                     //继续生成下一个新节点
    }
}
```

```
void print(LNode *h)                    //输出单链表
{
   LNode *p;
   p=h->next;
   while(p!=NULL)
   {
      printf("%c,",p->data);
      p=p->next;
   }
   printf("\n");
}
void main()
{
   LNode *h;
   CreateLinkList(&h);                  //输入的字符数据在表头生成单链表
   print(h);                            //输出单链表
}
```

5. 思考题

在表头插入元素建立单链表的过程中使用了几个指针变量来实现？

实验 3　在表尾插入元素生成单链表

1. 概述

在表头插入节点生成单链表的方式比较简单，但生成节点的顺序与线性表中的元素顺序正好相反。若希望两者的次序一致，则可以采用尾插法来生成单链表。由于每次都是将新节点插入链表的表尾，因此必须再增加一个指针 q 来始终指向单链表的尾节点，以方便新节点的插入。图 1-9 所示是在表尾插入元素生成单链表的过程示意图。

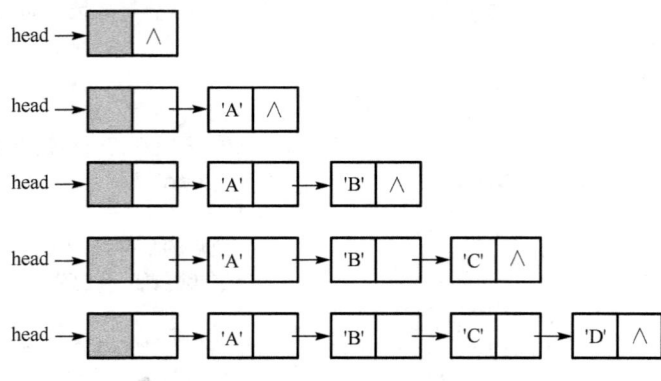

图 1-9　在表尾插入元素生成单链表

2. 实验目的

了解单链表的结构特点及有关概念，掌握在表尾插入元素生成单链表的方法。

3. 实验内容

在表尾插入元素建立一个单链表。

4. 参考程序

```c
#include<stdio.h>
#include<stdlib.h>
typedef struct node
{
   char data;                          //data 为节点的数据信息
   struct node *next;                  //next 为指向后继节点的指针
}LNode;                                //单链表节点类型
LNode *CreateLinkList()                //在表尾生成单链表
{
   LNode *head, *p, *q;
   char x;
   head=(LNode*)malloc(sizeof(LNode));     //申请一个链表头节点存储空间
   head->next=NULL;                    //初始时链表为空,即*head 既是头节点也是尾节点
   q=head;                             //指针 q 始终指向尾节点
   printf("Input any char string : \n");
   scanf("%c",&x);                     //节点数据域为 char 类型,读入节点数据
   while(x!='\n')                      //生成链表的其他节点(遇到回车符时结束)
   {
      p=(LNode*)malloc(sizeof(LNode));     //申请一个节点存储空间
      p->data=x;                       //将读入的数据赋给待插入节点*p
      p->next=NULL;                    //当待插入节点*p 作为尾节点时,其后继指针为空
      q->next=p;                       //在表尾插入新节点*p
      q=p;                             //指针 q 指向新的尾节点*p
      scanf("%c",&x);
   }
   return head;                        //返回单链表头指针
}
void print(LNode *h)                   //输出单链表
{
   LNode *p;
   p=h->next;
   while(p!=NULL)
   {
      printf("%c,",p->data);
      p=p->next;
   }
   printf("\n");
}
void main()
{
   LNode *h;
```

```
        h=CreateLinkList();         //输入的字符数据在表尾生成单链表
        print(h);                   //输出单链表
}
```

5. 思考题

在表尾插入元素建立单链表的过程中使用了几个指针变量来实现？

实验 4 单链表及其基本运算

1. 实验目的

了解单链表的结构特点、描述方法及有关概念，掌握单链表的基本运算。

2. 实验内容

用尾插法建立一个单链表，对单链表进行求长度、查找、插入和删除运算。

3. 参考程序

```
#include<stdio.h>
#include<stdlib.h>
typedef struct node
{
   char data;                       //data 为节点的数据信息
   struct node *next;               //next 为指向后继节点的指针
}LNode;                             //单链表节点类型
LNode *CreateLinkList()             //在表尾生成单链表
{
   LNode *head, *p, *q;
   char x ;
   head=(LNode*)malloc(sizeof(LNode));       //生成头节点
   head->next=NULL ;                //初始时链表为空，即*head 既是头节点也是尾节点
   q=head;                          //指针 q 始终指向尾节点
   printf("Input any char string : \n") ;
   scanf("%c",&x) ;                 //节点数据域为 char 类型，读入节点数据
   while(x!='\n')                   //生成链表的其他节点（遇到回车符时结束）
   {
      p=(LNode*)malloc(sizeof(LNode));       //生成待插入节点的存储空间
      p->data=x;                    //将读入的数据赋给待插入节点*p
      p->next=NULL;                 //当待插入节点*p 作为尾节点时，其后继指针为空
      q->next=p;                    //在链尾插入*p 节点
      q=p;                          //q 继续指向新的尾节点*p
      scanf("%c",&x);
   }
   return head;                     //返回单链表头指针
}
int Length_LinkList(LNode *head)    //求单链表的长度
{
```

```c
    LNode *p=head;                    //p指向单链表头节点
    int i=0 ;                         //i为节点计数器
    while(p->next!=NULL)              //遍历单链表统计表长
    {
       p=p->next;
       i++;
    }
    return i;                         //返回表长值i
}
LNode *Get_LinkList(LNode *head,int i)
{                                     //在单链表中按序号查找第i个节点
    LNode *p=head;
    int j=0;
    while(p!=NULL  &&  j<i)           //由第一个节点开始查找
    {
       p=p->next;
       j++;
    }
    return p;//如果找到,则返回指向i节点的指针值;如果找不到,则p为空,返回空值
}
LNode *Locate_LinkList(LNode *head,char x)
{                                     //在单链表中查找元素值为x的节点
    LNode *p=head->next;              //由第一个节点开始查找
    while(p!=NULL&&p->data!=x)        //未到链尾且当前节点不等于x时继续查找
       p=p->next;
    return p;
        //如果找到,则返回指向值为x的节点的指针;如果找不到,则p为空,返回空值
}
void Insert_LinkList(LNode *head,int i,char x)
{                                     //在单链表的第i个位置上插入值为x的元素
    LNode *p,*s;
    p=Get_LinkList(head,i-1);         //查找第i-1个节点
    if(p==NULL)
       printf("Error ! \n");          //因为第i-1个位置不存在,所以无法插入
    else        //找到第i-1个节点,此时在其后(即第i个位置)插入值为x的元素
    {
       s=(LNode *)malloc(sizeof(LNode)) ;    //申请待插入节点*s的存储空间
       s->data=x;                     //将x值赋给待插入节点*s的data域
       s->next=p->next;
              //第i-1个节点*p的next值赋给待插入节点*s的next域保证不断链
       p->next=s;     //第i-1个节点*p的next指针指向待插入节点*s即可完成插入
    }
}
void Del_LinkList(LNode *head,  int i)    //删除单链表上的第i个节点
{
    LNode *p,*q;
```

```
      p=Get_LinkList(head,i-1);         //查找第 i-1 个节点
      if(p==NULL)
      {           //因为待删的第 i 个节点前面的第 i-1 个节点不存在,所以无待删第 i 个节点
        printf("第 i-1 个节点不存在!\n ");
      }
      else                               //找到第 i-1 个节点
        if(p->next==NULL)                //第 i-1 个节点为尾节点
          printf("第 i 个节点不存在!\n");   //待删的第 i 个节点不存在
        else                             //待删的第 i 个节点存在,删除这个待删的第 i 个节点
        {
          q=p->next;                     //q 指向第 i 个节点(即待删节点)
          p->next=q->next;               //从链表中删除第 i 个节点
          free(q);                       //系统回收第 i 个节点的存储空间
        }
}
void print(LNode *h)                     //输出单链表
{
   LNode *p;
   p=h->next;
   while(p!=NULL)
   {
      printf("%c,",p->data);
      p=p->next;
   }
   printf("\n");
}
void main()
{
   LNode *h, *p;
   int i;
   char x;
   h=CreateLinkList();                   //输入的字符数据生成一个单链表
   print(h);                             //输出单链表
   i=Length_LinkList(h);                 //求单链表的长度
   printf("Length=%d\n",i);              //输出单链表的长度值
   printf("Input order and search to element:\n");
   scanf("%d",&i);                       //输入要查找元素的序号
   p=Get_LinkList(h, i);                 //按序号在顺序表中查找
   if(p!=NULL)
      printf("Element is %c\n",p->data);     //如果找到则输出该元素的值
   else
      printf("Search fail!\n");          //输出未找到信息
   printf("Input value of element and search to element:\n");
   getchar();
   scanf("%c",&x);                       //输入要查找元素的值
   p=Locate_LinkList(h, x);              //按值在顺序表中查找
   if(p!=NULL)
```

```
        printf("Element is %c\n",p->data);      //如果找到则输出该元素的值
    else
        printf("Search fail!\n");   //输出未找到信息
    printf("Insert a element,Input site and value of element:\n");
    scanf("%d,%c",&i,&x);           //输入要插入元素的位置值 i 和元素值 x
    Insert_LinkList(h, i, x);       //在单链表中插入该元素
    print(h);                       //输出单链表
    printf("Delete a element,Input site of element:\n");
    scanf("%d",&i);                 //输入要删除元素的位置值 i
    Del_LinkList(h, i);             //在单链表中删除该位置上的元素
    print(h);                       //输出单链表
}
```

4. 思考题

如果建立不带头节点的单链表,那么程序如何实现?

实验 5 双向循环链表及其基本运算

1. 实验目的

了解双向循环链表的结构特点、描述方法及有关概念,掌握双向循环链表的基本运算。

2. 实验内容

用头插法建立一个双向循环链表,对双向循环链表进行双向输出,以及节点的插入和删除运算。

3. 参考程序

```
#include<stdio.h>
#include<stdlib.h>
typedef struct dlnode
{
    char data;                      //data 为节点的数据信息
    struct dlnode *prior,*next;
                                    //prior 和 next 为指向直接前驱与直接后继节点的指针
}DLNode;                            //双向循环链表的节点类型
DLNode *CreateDlinkList()           //建立带头节点的双向循环链表
{
    DLNode *head, *s;
    char x;
    head=(DLNode *)malloc(sizeof(DLNode));
                                    //申请一个双向循环链表的头节点存储空间
    head->prior=head;
    head->next=head;//头节点的前驱指针和后继指针均指向头节点,即形成空双向循环链表
    printf("Input any char string :\n");
    scanf("%c",&x);                 //节点数据域为 char 类型,读入节点数据
    while (x!='\n')                 //采用头插法生成双向循环链表(遇到回车符时结束)
```

```c
        {
            s=(DLNode *)malloc(sizeof(DLNode));      //生成待插入节点的存储空间
            s->data=x;                    //将读入的数据赋给待插入节点*s
            s->prior=head;                //新插入节点*s的前驱节点为头节点*head
            s->next=head->next;           //插入后*s的后继节点为头节点*head的原后继节点
            head->next->prior=s;          //头节点的原后继节点的前驱节点为*s
            head->next=s;                 //头节点此时新的后继节点为*s
            scanf("%c",&x);               //继续读入下一个节点数据
        }
        return head;                      //返回头指针
    }
    DLNode *Get_DLinkList(DLNode *head,int i)
    {                                     //在双向循环链表中按序号查找第i个节点
        DLNode *p=head;                   //p指向双向循环链表的表头节点
        int j=0;                          //查找节点计数初始为0
        while(p->next!=head&&j<i)         //由第一个节点开始查找
        {
            p=p->next;                    //未找到则查找指针p指向后继节点
            j++;                          //查找节点计数加1
        }
        if(p->next!=head)
            return p;                     //如果已找到则返回指向i节点的指针
        else
            return NULL;                  //如果未找到则返回空值
    }
    void Insert_DLinkList(DLNode *head,int i,char x)
    {                                     //在双向循环链表的第i个位置上插入值为x的元素
        DLNode *p, *s;
        p=Get_DLinkList(head,i-1);        //查找第i-1个节点
        if(p==NULL)
            printf("Error ! \n");         //第i-1个节点位置不存在而无法插入
        else
        {
            s=(DLNode *)malloc(sizeof(DLNode));    //申请一个节点存储空间
            s->data=x;                    //将x值赋给新插入节点*s的数据域
            s->prior=p;                   //新插入节点*s的前驱节点为*p
            s->next=p->next;              //插入后*s的后继节点为*p原后继节点
            p->next->prior=s;             //*p原后继节点此时的前驱节点为*s
            p->next=s;                    //插入后*p的后继节点为*s
        }
    }
    void Del_DLinkList(DLNode *head,int i)
    {                                     //删除双向循环链表上的第i个节点
        DLNode *p;
        p=Get_DLinkList(head, i);         //查找第i个节点并使p指向这个待删节点
        if(p==NULL)
```

```c
        printf("第i个数据节点不存在!\n");       //待删节点*p不存在
    else
    {
        p->prior->next=p->next;      //*p的前驱节点的后继指针指向*p的后继节点
        p->next->prior=p->prior;     //*p的后继节点的前驱指针指向*p的前驱节点
        free(p);                     //系统回收*p节点的存储空间
    }
}
void print1(DLNode *h)               //后向输出双向循环链表
{
    DLNode *p;
    p=h->next;            //p指向双向循环链表头节点后继指针所指的第一个节点
    while(p!=h)           //p指针值不等于指向头节点的指针h时继续输出节点信息
    {
        printf("%c,",p->data);       //输出p所指节点的数据
        p=p->next;                   //指针p指向后继节点
    }
    printf("\n");
}
void print2(DLNode *h)               //前向输出双向循环链表
{
    DLNode *p;
    p=h->prior;           //p指向双向循环链表头节点前驱指针所指的第一个节点
    while(p!=h)           //p指针值不等于指向头节点的指针h时继续输出节点信息
    {
        printf("%c,",p->data);       //输出p所指节点的数据
        p=p->prior;                  //指针p指向前驱节点
    }
    printf("\n");
}
void main()
{
    DLNode *h, *p;
    int i;
    char x;
    h=CreateDlinkList();             //输入字符数据建立带头节点的双向循环链表
    printf("Output list for next\n");
    print1(h);                       //后向输出双向循环链表
    printf("Output list for prior\n");
    print2(h);                       //前向输出双向循环链表
    printf("Input order and search to element:\n");
    scanf("%d",&i);                  //输入要查找元素的序号
    p=Get_DLinkList(h, i);           //按序号在双向循环链表中查找
    if(p!=NULL)
        printf("Element is %c\n",p->data);      //如果已找到则输出该元素的值
    else
```

```
            printf("Search fail!\n");    //输出未找到信息
    printf("Insert a element,Input site and value of element:\n");
    scanf("%d,%c",&i,&x);          //输入要插入元素的位置值 i 和元素值 x
    Insert_DLinkList(h, i, x);     //在双向循环链表中插入该元素
    print1(h);                     //输出双向循环链表中的节点信息
    printf("Delete a element,Input site of element:\n");
    scanf("%d",&i);                //输入要删除元素的位置值 i
    Del_DLinkList(h, i);           //在双向循环链表中删除该位置上的元素
    print1(h);                     //输出双向循环链表中的节点信息
}
```

【说明】

程序执行过程如下：

```
Input any char string :
abcdef✓
Output list for next
f,e,d,c,b,a,
Output list for prior
a,b,c,d,e,f,
Input order and search to element:
2✓
Element is e
Insert a element,Input site and value of element:
3,h✓
f,e,h,d,c,b,a,
Delete a element,Input site of element:
5✓
f,e,h,d,b,a,
Press any key to continue
```

4. 思考题

对双向循环链表来说，在节点*p 之后插入节点*s 时，如何修改指针才能避免"断链"的发生？

实验 6 静态链表

1. 概述

静态链表的构造方法如下：用一维数组的一个数组元素表示节点，节点中的数据域（data）仍然用于存储元素本身的信息，同时设置一个下标域（cursor）来取代单链表中的指针域（next），该下标域存放直接后继节点在数组中的位置序号。数组中序号为 0 的数组元素可看作固定的头节点，其下标域指示静态链表中第一个节点的位置序号，最后一个节点的下标域值如果为 0 则标记该节点为链表的尾节点，如果下标域值为-1 则表示该节点还未使用。静态链表示意图如图 1-10 所示。

0		2
1	a_2	4
2	a_1	1
3		−1
4	a_3	5
5	a_4	0
6		−1
⋮	⋮	⋮
MAXSIZE−1		−1

图 1-10 静态链表示意图

表示静态链表的一维数组的定义如下：

```
typedef struct
{
   datatype data;               //data 为节点的数据信息
   int cursor;                  //cursor 标识直接后继节点
}SNode;                         //静态链表节点类型
SNode L[MAXSIZE];
```

这种存储结构仍需要事先分配一个较大的空间，但是在进行线性表的插入、删除操作时就不需要移动大量的元素，仅需要修改指针 cursor，因此仍具有链式存储结构的优点。

2．实验目的

了解静态链表的结构特点及有关概念，掌握用一维数组构造静态链表的方法。

3．实验内容

用一维数组构造静态链表。

4．参考程序

```
#include<stdio.h>
#include<stdlib.h>
#define MAXSIZE 30
typedef struct
{
   char data;                              //data 为节点的数据信息
   int cursor;                             //cursor 标识直接后继节点
}SNode;                                    //静态链表节点类型
void InsertList(SNode L[],int i,char x)    //在静态链表中插入元素
{
   int j, j1, j2, k;
```

```c
            j=L[0].cursor;                          //j 指向第一个节点
            if(i==1)                                //作为第一个节点插入
            {
               if(j==0)                             //静态链表为空
               {
                  L[1].data=x;                      //将 x 放入节点 L[1]中
                  L[0].cursor=1;                    //cursor 指向这个新插入的节点
                  L[1].cursor=0;                    //置链尾标志
               }
               else                                 //静态链表非空
               {
                  k=j+1;                            //从原第一个节点的下一个位置开始查找
                  while(k!=j)                       //在数组 L 中循环查找存放 x 的位置
                     if(L[k].cursor==-1)
                        break;                      //如果找到空位置，则结束空位置的查找
                     else
                        k=(k+1)%MAXSIZE;            //否则查找下一个位置
                  if(k!=j)                          //在数组 L 中给找到的空位置 L[k]存放 x
                  {
                     L[k].data=x;
                     L[k].cursor=L[0].cursor;       //将其插入静态链表表头
                     L[0].cursor=k;                 //静态链表的新第一个节点位置为 k
                  }
                  else
                     printf("List overflow!\n");    //链表已满，无法插入
               }
            }
            else                                    //不是作为第一个节点插入时
            {
               k=0;
               while(k<i-2  &&  j!=0)               //查找第 i-1 个节点, j 不等于 0 则表示未到链尾
               {
                  k++;
                  j=L[j].cursor;
               }
               if(j==0)    //查完静态链表未找到第 i-1 个节点, 即链表长度小于 i-1
                   printf("Insert error \n");       //输出插入位置出错
               else                                 //找到第 i-1 个节点
               {
                  j1=j;                             //用 j1 保存第 i-1 个节点位置值 j
                  j2=L[j].cursor;//用 j2 保存原 L[j].cursor 值, 此值为第 i 个节点位置值
                  k=j+1;
                  while(k!=j)                       //在数组中循环查找存放 x 的位置
                     if(L[k].cursor==-1)            //找到空位置则结束对空位置的查找
```

```c
            break;
        else
            k=(k+1)%MAXSIZE;              //否则查找下一个位置
        if(k!=j)                          //在数组L中给找到的空位置L[k]存放x
        {
            L[k].data=x;
            L[j1].cursor=k;               //作为第i个节点链接到静态链表
            L[k].cursor=j2;               //新节点之后再链接到原第i个节点
        }
        else
            printf("List overflow!\n");   //链表已满，无法插入
    }
}
void print(SNode *L)                      //输出静态链表
{
    int i;
    i=L[0].cursor;                        //从静态链表的第一个节点开始输出
    while(i!=0)
    {
        printf("%c,",L[i].data);          //输出数组L[i]存储的节点数据信息
        i=L[i].cursor;                    //将L[i].cursor所指的下一个节点位置值赋给i
    }
    printf("\n");
}
void main()
{
    SNode L[MAXSIZE];
    int i;
    char x;
    for(i=1; i<MAXSIZE; i++)              //静态链表初始化
        L[i].cursor=-1;
    L[0].cursor=0;                        //静态链表初始为空标志（0为链尾）
    i=1;                                  //静态链表中作为第i个节点插入，初始i值为1
    printf("Input any char string :\n");  //输入字符数据建立静态链表
    scanf("%c",&x);
    while(x!='\n')      //输入字符为回车符时结束静态链表的建立，否则继续生成静态链表
    {
        InsertList(L, i, x);
        i++;
        scanf("%c",&x);
    }
    printf("Input site and element of insert\n");
    scanf("%d,%c",&i,&x);                 //输入要插入元素的位置和元素值
```

```
        InsertList(L, i, x);                //在静态链表中插入元素
        printf("Output list\n");
        print(L);                            //输出静态链表
    }
```

5. 思考题

单链表和静态链表各自的优点与缺点是什么?

第 2 章

栈和队列

栈和队列是两种特殊的线性表。栈和队列的逻辑结构与线性表相同，但运算规则增加了某些限制。例如，栈的存取只能在线性表的一端进行，而队列只能在线性表的一端存入而在另一端取出。栈实际上是按"后进先出"的规则操作的，而队列实际上是按"先进先出"的规则操作的。因此，栈和队列又称为操作受限的线性表。

2.1 栈

栈是限定仅在表的一端进行操作的线性表。对栈而言，允许进行插入和删除元素操作的一端称为栈顶（top），而固定不变的另一端则称为栈底（bottom）。不含元素的栈称为空栈。栈中元素的操作是按"后进先出"的规则进行的，并且只能在栈顶进行插入和删除操作。因此，栈也被称作后进先出（或先进后出）线性表。栈的示意图如图 2-1 所示。

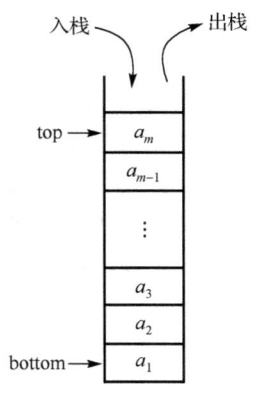

图 2-1 栈的示意图

1. 顺序栈

顺序栈，即栈的顺序存储结构，利用一组地址连续的存储单元依次存放由栈底到栈顶的所有元素，同时附加一个 top 指针来指示栈顶元素在顺序栈中的位置。因此，可以预设一个长度足够的一维数组 data[MAXSIZE]来存放栈中的所有元素，并将下标 0 设为栈底；由于栈顶随着插入和删除不断变化，因此用 top 作为栈顶指针指明当前栈顶的位置，并且将数组 data 和指针 top 组合到一个结构体中。顺序栈的类型定义如下：

```
typedef struct
{
    datatype data[MAXSIZE];      //栈中元素存储空间
    int top;                     //栈顶指针
}SeqStack;                       //顺序栈类型
```

假设已定义了一个顺序栈"SeqStack s;"，由于栈底的下标为 0，因此空栈时栈顶指针 top = –1。入栈时，先使栈顶指针"s->top++;"，然后将数据入栈；出栈时，栈顶指针减 1，"s->top--;"，即 top 指针始终（除了栈空）指向栈顶元素的存放位置。顺序栈操作如图 2-2 所示。

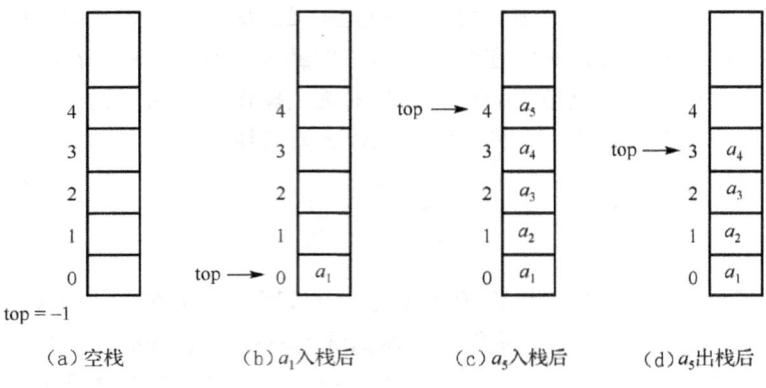

图 2-2　顺序栈操作

2. 链栈

为了克服顺序栈容易出现上溢（元素已放满顺序栈存储空间）的问题，可以采用链式存储结构来构造栈，并将其称为链栈。由于链栈是动态分配元素存储空间的，因此操作时无须考虑上溢问题。这样，多个栈的共享问题也就迎刃而解了。

由于栈的操作仅限制在栈顶进行，即元素的插入和删除都在表的同一端进行，因此不必设置头节点，头指针也就是栈顶指针。链栈的示意图如图 2-3 所示。

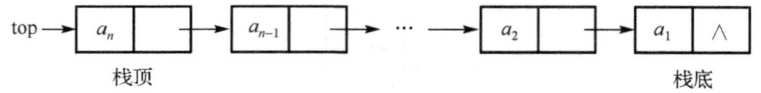

图 2-3　链栈的示意图

通常，链栈用单链表表示，因此其节点结构与单链表的节点结构相同。链栈节点的类型定义如下：

```
typedef struct node
{
    datatype data;               //data 为节点的数据信息
    struct node *next;           //next 为指向后继节点的指针
}StackNode;                      //链栈节点类型
```

2.2 队列

队列也是一种操作受限的线性表,即只能在线性表的一端进行插入,而在线性表的另一端进行删除。我们把只能删除的这一端称为队头(front),而把只能插入的另一端称为队尾(rear)。队列中对元素的操作实际上是按"先进先出"规则进行的,最先删除的元素一定是最先入队的元素。因此,队列也被称为先进先出线性表。队列中元素的个数称为队列长度。队列的示意图如图 2-4 所示。

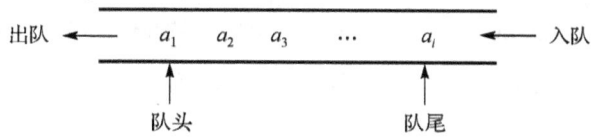

图 2-4 队列的示意图

队列和栈的关系如下:用两个栈可以实现一个队列,即第一个栈实现先进后出,第二个栈实现后进先出,这样经过两个栈就可以得到先进先出的队列。

1. 顺序队列

队列的顺序存储结构又称为顺序队列,利用一组地址连续的存储单元来存放队列中的元素。由于顺序队列中元素的插入和删除分别在表的不同端进行,因此除了存放队列元素的一维数组,还必须设置队头指针和队尾指针,这两个指针分别指示当前的队头元素和队尾元素。

顺序队列的类型定义如下:

```
typedef struct
{
   datatype data[MAXSIZE];         //队中元素存储空间
   int rear,front;                 //队尾指针和队头指针
}SeQueue;                          //顺序队列类型
```

首先定义一个指向队列的指针变量 q,然后申请一个顺序队列的存储空间,并使 q 指向该存储空间:

```
SeQueue *q;
q=(SeQueue *)malloc(sizeof(SeQueue));
```

此时队列的数据区为 q->data[0]～q->data[MAXSIZE−1]。

通常设队头指针 q->front 指向队头元素的前一个位置,队尾指针 q->rear 指向队尾元素(这样设置是为了使运算更加方便)。

(1)队空:q->front = q->rear。
(2)队满:q->rear = MAXSIZE−1。
(3)队中元素个数:(q->rear)−(q->front)。

在不考虑溢出的情况下,入队操作是使队尾指针加 1 指向新的队尾位置之后,再将入

队元素放到该位置。

实现操作的语句如下：

```
q->rear++;                    //队尾指针指向新的队尾位置
q->data[q->rear]=x;           //元素 x 入队
```

在不考虑队空的情况下，出队操作使队头指针加 1，表明队头元素已出队。

实现操作的语句如下：

```
q->front++;                   //队头指针加 1 使队头元素出队
x=q->data[q->front];          //队头指针所指的就是刚出队的原队头元素，将此元素送到 x
```

按照上述思想建立的空队、入队及出队的队列操作示意图如图 2-5 所示（设 MAXSIZE=8）。

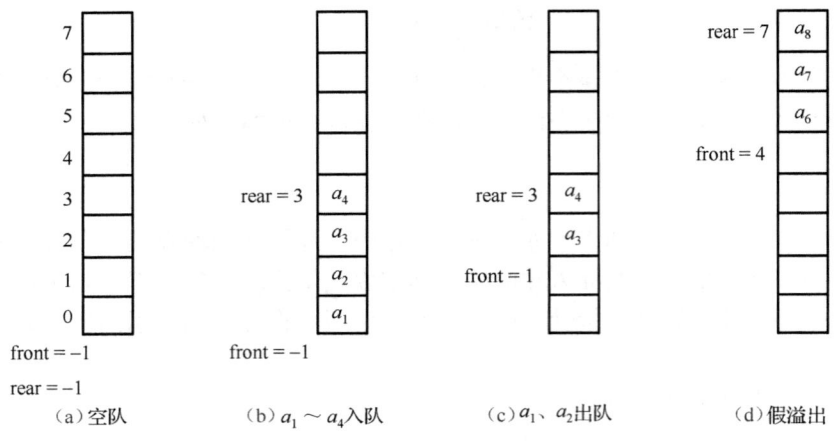

图 2-5　队列操作示意图

2. 循环队列

队列在顺序存储下会发生溢出。队空时再进行出队的操作称为下溢（没有可以出队的元素）；而在队满时再进行入队的操作称为上溢（没有存储空间可以存放入队的元素）。上溢有两种情况：一种是真正的队满，即作为队列使用的一维数组空间已全部被队列元素所占用，此时队尾指针和队头指针存在如下关系：

```
q->rear-q->front=MAXSIZE
```

此时队列中已没有可供元素入队的存储空间。

另一种是假溢出，即队尾指针和队头指针存在如下关系：

```
q->rear-q->front<MAXSIZE  且  q->rear=MAXSIZE-1
```

此时作为队列使用的一维数组仍有部分可用的存储空间，这是因为出队元素的出队而腾出了出队元素占用的存储空间，并且该存储空间位于由下标 0 开始的一个连续区域，只不过队尾指针 q->rear 已经成为队列空间的最大值，所以无法再存放需要入队的元素，从下标 0 开始的部分可用存储空间被浪费，这种现象称为假溢出。产生假溢出的根本原因是出队元素所腾出的那部分存储空间无法再继续使用。

解决假溢出的方法是将顺序队列假想为一个首尾相接的圆环，可将其称为循环队列（见图 2-6）。但此时队空、队满的条件可表示成如下形式：

```
q->rear=q->front
```

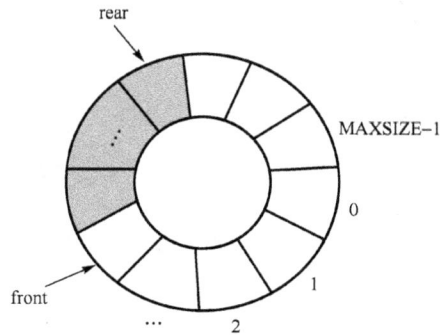

图 2-6　循环队列示意图

但是上述形式无法区分队空还是队满，为了解决这个问题，可以采用的方法是损失一个元素的存储空间，将队满条件改为如下形式：

```
(q->rear+1)%MAXSIZE=q->front
```

而队空条件维持不变，仍是：

```
q->rear=q->front
```

此外，循环队列的元素个数为：

```
(q->rear－q->front+MAXSIZE)%MAXSIZE
```

因为是首尾相连的循环结构，所以此时入队的操作可以改为如下形式：

```
q->rear=(q->rear+1)%MAXSIZE;
q->data[sq->rear]=x;
```

而出队的操作改为如下形式：

```
q->front=(q->front+1)%MAXSIZE;
x=q->data[q->front];
```

循环队列的类型定义与队列相同，只是操作方式按循环队列进行。

3. 链队列

队列的链式存储结构称为链队列。链队列也需要标识队头指针和队尾指针。为了便于操作，也为链队列添加一个头节点，并令队头指针指向头节点。因此，队空的条件是队头指针和队尾指针均指向头节点。链队列示意图如图 2-7 所示。

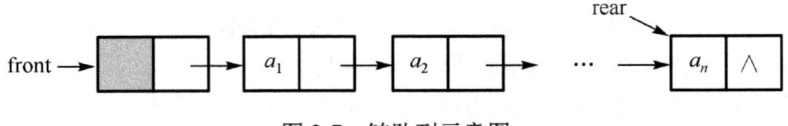

图 2-7 链队列示意图

如图 2-7 所示，队头指针 front 和队尾指针 rear 是两个独立的指针变量，从结构上考虑，通常将二者放入一个结构体中。

链队列节点的类型定义如下：

```
typedef struct node
{
  datatype data;
  struct node *next;
}QNode;                   //链队列节点类型
typedef struct
{
  QNode *front,*rear;     //将指向链队列的队头指针和队尾指针纳入一个结构体中
}LQueue;                  //仅含有链队列队头指针和队尾指针的节点类型
```

若用语句"LQueue *q;"定义一个指向链队列的指针变量 q（该变量含有链队列的队头指针和队尾指针），则建立的带头节点的链队列如图 2-8 所示。

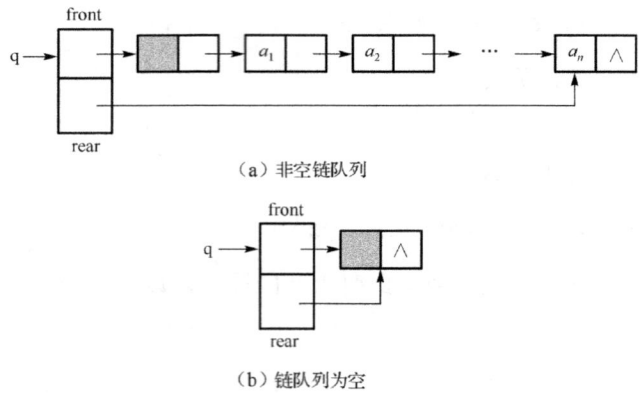

（a）非空链队列

（b）链队列为空

图 2-8 将队头指针和队尾指针纳入一个结构体的链队列

实验 1 顺序栈及其基本运算

1. 实验目的

了解顺序栈的结构特点及有关概念，掌握顺序栈的基本运算。

2. 实验内容

建立一个顺序栈，对顺序栈进行置空栈、判栈空，以及入栈、出栈和取栈顶元素等运算。

3. 参考程序

```c
#include<stdio.h>
#include<stdlib.h>
#define MAXSIZE 20
typedef struct
{
    char data[MAXSIZE];                    //一维数组data作为顺序栈元素的存储空间
    int top;                               //顺序栈栈顶指针
}SeqStack;                                 //顺序栈类型
void Init_SeqStack(SeqStack **s)           //顺序栈初始化
{              //如果采用形参**s，则无须将指向顺序栈的指针返回给主调函数
    *s=(SeqStack*)malloc(sizeof(SeqStack));   //在主调函数中申请栈空间
    (*s)->top=-1;                          //置栈空标志
}
int Empty_SeqStack(SeqStack *s)            //判断栈是否为空
{
    if(s->top==-1)
        return 1;                          //如果栈为空，则返回1
    else
        return 0;                          //如果栈不空，则返回0
}
void Push_SeqStack(SeqStack *s,char x)     //顺序栈元素入栈
{
    if(s->top==MAXSIZE-1)
        printf("Stack is full!\n");        //栈已满
    else
    {
        s->top++;
        s->data[s->top]=x;                 //将元素x压入栈*s中
    }
}
void Pop_SeqStack(SeqStack *s,char *x)     //顺序栈元素出栈
{              //栈*s中的栈顶元素出栈，并通过参数x返回给主调函数
    if(s->top==-1)
        printf("Stack is empty!\n");       //如果栈顶指针s->top值为-1，则栈为空
    else                                   //栈不空时
    {
        *x=s->data[s->top];                //栈顶元素出栈
        s->top--;
    }
}
void Top_SeqStack(SeqStack *s,char *x)     //取顺序栈栈顶元素
{
    if(s->top==-1)
        printf("Stack is empty!\n");       //如果栈顶指针s->top值为-1，则栈为空
    else
```

```c
        *x=s->data[s->top];                    //栈不空时取栈顶元素值
}
void print(SeqStack *s)                        //顺序栈输出
{
    int i;
    for(i=0;i<=s->top;i++)
        printf("%4c",s->data[i]);
    printf("\n");
}
void main()
{
    SeqStack *s;
    char x, *y=&x;           //y是指向x的指针,出栈元素经过y传给变量x
    Init_SeqStack(&s);                         //顺序栈初始化
    if(Empty_SeqStack(s))                      //判断栈是否为空
        printf("Stack is empty!\n");
    printf("Input any char string to stack:\n");
                                  //为顺序栈输入栈元素(字符数据)
    scanf("%c",&x);                            //输入一个字符
    while(x!='\n')       //输入字符为回车符时结束顺序栈的建立,否则继续元素入栈
    {
        Push_SeqStack(s, x);                   //元素入栈
        scanf("%c",&x);                        //继续输入一个字符
    }
    printf("Output all data of stack:\n");
    print(s);                                  //输出顺序栈中的元素
    Pop_SeqStack(s, y);                        //顺序栈中的元素出栈
    printf("Output data of Pop stack: %c\n",*y);   //输出出栈元素
    printf("Output all data of stack:\n");
    print(s);                                  //输出出栈后顺序栈中的元素
    Top_SeqStack(s, y);                        //读取顺序栈栈顶元素
    printf("Output data of top stack: %c\n",*y);   //输出读出的栈顶元素
    printf("Output all data of stack:\n");
    print(s);                                  //输出当前顺序栈中的元素
}
```

4. 思考题

顺序栈与顺序表的区别是什么?

实验2 链栈及其基本运算

1. 实验目的

了解链栈的结构特点及有关概念,掌握链栈的基本运算。

2. 实验内容

建立一个链栈，对链栈进行置空栈、判栈空，以及入栈、出栈等运算。

3. 参考程序

（1）采用二级指针变量实现的链栈的基本运算如下：

```c
#include<stdio.h>
#include<stdlib.h>
typedef struct node
{
   char data;
   struct node *next;
}StackNode;                                    //链栈节点类型
void Init_LinkStack(StackNode **s)             //链栈初始化
{
   *s=NULL;
}
int Empty_LinkStack(StackNode *s)              //判断链栈是否为空
{
   if(s==NULL)
      return 1;
   else
      return 0;
}
void Push_LinkStack(StackNode **top,char x)    //链栈元素入栈
{
   StackNode *p;
   p=(StackNode *)malloc(sizeof(StackNode));
                                               //申请存放一个链栈元素的空间
   p->data=x;
   p->next=*top;         //新生成的栈顶元素*p的后继为原栈顶元素**top
   *top=p;               //栈顶指针*top指向新的栈顶元素*p
}
void Pop_LinkStack(StackNode **top,char *x)    //链栈元素出栈
{
   StackNode *p;
   if(*top==NULL)
      printf("Stack is empty!\n");   //如果栈顶指针为空，则输出栈为空
   else                              //如果栈顶指针不为空，则进行出栈处理
   {
      *x=(*top)->data;               //栈顶元素经指针x传给对应的变量
      p=*top;
      *top=(*top)->next;             //栈顶指针*top指向出栈后的新栈顶元素
      free(p);
   }
}
```

```c
void print(StackNode *p)                    //链栈输出
{
   while(p!=NULL)             //由链栈的栈顶元素开始输出直至栈底(即p指针值为空)
   {
      printf("%c,",p->data);
      p=p->next;
   }
   printf("\n");
}
void main()
{
   StackNode *s;
   char x,*y=&x;                            //出栈元素经指针y传给x
   Init_LinkStack(&s);                      //链栈初始化
   if(Empty_LinkStack(s))                   //判断链栈是否为空
      printf("Init stack is empty!\n");
   printf("Input any char string to stack:\n");
                                            //为链栈输入链栈元素(字符数据)
   scanf("%c",&x);                          //输入一个字符
   while(x!='\n')    //当输入字符是回车符时结束链栈的建立,否则继续链栈元素入栈
   {
      Push_LinkStack(&s, x);                //链栈元素入栈
      scanf("%c",&x);                       //继续输入一个字符
   }
   printf("Output string:\n");
   print(s);                                //链栈输出
   printf("Output stack:\n");
   Pop_LinkStack(&s, y);                    //链栈元素出栈
   printf("Element of Output stack is %c\n",*y);    //输出出栈元素
   printf("Output string:\n");
   print(s);                                //链栈输出
}
```

(2) 返回栈顶指针值实现的链栈基本运算如下:

```c
#include<stdio.h>
#include<stdlib.h>
typedef struct node
{
   char data;
   struct node *next;
}StackNode;                                 //链栈节点类型
StackNode *Init_LinkStack()                 //链栈初始化
{
   return NULL;
}
int Empty_LinkStack(StackNode *s)   //判断链栈是否为空
```

```c
{
   if(s==NULL)
      return 1;
   else
      return 0;
}
StackNode *Push_LinkStack(StackNode *top,char x)      //链栈元素入栈
{
   StackNode *p;
   p=(StackNode *)malloc(sizeof(StackNode));
                                        //申请存放一个链栈元素的空间
   p->data=x;
   p->next=top;              //新的栈顶元素为*p,其后继为原栈顶元素**top
   top=p;                    //栈顶指针*top指向新生成的栈顶元素*p
   return top;
}
StackNode *Pop_LinkStack(StackNode *top,char *x)      //链栈元素出栈
{
   StackNode *p;
   if(top==NULL)
      printf("Stack is empty!\n");    //如果栈顶指针为空,则输出栈为空信息
   else                               //如果栈顶指针不为空,则进行出栈处理
   {
      *x=top->data;                   //栈顶元素经指针x传给对应的变量
      p=top;
      top=top->next;                  //栈顶指针top指向出栈后的新栈顶元素
      free(p);
      return top;
   }
}
void print(StackNode *p)              //链栈输出
{
   while(p!=NULL)       //由链栈栈顶元素开始输出,直至栈底(即p指针值为空)
   {
      printf("%c,",p->data);
      p=p->next;
   }
   printf("\n");
}
void main()
{
   StackNode *s;
   char x,*y=&x;                      //出栈元素经指针y传给x
   s=Init_LinkStack();                //链栈初始化
   if(Empty_LinkStack(s))             //判断链栈是否为空
      printf("Init stack is empty!\n");
```

```
            printf("Input any char string to stack:\n");
                                              //为链栈输入链栈元素（字符数据）
    scanf("%c",&x);                           //输入一个字符
    while(x!='\n')  //当输入字符是回车符时结束链栈的建立，否则继续链栈元素入栈
    {
        s=Push_LinkStack(s, x);               //链栈元素入栈
        scanf("%c",&x);                       //继续输入一个字符
    }
    printf("Output string:\n");
    print(s);                                 //链栈输出
    printf("Output stack:\n");
    s=Pop_LinkStack(s, y);                    //链栈元素出栈
    printf("Element of Output stack is %c\n",*y);    //输出出栈元素
    printf("Output string:\n");
    print(s);                                 //链栈输出
}
```

4. 思考题

（1）链栈是否有头节点？

（2）为什么将栈顶设在链首，如果设在链尾会产生哪些问题？

实验3 循环队列及其基本运算

1. 实验目的

了解顺序队列的结构特点及有关概念，掌握顺序队列的基本运算。

2. 实验内容

建立一个顺序队列，对顺序队列进行置空队、判队空以及入队、出队等运算。

3. 参考程序

```
#include<stdio.h>
#include<stdlib.h>
#define MAXSIZE 30
typedef struct
{
    char data[MAXSIZE];                       //队中元素的存储空间
    int rear, front;                          //队尾指针和队头指针
}SeQueue;                                     //顺序队列类型
void Init_SeQueue(SeQueue **q)                //循环队列初始化（置空队）
{
    *q=(SeQueue*)malloc(sizeof(SeQueue));     //生成循环队列的存储空间
    (*q)->front=0;                            //如果队头指针与队尾指针相等，则队列为空
    (*q)->rear=0;
}
int Empty_SeQueue(SeQueue *q)                 //判队空
```

```c
{
    if(q->front==q->rear)                  //当队头指针等于队尾指针时，队列为空
        return 1;                          //返回队列为空的标志
    else                                   //当队头指针不等于队尾指针时，队列不为空
        return 0;                          //返回队列不为空的标志
}
void In_SeQueue(SeQueue *q,char x)         //元素入队
{
    if((q->rear+1)%MAXSIZE==q->front)
        printf("Queue is full!\n");        //队满，入队失败
    else
    {
        q->rear=(q->rear+1)%MAXSIZE;       //队尾指针加1
        q->data[q->rear]=x;                //元素 x 入队
    }
}
void Out_SeQueue(SeQueue *q,char *x)       //元素出队
{
    if(q->front==q->rear)                  //队头指针等于队尾指针
        printf("Queue is empty");          //队空，出队失败
    else                                   //队头指针不等于队尾指针时队不空，进行出队操作
    {
        q->front=(q->front+1)%MAXSIZE;     //队头指针加1
        *x=q->data[q->front];              //队头元素出队，并由 x 返回队头元素值
    }
}
void print(SeQueue *q)                     //循环队列输出
{
    int i;
    i=(q->front+1)%MAXSIZE;                //输出从队头开始
    while(i!=q->rear)                      //输出到遇到队尾指针时为止
    {
        printf("%4c",q->data[i]);
        i=(i+1)%MAXSIZE;
    }
    printf("%4c\n",q->data[i]);            //将还未输出的队尾元素值输出
}
void main()
{
    SeQueue *q;
    char x, *y=&x;                         //出队元素经指针 y 传给 x
    Init_SeQueue(&q);                      //循环队列初始化
    if(Empty_SeQueue(q))                   //判队空
        printf("Init queue is empty!\n");
    printf("Input any char string to queue:\n");  //在循环队列中输入字符
    scanf("%c",&x);
```

```
        while(x!='\n')      //输入回车字符时结束循环队列的建立，否则继续生成循环队列
        {
           In_SeQueue(q,  x);              //元素入队
           scanf("%c",&x);
        }
        printf("Output elements of Queue:\n");
        print(q);                          //输出循环队列
        printf("Output Queue:\n");
        Out_SeQueue(q,  y);                //循环队列元素出队
        printf("Element of Output Queue is %c\n",*y);   //输出出队元素
        printf("Output elements of Queue:\n");
        print(q);                          //输出出队元素之后的循环队列元素
    }
```

4. 思考题

（1）队空与队满的判断条件是否可以一样？循环队列是如何确定判队空与队满的条件的？

（2）如果存储循环队列的一维数组的下标不是 0～n-1，而是 1～n，那么判队空与队满的条件又应如何修改？

实验 4　链队列及其基本运算

1. 实验目的

了解链队列的结构特点及有关概念，掌握链队列的基本运算。

2. 实验内容

建立一个带头节点的链队列，对链队列进行判队空、入队和出队运算。

3. 参考程序

```
#include<stdio.h>
#include<stdlib.h>
typedef struct node
{
   char data;
   struct node *next;
}QNode;                              //链队列节点类型
typedef struct
{
   QNode *front,  *rear; //将指向链队列的队头和队尾指针纳入一个结构体中
}LQueue;                 //仅含有链队列队头和队尾指针的节点类型
void Init_LQueue(LQueue **q)         //创建一个带头节点的空链队列
{                        //如果采用形参**q，则无须将指向队列的指针返回给主调函数
   QNode *p;                         //定义指向链队列节点的指针变量 p
   *q=(LQueue *)malloc(sizeof(LQueue));
                         //申请一个仅包含链队列的队头和队尾指针的节点
   p=(QNode*)malloc(sizeof(QNode)); //申请一个链队列节点作为链队列的队头节点
```

```c
      p->next=NULL;                        //空链队列时头节点的next指针值为空
      (*q)->front=p;                       //链队列队头指针front指向头节点
      (*q)->rear=p;                        //因队列为空,故链队列队尾指针rear指向头节点
}
int Empty_LQueue(LQueue *q)                //判队空
{
      if(q->front==q->rear)                //当队头指针值等于队尾指针值时队为空
         return 1;                         //返回队空标志
      else                                 //当队头指针值不等于队尾指针值时队不空
         return 0;                         //返回队不空标志
}
void In_LQueue(LQueue *q, char x)          //入队
{
      QNode *p;
      p=(QNode *)malloc(sizeof(QNode));    //申请新链队列节点
      p->data=x;
      p->next=NULL;                        //新节点*p作为队尾节点时其next域为空
      q->rear->next=p;                     //将新节点*p链到原队尾节点之后
      q->rear=p;                           //使队尾指针rear指向新队尾节点*p
}
void Out_LQueue(LQueue *q,char *x)         //出队
{
      QNode *p;
      if(Empty_LQueue(q))                  //队空时
         printf("Queue is empty!\n");      //输出出队失败信息
      else                                 //队非空时进行出队操作
      {
         p=q->front->next;                 //p指向链队列第一个节点
         q->front->next=p->next;           //头节点的next指向链队列第二个节点
                                           //此时即删除了链队列的第一个节点
         *x=p->data;                       //将删除的节点值经由指针x返回给主调函数
         free(p);                          //回收被删节点的存储空间
         if(q->front->next==NULL)          //当节点出队后链队列变为空时
            q->rear=q->front;//置链队列的队头和队尾指针均指向队头节点,即链队列为空
      }
}
void print(LQueue *q)                      //链队列输出
{
      QNode *p;
      p=q->front->next;                    //输出从队头的第一个节点开始
      while(p!=NULL)         //输出到p指针值为空时为止,整个链队列元素均已输出
      {
         printf("%4c",p->data);
         p=p->next;
      }
      printf("\n");
```

```c
}
void main()
{
    LQueue *q;
    char x, *y=&x;                              //出队元素经指针y传给x
    Init_LQueue(&q);                            //链队列初始化
    if(Empty_LQueue(q))                         //判队空
        printf("Init queue is empty!\n");
    printf("Input any char string to chain queue:\n");
                                                //输入字符数据到链队列中
    scanf("%c",&x);
    while(x!='\n')     //输入字符为回车符时结束链队列的建立,否则继续生成链队列
    {
        In_LQueue(q, x);                        //元素入队
        scanf("%c",&x);
    }
    printf("Output elements of Queue:\n");
    print(q);                                   //链队列输出
    printf("Output Queue:\n");
    Out_LQueue(q, y);                           //元素出队
    printf("Element of Output Queue is %c\n",*y);   //输出出队的元素值
    printf("Output elements of Queue:\n");
    print(q);                                   //输出出队后链队列的元素
}
```

4. 思考题

链队列与链栈有何不同?

第 3 章

串

串又称为字符串,是一种特殊的线性表,它的每个元素仅由一个字符组成。因此,串是由零个或多个任意字符组成的字符序列,一般记为

$$S="a_0a_1a_2\cdots a_{n-1}" \qquad n\geqslant 0$$

其中,S 是串名;并用双引号(" ")作为串开始和结束的定界符,双引号引起来的字符序列为串值,双引号本身不属于串的内容;a_i($0\leqslant i\leqslant n-1$)是串中的任意一个字符,并称为串的元素,它是构成串的基本单位,i 是 a_i 在整个串中的序号(序号从 0 开始);n 为串的长度,表示串中所包含的字符个数,当 n 等于 0 时称为空串,通常记为 ϕ。

1. 串的顺序存储结构

因为串是字符型的线性表,所以线性表的存储方式仍然适用于串,顺序存储结构存储的串称为顺序串。在顺序串中,用一组地址连续的存储单元存储串值中的字符序列。通常采用 1 字节(8 位)表示一个字符(即该字符的 ASCII 码)的方式,因此一个内存单元可以存储多个字符。例如,一个 32 位的内存单元可以存储 4 个字符。因此,串的顺序存储有两种方式:一种是每个单元只存放一个字符,如图 3-1(a)所示,称为非紧缩格式;另一种是每个单元的空间放满字符,如图 3-1(b)所示,称为紧缩格式。

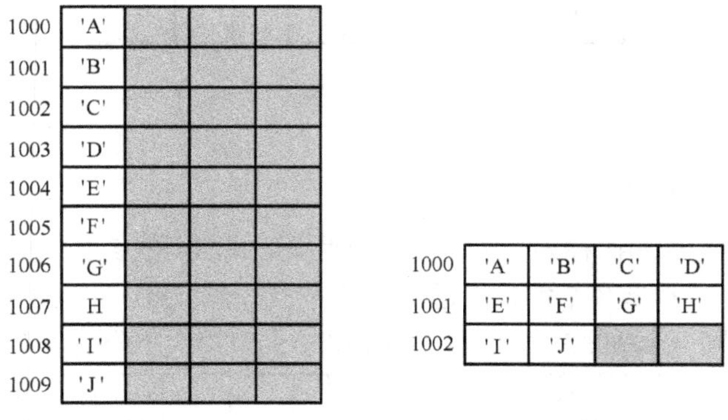

(a)非紧缩格式　　　　(b)紧缩格式

图 3-1　串存储的非紧缩格式与紧缩格式

注:图中有阴影的字节为空闲部分

顺序串一般采用非紧缩格式定长存储。所谓定长,是指按预定义的大小为每个串变量分配一个固定长度的存储区。例如:

```
#define MAXSIZE 256
char s[MAXSIZE];
```

串的最大长度不能超过 256。

顺序串实际长度的标识可以使用以下两种方法。

（1）与顺序表类似，用一个指针来指向最后一个字符，这样的顺序串可以表示成如下形式：

```
typedef struct
{
    char data[MAXSIZE];              //存放顺序串串值
    int len;                         //顺序串长度
}SeqString;                          //顺序串类型
SeqString s;                         //用顺序串类型定义一个串变量 s
```

在这种存储方式下，可以直接得到顺序串的长度为 s.len，如图 3-2 所示。

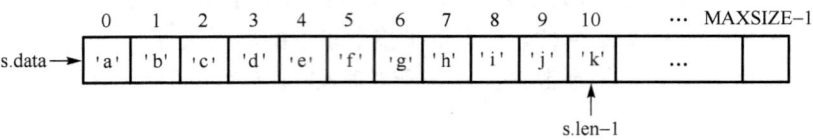

图 3-2　顺序串的存储方式（一）

（2）在串尾存储一个不会在串中出现的特殊字符，将其作为串的结束标志。例如，C 语言就是采用特殊字符'\0'来表示串的结束的。这种存储方式无法直接得到串的长度，必须通过判断当前字符是否为'\0'来确定串的结束从而求得串的长度。若已经定义了字符数组"char s[MAXSIZE];"，则如图 3-3 所示是此种存储方式下的顺序串示意图。

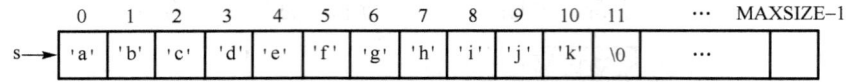

图 3-3　顺序串的存储方式（二）

2. 串的链式存储结构

链式存储结构存储的串简称为链串。链串的组织形式与一般链表类似，其主要区别在于：链串中的一个节点可以存储多个字符。通常将链串中每个节点所存储的字符个数称为节点大小，图 3-4 给出了对同一个串"ABCDEFGHIJKLMN"的节点大小分别为 4 和 1 时的链串。

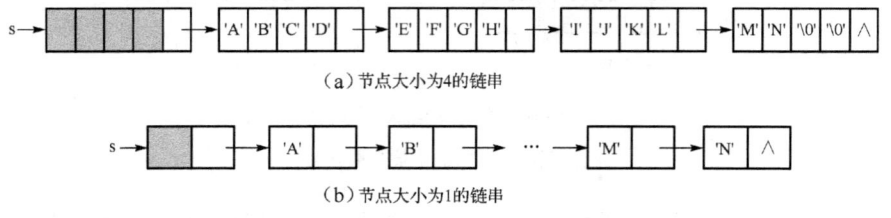

图 3-4　不同节点大小的链串

当节点大小大于 1 时，链串的最后一个节点的各数据域不一定都被字符占满，那些空闲的数据域应给予特殊的标记（如'\0'字符）。链串的节点大小越大则存储密度越大，但插入、删除和替换等操作会更加不便，因此适合串值基本保持不变的场合；节点大小越小则存储密度越小，但操作相对容易。本书仅对节点大小为 1 的链串展开介绍。

链串的节点类型定义如下：

```
typedef struct snode
{
  char data;                    //data 为节点的数据信息
  struct snode *next;           //next 为指向后继节点的指针
}LiString;                      //链串节点类型
```

实验 1　顺序串及其基本运算

1. 实验目的

了解顺序串的结构特点及有关概念，掌握顺序串的基本运算。

2. 实验内容

建立一个顺序串，对顺序串进行求串长、串连接、子串、串比较和串插入等运算。

3. 参考程序

```
#include<stdio.h>
#define MAXSIZE 50
int StrLength(char *s)                  //求串长
{
  int i=0;
  while(s[i]!='\0')                     //对串 s 中的字符个数进行计数，直到遇到'\0'为止
    i++;
  return i;                             //返回串 s 的长度值
}
int StrCat(char s1[],char s2[])         //串连接
{
  int i, j, len1, len2;
  len1=StrLength(s1);                   //len1 为串 s1 的长度
  len2=StrLength(s2);                   //len2 为串 s2 的长度
  if(len1+len2>MAXSIZE-1)
      return 0;                         //串 s1 存储空间不够，返回错误代码 0
  i=0;j=0;
  while(s1[i]!='\0')                    //找串 s1 的串尾
    i++;
  while(s2[j]!='\0')                    //将串 s2 的串值复制到串 s1 的串尾
    s1[i++]=s2[j++];
  s1[i]='\0';                           //为串 s1 设置串结束标志'\0'
  return 1;                             //串连接成功
```

```c
}
int SubStr(char *s, char t[],int i,int len)        //求子串
{       //用数组t返回串s中从第i个字符开始且长度为len的子串（1≤i≤串长）
    int j,slen;
    slen=StrLength(s);
    if(i<1||i>slen||len<0||len>slen-i+1)
        return 0;                                  //给定参数有错，返回错误代码0
    for(j=0; j<len; j++)                           //将串s中的指定子串复制到串t中
        t[j]=s[i+j-1];
    t[j]='\0';                                     //为串t设置串结束标志'\0'
    return 1;                                      //求子串成功，返回1
}
int StrCmp(char *s1, char *s2)                     //串比较
{
    int i=0;
    while(s1[i]==s2[i]&&s1[i]!='\0')               //将两个串对应位置上的字符进行比较
        i++;
    return (s1[i]-s2[i]);                          //返回比较值
}
int StrInsert(char *s,int i,char *t)               //串插入
{         //将串t插入串s第i个字符位置，指针s和t指向存储串的字符数组
    char str[MAXSIZE];
    int j, k, len1, len2;
    len1=StrLength(s);                             //len1为串s的长度
    len2=StrLength(t);                             //len2为串t的长度
    if(i<0||i>len1+1||len1+len2>MAXSIZE-1)
        return 0;        //参数不正确或主串s的数组空间插不下子串t，返回错误代码0
    k=i;
    for(j=0; s[k]!='\0'; j++)
        str[j]=s[k++];            //将串s由位置i开始一直到s串尾的子串赋给串str
    str[j]='\0';                                   //为串str设置串结束标志'\0'
    j=0;
    while(t[j]!='\0')                              //将子串t插入主串s的位置i处
        s[i++]=t[j++];
    j=0;
    while(str[j]!='\0')//将暂存于串str中的子串连接到刚复制到串s中的串t后
        s[i++]=str[j++];
    s[i]='\0';                                     //为串s设置串结束标志'\0'
    return 1;                                      //串插入成功
}
void main()
{
    char x1[50]="Abcdefghijk",x2[30]="Mnopqrst",x3[20];
    printf("Output string x1:\n");
    puts(x1);                                      //输出串x1
    printf("Length of string x1 is %d\n",StrLength(x1));
```

```
                                              //输出串 x1 的长度
        printf("Output string x2:\n");
        puts(x2);                             //输出串 x2
        printf("Length of string x2 is %d\n",StrLength(x2));
                                              //输出串 x2 的长度
        if(StrCat(x1, x2))                    //将 x2 连接在串 x1 之后
        {
          printf("Output x1 after chain x1 and x2:\n");
          puts(x1);                           //输出连接后的串 x1
        }
        else
          printf("Chain x1 and x2 fail!\n");  //连接失败
        if(SubStr(x1, x3, 5, 12))             //对 x1 求子串,并存放到串 x3 中
        {
          printf("Output Substring of x3:\n");
          puts(x3);                           //输出存放在 x3 中的子串
        }
        else
          printf("Error!\n");                 //求子串出错
        if(StrCmp(x1, x2)>0)                  //串比较
          printf("String x1 is lager than string x2!\n");
        else
          if(StrCmp(x1, x2)==0)
            printf("String x1and x2 is equal!\n");
          else
            printf("String x2 is lager than string x1!\n ");
        if(StrInsert(x2, 5, "AAAAA"))         //将串"AAAAA"插入串 x2 中
        {
          printf("Output x2 after insert \"AAAAA\":\n");
          puts(x2);                           //输出插入后的串 x2
        }
        else
          printf("Insert fail!\n");           //插入失败
    }
```

4. 思考题

串与线性表有何异同?

实验 2 链串及其基本运算

1. 实验目的

了解链串的结构特点及有关概念,掌握链串的基本运算。

2. 实验内容

建立一个链串(即串赋值运算),对链串进行求串长和串连接运算。

3. 参考程序

在此，链串的运算包括串赋值（建立一个链串）、求串长和串连接。串赋值将一个存于一维数组 str 中的串赋给链串 s，采用尾插法来建立链串 s；求串长则返回链串 s 中的字符个数，即长度值；串连接则将两个链串 s 和 t 连接在一起，形成一个新的链串 s，原链串 t 保持不变。

```c
#include<stdio.h>
#include<stdlib.h>
typedef struct snode
{
   char data;
   struct snode *next;
}LiString;                                          //链串节点类型
void StrAssingn(LiString **s,char str[])            //采用尾插法建立链串
{
   LiString *p, *r;
   int i;
   *s=(LiString*)malloc(sizeof(LiString));          //建立链串的头节点
   r=*s;                           //r 始终指向链串 s 的尾节点
   for(i=0; str[i]!='\0'; i++)  //将数组 str 中的字符逐个转化为链串 s 中的节点
   {
      p=(LiString *)malloc(sizeof(LiString));       //p 指向新生成的链串节点
      p->data=str[i];              //将 str 中第 i 个数组元素赋给 p 所指节点的 data 域
      r->next=p;                   //将 p 所指节点链到链串 s 的尾节点*r 之后
      r=p;                         //r 指向链串 s 新的尾节点*p
   }
   r->next=NULL;                   //将最终生成的链串 s 尾节点的指针域置空
}
int StrLength(LiString *s)         //求串长
{
   int i=0;
   LiString *p=s->next;            //使 p 指向链串 s 的第一个节点
   while(p!=NULL)                  //遍历链串 s 中的每个节点来统计字符个数
   {
      i++;
      p=p->next;
   }
   return i;                       //返回串长度值
}
void StrCat(LiString *s,LiString *t)    //链串连接
{           //将两个链串 s 和 t 连接在一起形成一个新的链串 s,原链串 t 保持不变
   LiString *p, *q, *r, *str;
   str=(LiString *)malloc(sizeof(LiString));  //生成只有头节点的空链串 str
   r=str;                          //r 指向链串 str 的尾节点（此时为头节点）
   p=t->next;                      //p 指向链串 t 的第一个节点
```

```c
      while(p!=NULL)                    //将链串 t 复制到链串 str 中
      {
         q=(LiString *)malloc(sizeof(LiString));    //q 指向新生成的链串节点
         q->data=p->data;               //将 p 所指链串 t 的节点信息复制到 q 所指节点中
         r->next=q;                     //将 q 所指节点链到链串 str 的尾节点*r 之后
         r=q;                           //r 指向链串 str 新的尾节点*q
         p=p->next;                     //p 顺序指向链串 t 的下一个节点
      }
      r->next=NULL;         //复制链串 t 完成,将链串 str 中尾节点的指针域置为空
      p=s;                              //p 指向链串 s 的头节点
      while(p->next!=NULL)              //寻找链串 s 的尾节点
         p=p->next;
      p->next=str->next ;   //将链串 str 保存的链串 t 的串值链到链串 s 的尾节点之后
      free(str);                        //回收链串 str 的头节点
}
void print(LiString *h)                 //输出链串
{
   LiString *p;
   p=h->next;
   while(p!=NULL)
   {
      printf("%2c",p->data);
      p=p->next;
   }
   printf("\n");
}
void main()
{
   LiString *head1, *head2, *p;
   char c1[20]="ABCD", c2[10]="abcd";
   StrAssingn(&head1, c1);              //建立链串 head1
   printf("Output string head1:\n");
   print(head1);                        //输出链串 head1
   printf("StrLength head1=%d\n",StrLength(head1));
                                        //输出链串 head1 的长度
   StrAssingn(&head2, c2);              //建立链串 head2
   printf("Output string head2:\n");
   print(head2);                        //输出链串 head2
   printf("StrLength head2=%d\n",StrLength(head2));
                                        //输出链串 head2 的长度
   StrCat(head1, head2);     //将链串 head1 和链串 head2 连接成新的链串 head1
   printf("Output string head1 after chain head1 and head2:\n");
   print(head1);                        //输出连接后的链串 head1
}
```

4. 思考题

链串与单链表有何异同?

实验 3 在链串中求子串的运算

1. 实验目的

进一步熟悉链串的结构特点及有关概念,掌握在链串中求子串的方法。

2. 实验内容

实现在链串中求子串的运算。

3. 参考程序

将链串 s 中从第 i 个 (1≤i≤StrLength(s)) 字符(节点)开始的且由连续 len 个字符组成的子串生成一个新链串 str,参数不正确时生成的新链串 str 为空(采用尾插法建立链串 str):

```c
#include<stdio.h>
#include<stdlib.h>
typedef struct snode
{
  char data;
  struct snode *next;
}LiString;                                    //链串节点类型
void StrAssingn(LiString **s,char str[])      //采用尾插法建立链串
{
  LiString *p, *r;
  int i;
  *s=(LiString*)malloc(sizeof(LiString));     //建立链串的头节点
  r=*s;                        //r 始终指向链串 s 的尾节点
  for(i=0;  str[i]!='\0';  i++)  //将数组 str 中的字符逐个转化为链串 s 中的节点
  {
    p=(LiString *)malloc(sizeof(LiString));
    p->data=str[i];
    r->next=p;
    r=p;
  }
  r->next=NULL;                //将最终生成的链串 s 的尾节点的指针域置空
}
int StrLength(LiString *s)     //求串长
{
  int i=0;
  LiString *p=s->next;         //使 p 指向链串 s 的第一个节点
  while(p!=NULL)               //遍历链串 s 中的每个节点来统计字符个数
  {
```

```c
        i++;
        p=p->next;
    }
    return i;                          //返回串长度值
}
void SubStr(LiString *s,LiString **str,int i,int len)
{                                      //对链串 s 求子串并存放在链串*str 中
    LiString *p, *q, *r;
    int k;
    p=s->next;                         //p 指向链串 s 的第一个节点
    *str=(LiString*)malloc(sizeof(LiString));//生成只有头节点的空链串 str
    (*str)->next=NULL;                 //初始时链串*str 为空
    r=*str;                            //r 指向链串*str 的尾节点（此时为头节点）
    if(i<1||i>StrLength(s)||len<0||i+len-1>StrLength(s))
        goto L1;                       //参数出错，生成空链串*str
    for(k=0;  k<i-1;  k++)             //使 p 定位于链串 s 的第 i 个节点处
        p=p->next;
    for(k=0;  k<len;  k++)
    {                                  //将链串 s 由第 i 个节点开始的 len 个节点复制到链串 str 中
        q=(LiString *)malloc(sizeof(LiString));    //q 指向新生成的链串节点
        q->data=p->data;               //将 p 所指链串 s 的节点信息复制给 q 所指节点
        r->next=q;                     //将 q 所指节点链到链串*str 的尾节点*r 之后
        r=q;                           //r 指向链串*str 的新尾节点*q
        p=p->next;        //p 顺序指向链串 s 的下一个节点，以便链串 str 的继续复制
    }
    r->next=NULL;                      //链串*str 生成完毕，将尾节点的指针域置空
L1:  ;
}
void print(LiString *h)                //输出链串
{
    LiString *p;
    p=h->next;
    while(p!=NULL)
    {
        printf("%2c",p->data);
        p=p->next;
    }
    printf("\n");
}
void main()
{
    LiString *head1, *head2, *p;
    char c1[20]="ABCabD";
    StrAssingn(&head1, c1);            //建立链串 head1
    printf("Output string head1:\n");
    print(head1);                      //输出链串 head1
```

```
            SubStr(head1,&head2,3,3);          //对链串 head1 求子串,并存放于链串 head2 中
            printf("Output substring of head1 :\n");
            print(head2);                       //输出链串 head1 的子串 head2
        }
```

实验 4 在链串中插入子串的运算

1. 实验目的

进一步熟悉链串的结构特点及有关概念,掌握在链串中插入一个子串的方法。

2. 实验内容

分别建立链串 s 和链串 t,然后将链串 t 插入链串 s 的第 i 个节点位置。

3. 参考程序

```c
#include<stdio.h>
#include<stdlib.h>
typedef struct snode
{
   char data;
   struct snode *next;
}LiString;                                      //链串节点类型
void StrAssingn(LiString **s,char str[])        //采用尾插法建立链串
{
   LiString *p, *r;
   int i;
   *s=(LiString*)malloc(sizeof(LiString));      //建立链串的头节点
   r=*s;                                        //r 始终指向链串 s 的尾节点
   for(i=0;str[i]!='\0';i++)                    //将数组 str 中的字符逐个转化为链串 s 中的节点
   {
      p=(LiString *)malloc(sizeof(LiString));
      p->data=str[i];
      r->next=p;
      r=p;
   }
   r->next=NULL;                                //将最终生成的链串 s 的尾节点的指针域置空
}
void StrInsert(LiString *s,int i,LiString *t)
{                                               //将链串 t 插入链串 s 的第 i 个节点位置
   LiString *p, *r;
   int k;
   p=s->next;                                   //p 指向链串 s 的第一个节点
   for(k=0;  k<i-1;  k++)                       //在链串 s 中查找指向第 i 个节点的指针
      p=p->next;
   r=p->next;                                   //将链串 s 中由第 i 个节点开始的串暂存于指针 r 中
   p->next=t->next;                             //将不含头节点的链串 t 链接到链串 s 的第 i-1 个节点之后
```

```c
        p=t;                                //p指向链串t的头节点
        while(p->next!=NULL)                //查找链串t的尾节点
            p=p->next;
        p->next=r;      //将暂存于指针r的串链接到链串*t(已链入链串s)的尾节点之后
    }
    void print(LiString *h)                 //输出链串
    {
        LiString *p;
        p=h->next;
        while(p!=NULL)
        {
            printf("%2c",p->data);
            p=p->next;
        }
        printf("\n");
    }
    void main()
    {
        LiString *head1, *head2, *p;
        char c1[20]="ABCD", c2[10]="aaaa";
        StrAssingn(&head1, c1);             //建立链串head1
        printf("Output string head1:\n");
        print(head1);                       //输出链串head1
        StrAssingn(&head2, c2);             //建立链串head2
        printf("Output string head2:\n");
        print(head2);                       //输出链串head2
        StrInsert(head1, 2, head2);         //将链串head2插入链串head1中
        printf("Output string head1 after insert head2:\n");
        print(head1);                       //输出插入链串head2之后的链串head1
    }
```

实验 5　串的简单模式匹配

1. 概述

简单模式匹配算法的基本思想如下：从主串 S 中的第一个字符 s_0 开始和子串 T 中的第一个字符 t_0 进行比较，并分别用指针 i 和 j 指示当前串 S 与串 T 中正在比较的字符位置。如果比较相等，则继续逐个比较两个串当前位置的直接后继字符；否则，从主串 S 的第二个字符 s_1 开始重新与子串 T 中的第一个字符 t_0 进行比较。以此类推，直至子串 T 中的每个字符依次和主串 S 中一个连续字符序列中的每个字符相等，则匹配成功，并返回子串 T 中第一个字符 t_0 在主串 S 中的位置；否则匹配失败。

2. 实验目的

进一步熟悉顺序串的结构特点及有关概念，掌握顺序串简单模式匹配方法。

3. 实验内容

建立两个顺序串 S 和 T，用简单模式匹配算法判断主串 S 中是否有与子串 T 匹配的子串，若有则给出该子串在主串 S 中的起始位置，否则返回-1。

4. 参考程序

```c
#include<stdio.h>
#include<stdlib.h>
#define MAXSIZE 30
typedef struct
{
   char data[MAXSIZE];           //存放顺序串的值
   int len;                      //顺序串长度
}SeqString;                      //顺序串类型
int StrIndex_BF(SeqString *S,SeqString *T)      //简单模式匹配
{
   int i=0,  j=0;                //i 和 j 分别为指向主串 S 与子串 T 的指针
   while(i<S->len&&j<T->len)     //当未到达主串 S 或子串 T 的串尾时
      if(S->data[i]==T->data[j]) //两个串当前位置上的字符匹配时
      { i++; j++; }              //将指针 i、j 顺序后移一个位置继续进行匹配
      else                       //两个串当前位置上的字符不匹配时
      {
         i=i-j+1;                //将指针 i 调至主串 S 新一趟开始的匹配位置
         j=0;                    //将指针 j 调至子串 T 的第一个位置
      }
   if(j>=T->len)                 //已匹配完子串 T 的最后一个字符
      return (i-T->len);         //返回子串 T 在主串 S 中的位置
   else
      return (-1);               //主串 S 中没有与子串 T 相同的子串
}
void gets1(SeqString *p)         //为 p->data 数组输入一个字符串
{
   int i=0;
   char ch;
   p->len=0;                     //初始时记录串长度的 len 值为 0
   scanf("%c",&ch);              //输入一个字符
   while(ch!='\n')               //为 p->data 数组输入一个串（遇到回车符时结束）
   {
      p->data[i++]=ch;           //将输入的字符赋给 p->data 数组
      p->len++;                  //记录串长度的 len 值加 1
      scanf("%c",&ch);           //输入下一个字符
   }
   p->data[i++]='\0';            //串输入结束，置串结束标志'\0'
}
void main()
{
   int i;
   SeqString *S, *T;                              //定义串变量
```

```
    S=(SeqString *)malloc(sizeof(SeqString));      //生成主串 S 的存储空间
    T=(SeqString *)malloc(sizeof(SeqString));      //生成子串 T 的存储空间
    printf("Input main string S:\n");
    gets1(S);                                       //输入一个串作为主串 S
    printf("Output main string S:\n");
    puts(S->data);                                  //输出主串 S
    printf("Input substring T:\n");
    gets1(T);                                       //输入一个串作为子串 T
    printf("Output substring T:\n");
    puts(T->data);                                  //输出子串 T
    i=StrIndex_BF(S,T);                             //对主串 S 和子串 T 进行模式匹配
    if(i==-1)              //当 i 值为-1 时,表示主串 S 中没有与子串 T 匹配的子串
       printf("No match sting!\n");                 //输出不匹配信息
    else
       printf("Match position: %d\n",i+1);
                                   //匹配成功,输出子串 T 在主串 S 中的起始位置
}
```

5. 思考题

如果主串 s 和子串 t 均为链串,那么如何实现链串的简单模式匹配?

实验 6 串的无回溯 KMP 匹配

1. 概述

KMP 消除回溯的方法如下:一旦出现如图 3-5 所示的情况,应能确定子串 T 右移的位数及继续比较的字符。也就是说,当出现 $s_i \neq t_j$ 时,无须将指针 i 回调到 i-j+1 的位置,而是决定下一步应由子串 T 中的哪个字符和主串 S 中的字符 s_i 进行比较,我们将这个字符记作 t_k,显然应有 k<j,并且不同的 j 所对应的 k 值也是不同的。为了保证下一步比较是有效的,此时如图 3-6 所示是成立的。

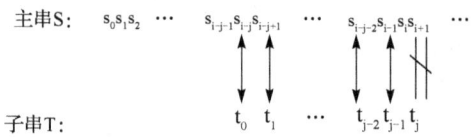

图 3-5　$s_i \neq t_j$ 时的匹配情况示意图

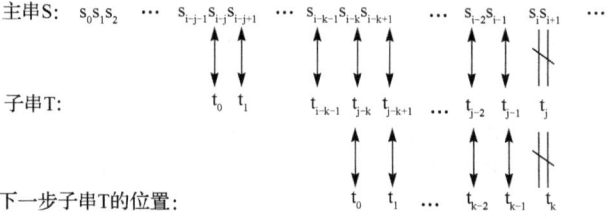

图 3-6　下一步对 t_k 与 s_i 比较时子串 T 下标移动示意图

因此，在图 3-6 中应使 $t_k \neq t_j$，同时使子串"$t_0t_1 \cdots t_{k-1}$"与子串"$t_{j-k}t_{j-k+1} \cdots t_{j-1}$"相等，也就是说，应使式（3-1）成立：

$$SubStr(T,0,k)=SubStr(T,j-k,k) \qquad (3-1)$$

所以，在无回溯条件下，子串 T 右移的位数与 k 值有关，而 k 值的确定则仅依赖于子串 T 本身，与主串 S 无关。

为了使子串 T 右移时不丢失任何匹配成功的可能性，对可能同时存在的多个满足式（3-1）的 k 值应取最大的一个，这样才能保证子串 T 向右"滑动"的位数 j-k 最小，否则可能会丢失成功的匹配。

由于 k 值仅与子串 T 本身有关，因此可以预先求得不同 j 值对应的 k 值，并保存在 next 数组中。也就是说，next[j]表示与 j 对应的 k 值；当 next[j]=k 时，next[j]表示当子串 T 中的字符 t_j 与主串 S 中相应字符 s_i 不匹配时，在子串 T 中需要重新与主串 S 中字符 s_i 进行比较的字符是 t_k。子串 T 的 next[j]函数定义如下：

$$next[j]=\begin{cases} \max\{k \mid 0<k<j \text{ 且}"t_0t_1 \cdots t_{k-1}"="t_{j-k}t_{j-k+1} \cdots t_{j-1}"\} & \text{当此集合非空时} \\ -1 & \text{当 j=0 时} \\ 0 & \text{其他情况} \end{cases} \qquad (3-2)$$

需要注意的是，式（3-2）仅适合子串 T 中第一个字符的下标为 0 时的情况。

若子串 T 中存在匹配子串"$t_0t_1 \cdots t_{k-1}$"="$t_{j-k}t_{j-k+1} \cdots t_{j-1}$"，并且满足 0<k<j，则 next[j]表示当子串 T 中字符 t_j 与主串 S 中相应字符 s_i 不匹配时，子串 T 下一次与主串 S 中字符 s_i 进行比较的字符是 t_k；若子串 T 中不存在匹配的子串，即 next[j]=0，则下一次比较应从 s_i 和 t_0 开始；当 j=0 时，由于 k<j，故 next[0]=-1；此处-1 不仅满足 k<j 的要求，还作为一个标记，即下一次比较应由 s_{i+1} 和 t_0 开始。由 k<j 还可以得知，next[1]的值只能为 0。因此，对于任何子串 T，只要能确定 next[j] （j=0,1,…,m-1）的值，就可以用来加速匹配（无回溯匹配）过程。

由式（3-2）可知，求子串 T 的 next[j]的值与主串 S 无关，而只与子串 T 本身有关。假设 next[j]=k，则说明此时在子串 T 中有"$t_0t_1 \cdots t_{k-1}$"="$t_{j-k}t_{j-k+1} \cdots t_{j-1}$"，其中下标 k 满足 0<k<j 的某个最大值。此时计算 next[j+1]有两种情况。

（1）若 $t_k = t_j$，则表明在子串 T 中有

$$"t_0t_1t_2 \cdots t_k"="t_{j-k}t_{j-k+1}t_{j-k+2} \cdots t_j"$$

并且不可能存在某个 k′>k 满足上式，因此有

$$next[j+1]=next[j]+1=k+1$$

（2）若 $t_k \neq t_j$，则表明在子串中有

$$"t_0t_1t_2 \cdots t_k" \neq "t_{j-k}t_{j-k+1}t_{j-k+2} \cdots t_j"$$

此时可以把整个子串 T 既看成子串又看成主串，即将子串 T 向右滑动至子串 T（相当于主串）中的第 next[k]个字符，从而与子串 T（相当于主串）的第 i 个字符进行比较。也就是说，若 k′=next[k]，则有如下两种情况。

① 如果 $t_k=t_j$，则说明子串 T 的第 j+1 个字符之前存在一个长度为 k′+1 的最长子串，它与子串 T 中从首字符 t_0 开始的长度为 k′+1 的子串相等，即

$$"t_0t_1t_2\cdots t_{k''}"="t_{j-k'}t_{j-k'+1}t_{j-k'+2}\cdots t_j" \qquad 0<k'<k<j \qquad (3\text{-}3)$$

则有

$$next[j+1]=next[k]+1=k'+1$$

② 如果 $t_k \neq t_j$，则应将子串 T 继续向右滑动至将子串 T 中的第 $next[k']$ 字符和 t_j 对齐为止。以此类推，直到某次匹配成功或不存在任何 k′（0＜k′＜j）满足式（3-3）时，则有

$$next[j+1]=0$$

2. 实验目的

在顺序串简单模式匹配的基础上掌握串的无回溯 KMP 匹配。

3. 实验内容

建立两个顺序串 S 和 T，用无回溯 KMP 匹配算法判断主串 S 中是否存在与子串 T 匹配的子串，如果存在则给出该子串在主串 S 中的起始位置，否则返回-1。

4. 参考程序

```c
#include<stdio.h>
#include<stdlib.h>
#define MAXSIZE 30
typedef struct
{
   char data[MAXSIZE];              //存放顺序串的值
   int len;                         //顺序串长度
}SeqString;                         //顺序串类型
void GetNext(SeqString *T, int next[])      //由子串 T 求 next 数组
{
    int j=0,  k=-1;
    next[0]=-1;
    while(j<T->len-1)
    {
       if(k==-1||T->data[j]==T->data[k])//当 k 为-1 或子串 T 中的 t_j 等于 t_k 时
       {
          j++; k++;                  //现 j、k 值已为原 j 值加 1 和原 k 值加 1
          next[j]=k;                 //next[j+1]值为 next[j]值加 1，即 k+1
                                     //此处 j、k 值均指原 j、k 值，下同
       }
       else
          k=next[k];                 //当 t_k≠t_j 时找下一个 k'=next[k]
    }
}
int KMPIndex(SeqString *S,SeqString *T)     //KMP 算法
{
    int i=0,  j=0,  next[MAXSIZE];
    GetNext(T,  next);               //求 next 数组
```

```c
        while(i<S->len  && j<T->len)
        {
           if(j==-1||S->data[i]==T->data[j])
           { i++; j++; }                //满足j等于-1或s_i等于t_j都应使i和j各加1
           else
              j=next[j];                //i不变，j回退至j=next[j]
        }
        if(j==T->len)
           return i-T->len;             //匹配成功，返回子串T在主串S中的首字符位置下标
        else
           return -1;                   //匹配失败
}
void gets1(SeqString *p)                //给p->data数组输入一个串
{
   int i=0;
   char ch;
   p->len=0;                            //初始时记录串长度的len值为0
   scanf("%c",&ch);                     //输入一个字符
   while(ch!='\n')                      //给p->data数组输入一个串（遇到回车符时结束）
   {
      p->data[i++]=ch;                  //将输入的字符赋给p->data数组
      p->len++;                         //记录串长度的len值加1
      scanf("%c",&ch);                  //输入下一个字符
   }
   p->data[i++]='\0';                   //串输入结束，置串结束标志'\0'
}
void main()
{
   int i;
   SeqString *S,  *T;                   //定义串变量
   S=(SeqString *)malloc(sizeof(SeqString));    //生成主串S的存储空间
   T=(SeqString *)malloc(sizeof(SeqString));    //生成子串T的存储空间
   printf("Input main string S:\n");
   gets1(S);                            //输入一个串作为主串S
   printf("Output main string S:\n");
   puts(S->data);                       //输出主串S
   printf("Input substring T:\n");
   gets1(T);                            //输入一个串作为子串T
   printf("Output substring T:\n");
   puts(T->data);                       //输出子串T
   i=KMPIndex(S,  T);
   if(i==-1)             //i值为-1时表示主串S中没有与子串T匹配的子串
      printf("No match sting!\n");      //输出不匹配信息
   else
      printf("Match position: %d\n",i+1);
                                        //匹配成功，输出子串T在主串S中的起始位置
}
```

5. 思考题

（1）如何实现链串的无回溯 KMP 匹配？

（2）实际上，求 next[j]的值也可以由式（3-4）使 k 值由 j-1 递减至 0 逐个试探得到。

$$next[j] = \begin{cases} \max\{k \mid 0<k<j \text{ 且有 } SubStr(T, 0, k) = SubStr(T, j-k, k)\} \\ -1 \qquad \text{当} j=0 \text{时} \\ 0 \qquad \text{当} k=0 \text{时} \end{cases} \qquad (3-4)$$

其中，SubStr(S,start,len)为求子串函数，它将得到串 S 中的一个子串，即从串 S 的第 start 位置开始长度为 len 的连续字符构成的子串序列。试用求子串函数 SubStr()重新设计程序中的函数 GetNext()。

第 4 章

数组与广义表

数组是一种元素个数固定的线性表,当维数大于 1 时可以看作线性表的推广。所以,数组和广义表可以看作含义拓展的线性表,即这种线性表中的元素自身又是一个数据结构。

4.1 数组

数组作为一种数据结构,其具有如下特点:结构中的元素本身可以是具有某种结构的数据,但属于同一种数据类型。一维数组$[a_1,a_2,\cdots,a_n]$由固定的 n 个元素构成,其本身就是一种线性表结构。用矩阵表示的二维数组为

$$A_{m \times n} = \begin{bmatrix} a_{11} & a_{12} & \cdots & a_{1n} \\ a_{21} & a_{22} & \cdots & a_{2n} \\ \vdots & \vdots & & \vdots \\ a_{m1} & a_{m2} & \cdots & a_{mn} \end{bmatrix}$$

二维数组中的每个元素均受到两个下标关系的约束,但可以看作"元素是一维数组"的一维数组,即每维关系仍然具有线性特性,而整个结构则呈非线性。同样,三维数组可以看作"元素是二维数组"的一维数组。以此类推,n 维数组则是由 $n-1$ 维数组定义的。

因此,n 维数组是一种"同构"的数据结构,即数组中每个元素的类型相同、结构一致。n 维数组是线性表在维数上的拓展,即线性表中的元素又可以是一个线性表。从数据结构关系的角度来看,n 维数组中的每个元素都受到 n 个关系的约束,但在每个关系中,元素都有一个直接前驱(除了第一个元素)和一个直接后继(除了最后一个元素)。因此,就单个关系而言,这 n 个关系仍然是线性关系。

数组具有以下性质。

(1)数组中的元素个数固定。一旦定义了一个数组,其元素个数不再有增减变化。

(2)数组中的每个元素都具有相同的数据类型。

(3)数组中的每个元素都有一组唯一的下标与之对应,数组元素的下标具有上、下界约束,并且下标有序。

(4)数组是一种随机存储结构,可以随机存取数组中的任意元素。

由于计算机的内存结构是一维的,因此多维数组的存储必须按照某种方式进行降维处理,并最终由一维数组定义。由此可知,可以通过递推关系将多维数组的元素转化为线性

序列来存储。

对于一维数组，假定每个元素占用 k 个存储单元，一旦第一个元素 a_0 的存储地址 $LOC(a_0)$ 确定，那么一维数组中的任意一个元素 a_i 的存储地址 $LOC(a_i)$ 就可以由式（4-1）求出：

$$LOC(a_i)=LOC(a_0)+i\times k \quad (4\text{-}1)$$

对于二维数组，有以行为主序（行先变化）和以列为主序（列先变化）这两种存储方法（见图 4-1）。设二维数组中的每个元素占用 k 个存储单元，m 和 n 为二维数组的行数与列数，则二维数组以行为主序的元素 $a_{i,j}$ 的存储地址的计算公式（行、列下标均从 0 开始）为

$$LOC(a_{i,j})=LOC(a_{0,0})+(i\times n+j)\times k \quad (4\text{-}2)$$

这是因为元素 $a_{i,j}$ 的前面有 i 行，每行的元素为 n，在第 i 行中它的前面还有 j 个元素。

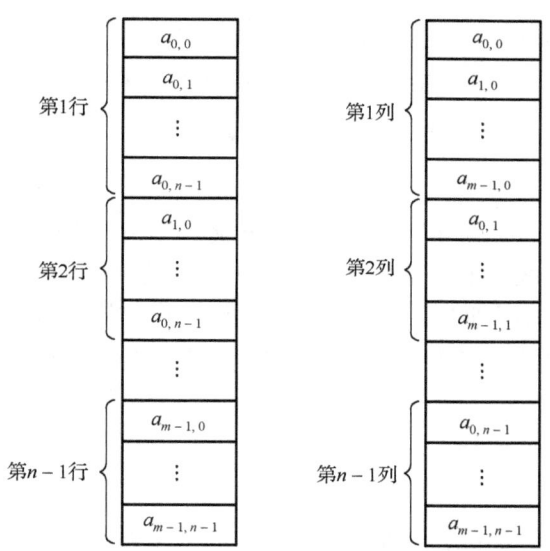

图 4-1 二维数组的两种存储方式

二维数组以列为主序的元素 $a_{i,j}$ 的存储地址的计算公式为

$$LOC(a_{i,j})=LOC(a_{0,0})+(j\times m+i)\times k \quad (4\text{-}3)$$

上述公式和结论可以推广到三维或多维数组。对于三维数组 A_{nmp}，即 $n\times m\times p$ 数组，以行为主序的元素 $a_{i,j,1}$ 的存储地址的计算公式为

$$LOC(a_{i,j,1})=LOC(a_{0,0,0})+[i\times m\times p+j\times p+1]\times k$$

可以将三维数组看作一个三维空间：对 $a_{i,j,1}$ 来说，前面已经存放了 i 个面，每个面上有 $n\times p$ 个元素；第 i 个面与二维数组类似，即前面有 j 行，每行有 p 个元素，第 j 行有 1 个元素。

以上讨论均假设数组各维的下界为 0，在一般情况下，各维的上、下界是任意指定的。以二维数组为例，假设二维数组的行下界为 c_1，行上界为 d_1，列下界为 c_2，列上界为 d_2，则二维数组元素 $a_{i,j}$ 以行为主序的存储地址的计算公式为

$$\text{LOC}(a_{i,j}) = \text{LOC}(a_{c1,c2}) + [(i-c_1) \times (d_2-c_2+1) + (j-c_2)] \times k \qquad (4\text{-}4)$$

二维数组元素 $a_{i,j}$ 以列为主序的存储地址的计算公式为

$$\text{LOC}(a_{i,j}) = \text{LOC}(a_{c1,c2}) + [(j-c_2) \times (d_1-c_1+1) + (i-c_1)] \times k \qquad (4\text{-}5)$$

4.2 特殊矩阵

由于矩阵具有元素个数固定且元素按下标关系有序排列这样的特点，因此矩阵结构通常采用二维数组表示。特殊矩阵是指非零元素或零元素的分布有一定规律的矩阵。为了节省存储空间，特别是在高阶矩阵的情况下，可以利用特殊矩阵的规律对它们进行压缩存储。也就是说，使多个相同的非零元素共享同一存储单元，对零元素不分配存储空间。

1. 对称矩阵

在一个 n 阶方阵 A 中，若元素满足以下性质：

$$a_{i,j} = a_{j,i} \qquad (0 \leqslant i,j < n)$$

则称 A 为 n 阶对称矩阵。

2. 三角矩阵

以主对角线来划分，三角矩阵分为上三角矩阵和下三角矩阵：上三角矩阵是指矩阵的下三角（不包括主对角线）中的元素均为常数 c 或 0 的 n 阶矩阵；下三角矩阵则恰好相反。当三角矩阵采用压缩存储时，除了和对称矩阵一样，只存储其下三角或上三角中的元素，再加上一个存储常数 c 的存储空间，即三角矩阵中的 n^2 个元素压缩存储到 $\frac{n(n+1)}{2}+1$ 个单元中。

3. 对角矩阵

对角矩阵又称为带状矩阵，对角矩阵的所有非零元素都集中在以主对角线为中心的带状区域内，即除了主对角线上和主对角线两侧的若干对角线上的元素，其他所有元素的值均为 0。

4.3 稀疏矩阵

有一类矩阵也含有少量的非零元素及较多的零元素，但非零元素的分布没有任何规律，我们将这样矩阵称为稀疏矩阵。

1. 稀疏矩阵的三元组表示

对于一个 $m \times n$ 的稀疏矩阵，其非零元素的个数 $t \ll m \times n$。为了节省存储空间，稀疏矩阵的存储必须采用压缩存储方式，即只存储非零元素。但是稀疏矩阵中非零元素的分布无规律可循，所以除了存储非零元素的值，还必须同时存储它所在的行和列的位置，这样才能找到它。也就是说，每个非零元素 $a_{i,j}$ 由一个三元组 $(i,j,a_{i,j})$ 唯一确定，其中 i 和 j 分别代

表非零元素 $a_{i,j}$ 所在的行与列的位置。

除了用一个三元组（$i,j,a_{i,j}$）表示一个非零元素 $a_{i,j}$，还需要记下稀疏矩阵的行数 m、列数 n 和非零元素个数 t，即也形成一个三元组（m,n,t）。若将所有三元组按行（或按列）的优先顺序排列，则得到一个元素为三元组的线性表，并将三元组（m,n,t）放置于该线性表的第一个位置，我们将这种线性表的顺序存储结构称为三元组表。

稀疏矩阵 M 及其三元组表如图 4-2 所示。

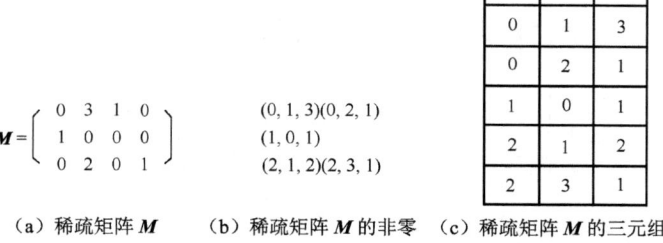

（a）稀疏矩阵 M　（b）稀疏矩阵 M 的非零元素三元组　（c）稀疏矩阵 M 的三元组表

图 4-2　稀疏矩阵 M 及其三元组表

一般来说，稀疏矩阵的三元组存储是以行为主序的。在这种方式下，三元组表中的行域 i 值递增有序，而对相同的 i 值，列域 j 值递增有序。

三元组表的顺序存储结构的定义如下：

```
typedef struct
{
  int i;                    //行号
  int j;                    //列号
  int v;                    //非零元素值
}TNode;                     //三元组类型
typedef struct
{
  int m;                    //矩阵行数
  int n;                    //矩阵列数
  int t;                    //矩阵中非零元素的个数
  TNode data[MAXSIZE];      //三元组表
}TSMatrix;                  //三元组表类型
```

需要注意的是，在这种定义方式下，稀疏矩阵的行数 m、列数 n 和非零元素个数 t 并没有存放在三元组表中，而是专门设置 3 个域来存放。

2. 稀疏矩阵的十字链表表示

用十字链表表示稀疏矩阵的基本上思想如下：将每个非零元素存储为一个节点，而每个节点由 5 个域组成，其结构如图 4-3 所示。其中，row、col 和 v 分别表示该非零元素所在的行、列和非零元素值。指针 right（向右）用于链接同一行中的下一个非零元素，指针 down（向下）用于链接同一列中的下一个非零元素。图 4-2（a）所示的稀疏矩阵 M 的十字链表存储示意图如图 4-4 所示。

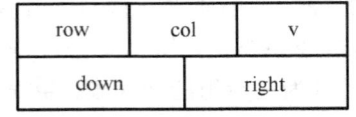

图 4-3　十字链表的节点结构

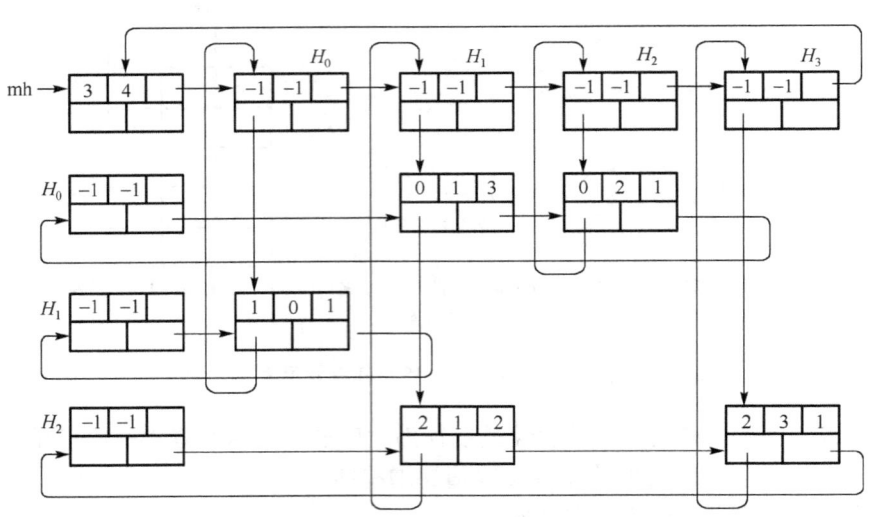

图 4-4　稀疏矩阵 M 的十字链表存储示意图

需要注意的是，图 4-4 所示的最上面一行的头节点 H_0、H_1 和 H_2 与最左面一列的头节点 H_0、H_1 和 H_2 实际上是同一个头节点，分开表示主要是使十字链表示意更加清晰。

由图 4-4 可知，稀疏矩阵中每行的非零元素节点按其列号由小到大依次由 right 指针链成一个带表头节点的循环行链表，同样，每列中的非零元素节点按其行号由小到大依次由 down 指针链成一个带头节点的循环列链表。因此，每个非零元素 $a_{i,j}$ 既是第 i 行循环链表中的一个节点，又是第 j 列循环链表中的一个节点。链表头节点中的 row 和 col 置为 -1，指针 right 指向该行链表的第一个非零元素节点，指针 down 指向该列链表的第一个非零元素节点。为了便于找到每行或每列，可以将所有的头节点链起来形成一个头节点的循环链表。

非零元素节点的值域是 datatype 类型，而表头节点则需要一个指针类型，以方便头节点之间的链接，为了使整个十字链表结构的节点一致，我们规定头节点具有和其他节点相同的结构，因此值域采用一个共用体来表示，改进后的节点结构如图 4-5 所示。

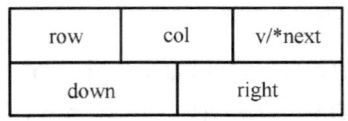

图 4-5　十字链表中非零元素和表头共用的节点结构

这样，我们得到节点的结构定义如下：

```
typedef struct node
{
   int row,col;                      //row 和 col 为非零元素所在的行与列
   struct node *right,*down;         //right 和 down 为非零元素节点的行、列指针
   union
   {
      datatype  v;                   //v 为非零元素的值
      struct node *next;             //next 为头节点链表指针
   }tag;
}MNode;                              //十字链表节点类型
```

4.4 广义表

我们把线性表定义为 n（$n \geq 0$）个元素 $a_1,a_2,\cdots,a_n$ 的有限序列，线性表的每个元素 a_i（$1 \leq i \leq n$）只能是结构上不可再分割的单元素（也称原子），而不能是其他结构。若放宽这个限制，则允许表中的元素既可以是单元素，又可以是另外一个表，将这样的表称为广义表。

广义表是 n（$n \geq 0$）个元素 $a_1,a_2,\cdots,a_i,\cdots,a_n$ 的有序序列，一般记为

$$LS=(a_1,a_2,\cdots,a_i,\cdots,a_n)$$

其中，LS 是广义表的名字；n 是广义表的长度；a_i（$1 \leq i \leq n$）是广义表的成员，它既可以是单元素又可以是一个广义表，分别称为广义表的单元素和子表。因此，广义表是由零个或多个单元素或子表所组成的有序序列。当 $n=0$ 时，广义表 LS 为空表；当广义表 LS 非空（$n>0$）时，将第一个元素 a_1 称为广义表 LS 的表头（Head），并将其余元素组成的表 $(a_2,\cdots,a_i,\cdots,a_n)$ 称为广义表 LS 的表尾（Tail）。任何一个非空广义表的表头既可能是单元素又可能是广义表，但其表尾一定是广义表。由广义表的定义可以看出，线性表是广义表的一个特例，若广义表中的每个元素都是单元素，则广义表就是线性表。

显然，广义表的定义是递归的，这是因为在描述广义表时用到了广义表自身的概念。广义表与线性表的主要区别在于：线性表的每个元素都是结构上不可再分的单元素，而广义表的每个元素既可以是单元素，又可以是一个广义表。

通常用大写字母表示广义表，用小写字母表示单元素。广义表用括号"( )"括起来，括号内的元素用逗号","隔开。

由于广义表中的元素本身又可以是一个表，因此它是一种带有层次的非线性结构，难以用顺序存储结构来表示。由于链式存储结构较为灵活，易于解决广义表的共享与递归问题，因此通常采用链式存储结构来存储广义表。在这种存储方式下，每个元素可以用一个节点来表示。

表示广义表的方法称为孩子兄弟表示法。孩子兄弟表示法中有两种节点形式：一种是有孩子节点，用来表示表元素；另一种是无孩子节点，用来表示单元素。在有孩子节点中包含一个指向第一个孩子（长子）的指针和一个指向兄弟的指针；而在无孩子节点中则包含该节点的数据值和一个指向兄弟的指针。为了区分这两类节点，在节点中还要设置一个标志域 flag，并且满足：

$$\text{flag} = \begin{cases} 1 & \text{表示本节点有孩子节点} \\ 0 & \text{表示本节点无孩子节点} \end{cases}$$

孩子兄弟表示法的节点结构如图 4-6 所示。

图 4-6　孩子兄弟表示法的节点结构

孩子兄弟表示法的节点类型定义如下：

```
typedef struct node                  //定义广义表的节点类型
{
   int flag;                         //本节点为元素或子表标志
   union                             //单元素和子表共用内存
   {
      char data;                     //本节点为单元素时的值
      struct node *childlist;        //本节点指向下一层子表的指针
   }val;
   struct node *next;                //本节点指向相邻后继节点的指针
}lsnode,*plsnode;                    //广义表节点类型
```

广义表是一种线性结构，其长度为最外层包含的元素个数。广义表的深度是指广义表中所包含括号的重数，它是广义表的一种重要量度。在这种广义表的存储结构中，指针 next 指向本层的后继节点，而指针 childlist 则指向下一层子表节点。

实验 1　矩阵转置

1. 概述

在矩阵转置中，只要将三元组表中的 i 域和 j 域的值交换，然后按以行为主序的原则重新排列三元组表即可。但是，我们希望在交换行、列值的过程中就同时确定该三元组在以行为主序的三元组表中的位置，而不必在交换结束后再重新排列三元组表。对此，可以采用按列序递增转置处理方法：由于交换后的列变为行，即以列为主序在原三元组表 a 中进行查找，才能使交换后生成的三元组表 b 做到以行为主序。因此，应从三元组表 a 的第一行开始依次按三元组表 a 中的 j 域（即列）值由小到大进行选择，将选中的三元组 i 和 j 交换后送入三元组表 b 中，直到 a 中的三元组全部放入 b 中为止，按这种顺序生成的三元组表 b 已经以行为主序。

2. 实验目的

了解稀疏矩阵的三元组存储结构和有关概念，掌握稀疏矩阵的转置方法。

3. 实验内容

用三元组表存储稀疏矩阵，然后将其转置。

4. 参考程序

```c
#include<stdio.h>
#include<stdlib.h>
#define MAXSIZE 30
typedef struct
{
    int i;                    //行号
    int j;                    //列号
    int v;                    //非零元素值
}TNode;                       //三元组类型
typedef struct
{
    int m;                    //矩阵行数
    int n;                    //矩阵列数
    int t;                    //矩阵中非零元素的个数
    TNode data[MAXSIZE];      //三元组表
}TSMatrix;                    //三元组表类型
void CreatMat(TSMatrix *p,int a[3][4],int m,int n)     //建立三元组表
{    //p指向三元组表，a指向存储稀疏矩阵的二维数组，m、n为矩阵的行数和列数
    int i, j;
    p->m=m;
    p->n=n;
    p->t=0;                   //p->t 初始指向三元组表 data 的第一个三元组位置 0
    for(i=0; i<m; i++)        //在存储稀疏矩阵的二维数组 a 中查找非零元素
    {
        for(j=0; j<n; j++)
            if(a[i][j]!=0)    //将找到的一个非零元素存储在三元组表 p->data 中
            {
                p->data[p->t].i=i;
                p->data[p->t].j=j;
                p->data[p->t].v=a[i][j];
                p->t++;       //下标加 1，以便三元组表 p->data 存放下一个非零元素
            }
    }
}
void TranTat(TSMatrix *a,TSMatrix *b)       //采用三元组表方式实现矩阵转置
{                             //a、b 为指向转置前后两个不同三元组表的指针
    int k, p, q;              //k 指向三元组表 a 的列号，p、q 为指示三元组表 a 和 b 的下标
    b->m=a->m;
    b->n=a->n;
    b->t=a->t;
    if(b->t!=0)               //当三元组表不为空时
    {
        q=0;                  //由三元组 b 的第一个三元组位置 0 开始
        for(k=0; k<a->n; k++) //对三元组表 a 按列下标由小到大扫描
        {
```

```c
            for(p=0;  p<a->t;  p++)       //按表长 t 扫描整个三元组表 a
                if(a->data[p].j==k)
                {                  //找到列下标与 k 相同的三元组,将其复制到三元组表 b 中
                    b->data[q].i=a->data[p].j;
                    b->data[q].j=a->data[p].i;
                    b->data[q].v=a->data[p].v;
                    q++;           //三元组表 b 的存放位置加 1,准备存放下一个三元组
                }
        }
    }
}
void main()
{
    TSMatrix *p,*q;
    int i,a[3][4]={{0,3,1,0},{1,0,0,0},{0,2,0,1}};
                                                //定义矩阵 a 并给矩阵 a 赋值
    p=(TSMatrix *)malloc(sizeof(TSMatrix));     //生成三元组表存储空间
    q=(TSMatrix *)malloc(sizeof(TSMatrix));     //生成转置后的三元组表存储空间
    CreatMat(p,a,3,4);                          //生成矩阵的三元组表
    printf("Before tsmatrix:\n");
    printf("   i   j  data\n");
    for(i=0;  i<p->t;  i++)                     //输出三元组表
        printf("%4d%4d%4d\n",p->data[i].i,p->data[i].j,p->data[i].v);
    TranTat(p,q);                               //进行矩阵转置
    printf("After tsmatrix:\n");
    printf("   i   j  data\n");
    for(i=0;  i<q->t;  i++)                     //输出转置后的三元组表
        printf("%4d%4d%4d\n",q->data[i].i,q->data[i].j,q->data[i].v);
}
```

【说明】

对于如图 4-2（a）所示的稀疏矩阵 M，程序运行的结果如下：

```
Before tsmatrix:
   i   j  data
   0   1   3
   0   2   1
   1   0   1
   2   1   2
   2   3   1
After tsmatrix:
   i   j  data
   0   1   1
   1   0   3
   1   2   2
   2   0   1
   3   2   1
Press any key to continue
```

实验 2　矩阵的快速转置

1. 概述

按列序递增转置算法效率不高主要是因为二重 for 循环的重复扫描，而快速转置法则只扫描一遍。快速转置法的基本思想如下：在三元组表 a 中依次取出每个三元组，并使其准确地放置在转置后的三元组表 b 中最终应该放置的位置上；当按顺序取完三元组表 a 中的所有三元组时，转置后的三元组表 b 也由此形成，而无须再调整 b 中三元组的位置，这种方法的实现需要预先计算以下数据。

（1）三元组表 a 中每列非零元素的个数，它也是转置后三元组表 b 中每行非零元素的个数。

（2）三元组表 a 中每列的第一个非零元素在三元组表 b 中正确的存放位置，它也是转置后每行第一个非零元素在三元组表 b 中正确的存放位置。

为了避免混淆，可以将行、列序号与数组的下标统一起来，即用第 0 行、第 0 列来表示原第 1 行、第 1 列，以此类推。

将矩阵 A（在三元组表 a 中行数为 a->n）第 k 列（即转置后矩阵 B 的第 k 行）的第一个非零元素在三元组表 b 中的正确位置记录在 pot[k]（$0 \leq k < $ a->n）中，则对三元组表 a 进行转置时，只需要将三元组按列号 k 放到三元组表 b 的 b->data[pot[k]]中即可，然后 pot[k]增 1 以指示下一个列号为 k 的三元组在表 b 中的存放位置。于是有

$$\begin{cases} \text{pot}[0]=0 \\ \text{pot}[k]=\text{pot}[k-1]+\text{第k-1列非零元素的个数} \end{cases} \quad (4\text{-}6)$$

为了统计第 k-1 列非零元素的个数，可以再引入一个数组，并节省存储空间，可以将第 k-1 列的非零元素个数暂时记录于 pot[k]中，也即 pot[1]~pot[a->n]（注意 k 值此时可以取到 a->n）实际存放的分别是第 0 列到第 a->n-1 列非零元素的个数，而 pot[0]存放的却是第 0 列的第一个非零元素应该放置在三元组表 b 中的位置（下标）；这样 k 值可按由 1 递增到 a->n-1 的次序，依次求出表 a 中每列第一个非零元素应该在表 b 中的存放位置，即

$$\text{pot}[k]=\text{pot}[k-1]+\text{pot}[k] \quad （4\text{-}7）$$

需要注意的是，式（4-7）中的 pot[k-1]此时已是按顺序求出的第 k-1 列第一个非零元素在表 b 中的存放位置，而赋值号"="右侧的 pot[k]则暂存第 k-1 列非零元素的个数；因此，pot[k-1]+pot[k]正好是待求的第 k 列第一个非零元素在表 b 中的存放位置，并将这个位置值赋给 pot[k]。

图 4-7（b）和图 4-7（c）给出了如图 4-7（a）所示矩阵 M 的 pot 数组变化情况。如图 4-7（b）所示，pot[0]为第 0 列第一个非零元素在表 b 中的存放位置，而 pot[1]~pot[4]则为第 0~3 列非零元素的个数。如图 4-7（c）所示，pot[0]~pot[3]是根据式（4-7）求得的第 0~3 列非零元素在表 b 中的起始存放位置，此时 pot[4]已经无用了。

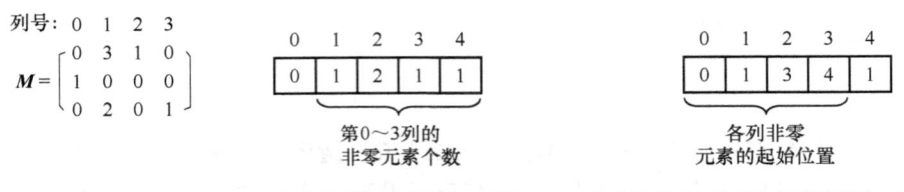

（a）矩阵 M　　　（b）存放各列非零元素的pot数组　　（c）用式（4-7）求出起始位置的pot数组

图 4-7　pot 数组变化

2. 实验目的

进一步了解稀疏矩阵的三元组的存储结构和有关概念，掌握稀疏矩阵的快速转置方法。

3. 实验内容

用三元组表存储稀疏矩阵，然后实现快速转置。

4. 参考程序

```c
#include<stdio.h>
#include<stdlib.h>
#define MAXSIZE 30
typedef struct
{
  int i;                    //行号
  int j;                    //列号
  int v;                    //非零元素值
}TNode;                     //三元组类型
typedef struct
{
  int m;                    //矩阵行数
  int n;                    //矩阵列数
  int t;                    //矩阵中非零元素的个数
  TNode data[MAXSIZE];      //三元组表
}TSMatrix;                  //三元组表类型
void CreatMat(TSMatrix *p,int a[3][4],int m,int n)  //建立三元组表
{       //p指向三元组表，a指向存储稀疏矩阵的二维数组，m、n为矩阵的行数和列数
  int i, j;
  p->m=m;
  p->n=n;
  p->t=0;                   //p->t 初始指向三元组表 data 的第一个三元组位置 0
  for(i=0; i<m; i++)        //在存储稀疏矩阵的二维数组 a 中查找非零元素
  {
    for(j=0; j<n; j++)
      if(a[i][j]!=0)        //将找到的非零元素存储在三元组表 p->data 中
      {
```

```c
            p->data[p->t].i=i;
            p->data[p->t].j=j;
            p->data[p->t].v=a[i][j];
            p->t++;           //下标加1，以便三元组表p->data存放下一个非零元素
        }
    }
}
void FastTranTat(TSMatrix *a,TSMatrix *b)        //矩阵的快速转置
{
    int i, k, pot[MAXSIZE];
    b->m=a->m;
    b->n=a->n;
    b->t=a->t;
    if(b->t!=0)                    //三元组表不为空时
    {
        for(k=1;  k<=a->n;  k++)
            pot[k]=0;              //pot数组初始化
        for(i=0;  i<a->t;  i++)
        {
            k=a->data[i].j;
            pot[k+1]=pot[k+1]+1;//统计第k列非零元素的个数，并赋给pot[k+1]
        }
        pot[0]=0;                  //转置后第0列第一个非零元素在表b中的存放位置
        for(k=1;k<a->n;k++)//对表a求第1～n-1列第一个非零元素在表b中的存放位置
            pot[k]=pot[k-1]+pot[k];
        for(i=0;i<a->t;i++)        //将表a的t个三元组按转置后的存放位置放入表b
        {
            k=a->data[i].j;  //将表a第i个三元组的列号j赋给k作为放入表b的行号
            b->data[pot[k]].i=a->data[i].j;
            b->data[pot[k]].j=a->data[i].i;
            b->data[pot[k]].v=a->data[i].v;
    //由pot[k]找到表a中第i个三元组在表b中的存放位置，将第i个三元组存入表b
            pot[k]=pot[k]+1;//表b的第k行存放位置加1，准备存放第k行下一个三元组
        }
    }
}
void main()
{
    TSMatrix *p,  *q;
    int i,a[3][4]={{0,3,1,0},{1,0,0,0},{0,2,0,1}};
    p=(TSMatrix *)malloc(sizeof(TSMatrix));        //生成三元组表存储空间
    q=(TSMatrix *)malloc(sizeof(TSMatrix));   //生成转置后三元组表存储空间
    CreatMat(p, a, 3, 4);                          //生成矩阵的三元组表
    printf("Before tsmatrix:\n");
    printf("   i   j  data\n");
    for(i=0;  i<p->t;  i++)                                    //输出三元组表
```

```
        printf("%4d%4d%4d\n",p->data[i].i,p->data[i].j,p->data[i].v);
    FastTranTat(p,  q);                              //进行快速矩阵转置
    printf("After tsmatrix:\n");
    printf("   i   j  data\n");
    for(i=0;  i<q->t;  i++)                          //输出转置后的三元组表
        printf("%4d%4d%4d\n",q->data[i].i,q->data[i].j,q->data[i].v);
}
```

【说明】

对于如图 4-7（a）所示的矩阵 *M*，程序运行的结果如下：

```
Before tsmatrix:
   i   j  data
   0   1   3
   0   2   1
   1   0   1
   2   1   2
   2   3   1
After tsmatrix:
   i   j  data
   0   1   1
   1   0   3
   1   2   2
   2   0   1
   3   2   1
Press any key to continue
```

实验 3　稀疏矩阵的十字链表存储

1. 概述

稀疏矩阵的十字链表的存储过程如下：首先输入矩阵的行数、列数和非零元素个数，即 *m*、*n* 和 *t*，再对头节点链表进行初始化，使之成为不含非零元素的循环链表；然后输入 *t* 个非零元素的三元组（$i, j, a_{i,j}$），每输入一个三元组（$i, j, a_{i,j}$），则将其节点按其列号的大小插入第 *i* 个行链表中，同时按其行号的大小将该节点插入第 *j* 个列链表中。在算法中使用指针数组*h[i]来指向第 *i* 行（第 *i* 列）链表的头节点，这样可以在建立十字链表中随机访问任意一行或列。

2. 实验目的

了解稀疏矩阵的十字链表的存储结构和有关概念，掌握用十字链表存储稀疏矩阵的方法。

3. 实验内容

使用十字链表存储稀疏矩阵，然后分别按十字链表的行和列输出。

4. **参考程序**

```c
#include<stdio.h>
#include<stdlib.h>
#define MAXSIZE 10
typedef struct node
{
   int row, col;                    //row 和 col 为非零元素所在的行与列
   struct node *down, *right;       //right 和 down 为非零元素节点的行、列指针
   union
   {
      int v;                        //v 为非零元素的值
      struct node *next;            //next 为头节点链表指针
   }tag;
}MNode;                             //十字链表节点类型
void print(MNode *h[],int m,int n)  //输出十字链表
{
   MNode *p;
   int i;
   printf("十字链表的行链表:\n");
   for(i=0;  i<m;  i++)
   {
      p=h[i]->right;
      printf("H%d:   ",i);
      while(p!=h[i])
      {
         printf("(%d,%d):%d, ",p->row,p->col,p->tag.v);
         p=p->right;
      }
      printf("\n");
   }
   printf("十字链表的列链表:\n");
   for(i=0;  i<n;  i++)
   {
      p=h[i]->down;
      printf("H%d:   ",i);
      while(p!=h[i])
      {
         printf("(%d,%d):%d, ",p->row,p->col,p->tag.v);
         p=p->down;
      }
      printf("\n");
   }
}
void CreatMat(MNode **mh,  MNode *h[])   //建立稀疏矩阵的十字链表
{                   //mh 为指向头节点循环链表的头指针,*h[]为存储头节点的指针数组
   MNode *p,  *q;                        //p 和 q 为暂存指针
```

```
int i, j, k, m, n, t, v, max;        //设非零元素的值v为整型
printf("Input m,n,t:");
scanf("%d,%d,%d",&m,&n,&t);//输入矩阵的行数m、列数n和非零元素个数t的值
*mh=(MNode*)malloc(sizeof(MNode));    //创建头节点循环链表的头节点
(*mh)->row=m;                         //存储矩阵的行数
(*mh)->col=n;                         //存储矩阵的列数
p=*mh;                                //p指向头节点*mh
if(m>n)
    max=m;                            //若行数大于列数,则将行数值赋给max
else
    max=n;                            //若列数大于行数,则将列数值赋给max
for(i=0; i<max; i++)
{              //采用尾插法创建头节点h[0],h[1],…,h[max-1]的循环链表
    h[i]=(MNode*)malloc(sizeof(MNode));
    h[i]->down=h[i];                  //初始时down指向头节点自身(即列为空)
    h[i]->right=h[i];                 //初始时right指向头节点自身(即行为空)
    h[i]->row=-1;
    h[i]->col=-1;
    p->tag.next=h[i];                 //将头节点链接起来形成一个链表
    p=h[i];
}
p->tag.next=*mh;
        //将最后插入的头节点(链尾)中指针next指向链头形成头节点循环链表
for(k=0; k<t; k++)                    //对t个非零元素建立十字链表
{
    printf("Input i,j,v:");
    scanf("%d,%d,%d",&i,&j,&v);       //输入一个三元组
    p=(MNode*)malloc(sizeof(MNode));
                                      //为输入该三元组生成一个十字链表节点*p
    p->row=i;
    p->col=j;
    p->tag.v=v;
    //以下实现将*p插入第i行链表中,并且按列号有序
    q=h[i];
    while(q->right!=h[i] && q->right->col<j)    //按列号找到插入位置
        q=q->right;
    p->right=q->right;                //完成十字链表的列插入
    q->right=p;
    //以下实现将*p插入第j列链表中,并且按行号有序
    q=h[j];
    while(q->down!=h[j] && q->down->row<i)      //按行号找到插入位置
        q=q->down;
    p->down=q->down;                  //完成十字链表的行插入
    q->down=p;
}
print(h, m, n);                       //输出十字链表
```

```
    }
    void main()
    {
       MNode *mh, *h[MAXSIZE];
       CreatMat(&mh, h);                    //建立十字链表
    }
```

【说明】

对于如图 4-7（a）所示的矩阵 M，程序运行的结果如下（结果可查看图 4-4）：

```
Input m,n,t:3,4,5↵
Input i,j,v:0,1,3↵
Input i,j,v:0,2,1↵
Input i,j,v:1,0,1↵
Input i,j,v:2,1,2↵
Input i,j,v:2,3,1↵
十字链表的行链表：
H0:    (0,1):3,  (0,2):1,
H1:    (1,0):1,
H2:    (2,1):2,  (2,3):1,
十字链表的列链表：
H0:    (1,0):1,
H1:    (0,1):3,  (2,1):2,
H2:    (0,2):1,
H3:    (2,3):1,
Press any key to continue
```

5. 思考题

存储稀疏矩阵的十字链表和三元组表各有什么特点？

实验 4 广义表及其基本运算

1. 概述

采用孩子兄弟表示法建立广义表的链式存储结构，并假定广义表中的元素为 char 类型，每个单元素的值被限定为英文字母，并且广义表是一个表达式，其格式如下：各元素之间用一个逗号","隔开，表元素的起始符号和结束符号分别为左括号"("与右括号")"；空表在"( )"内部不包含任何字符。例如，"(a, (b, c, d), e)"符合规定的广义表的格式。

2. 实验目的

了解广义表的有关概念和孩子兄弟表示法的存储结构。

3. 实验内容

建立一个广义表，对广义表进行求长度和深度的运算。

4. 参考程序

```c
#include<stdio.h>
#include<stdlib.h>
#define SIZE 100                          //定义输入广义表表达式串的最大长度
typedef struct node                       //定义广义表的节点类型
{
   int flag;                              //本节点为元素或子表标志
   union                                  //单元素和子表共用内存
   {
     char data;                           //本节点为单元素时的值
     struct node *childlist;              //本节点指向下一层子表的指针
   }val;
   struct node *next;                     //本节点指向相邻后继节点的指针
}lsnode;                                  //广义表节点类型
lsnode *Creatlist(char str[],lsnode *head)    //生成广义表
{
   lsnode *newnode,*p=head,*pstack[SIZE];
                                          //数组pstack为存储子表指针的栈
   int top=-1,j=0; //置pstack栈顶指针top和扫描输入广义表表达式串指针j的初值
   while(str[j]!='\0')    //如果未到输入广义表表达式串的串尾,则继续生成广义表
   {
     if(str[j]=='(')                      //当前输入字符为左括号'('时为子表
       if(str[j+1]!=')')                  //本层子表不是空表
       {
          pstack[++top]=p;                //将当前节点指针p压栈
          p->flag=1;                      //置当前节点为有子表标志
          newnode=(lsnode *)malloc(sizeof(lsnode));
                                          //生成新一层广义表节点
          p->val.childlist=newnode;       //节点*p的子表指针指向该新节点(子表)
          p->next=NULL;                   //节点*p相邻的后继节点为空
          p=p->val.childlist;             //使指针p指向新一层子表
       }
       else                               //本层子表是空表
       {
          p->flag=1;                      //置当前节点为有子表标志
          p->val.childlist=NULL;          //当前节点指向下一层子表的指针为空
          p->next=NULL;                   //当前节点指向后继节点的指针为空
          j++;                            //广义表表达式串的扫描指针值加1
       }
     else
       if(str[j]==',')                    //当前字符为逗号','时,有相邻的后继节点
       {
          newnode=(lsnode *)malloc(sizeof(lsnode));
                                          //生成一个新的广义表节点
          p->next=newnode;                //节点*p的节点指针指向这个新节点
          p=p->next;                      //使指针p指向这个新节点
```

```
            }
         else
            if(str[j]==')')              //当前输入字符为右括号')'时,本层子表结束
            {
               p=pstack[top--];          //子表指针p返回上一层子表
               if(top==-1) goto l1;      //广义表层次已结束,结束广义表生成过程
            }
            else                         //当前输入字符为广义表元素
            {
               p->flag=0;                //置当前节点为元素标志
               p->val.data=str[j];      //将输入字符赋给当前节点数据域
               p->next=NULL;             //当前节点指向相邻后继节点的指针为空
            }
      j++;                               //广义表表达式串的扫描指针值加1
   }
l1:   return head;                       //返回已生成的广义表头指针
}
int CBLength(lsnode *h)                  //求广义表的长度
{                                        //h为广义表头节点指针
   int n=0;
   h=h->val.childlist;                   //h指向广义表的第一个元素
   while(h!=NULL)
   {
      n++;
      h=h->next;
   }
   return n;                             //n为广义表的长度
}
int CBDepth(lsnode *h)                   //求广义表的深度
{                                        //h为广义表头节点指针
   int max=0, dep;                       //将深度max初值置为0
   if(h->flag==0)
      return 0;                          //如果为单元素,则返回0
   h=h->val.childlist;                   //h指向广义表的第一个元素
   if(h==NULL)
      return 1;                          //如果子表为空,则返回1
   while(h!=NULL)                        //遍历表中的每个元素
   {
      if(h->flag==1)                     //如果元素为表节点
      {
         dep=CBDepth(h);                 //递归调用求出子表的深度
         if(dep>max)                     //max为同一层所求子表中的深度最大值
            max=dep;
      }
      h=h->next;                         //使h指向下一个元素
   }
```

```c
        return max+1;                          //返回表的深度
    }
    void DispcB(lsnode *h)                    //输出广义表
                                              //h 为广义表的头节点指针
    {
        if(h!=NULL)                           //表非空
        {
            if(h->flag==1)                    //如果为表节点
            {
                printf("(");                  //输出子表开始符号"("
                if(h->val.childlist==NULL)
                    printf(" ");              //输出空子表
                else
                    DispcB(h->val.childlist); //递归输出子表
            }
            else
                printf("%c", h->val.data);    //如果为单元素，则输出元素值
            if(h->flag==1)
                printf(")");                  //输出子表结束符号
            if(h->next!=NULL)                 //如果有后继节点
            {
                printf(",");                  //输出元素之间的分隔符","
                DispcB(h->next);              //递归调用输出后继元素的节点信息
            }
        }
    }
    void main()
    {
        lsnode *head=(lsnode *)malloc(sizeof(lsnode));   //生成广义表头指针
        char str[SIZE];
        printf("Please input List:\n");
        gets(str);                            //输入广义表表达式串
        head=Creatlist(str,head);                        //生成广义表
        DispcB(head);                                    //输出广义表
        printf("\n");
        printf("Length of lists is %d\n",CBLength(head));//输出广义表的长度
        printf("Depth of lists is %d\n",CBDepth(head));  //输出广义表的深度
    }
```

【说明】

在该算法中，广义表的层数以输入的左括号"("的嵌套个数为准。当输入的右括号")"的嵌套个数与左括号"("的嵌套个数不匹配时，若右括号")"的嵌套个数少于左括号"("的嵌套个数，则算法在构造广义表的过程中自动在已生成的广义表后补齐所缺少的右括号")"；若输入的右括号")"的嵌套个数多于左括号"("的嵌套个数，则算法在构造广义表的过程中，一旦出现右括号")"的嵌套个数与左括号"("的嵌套个数相等就自动终止广义表的构造工作，即自动删除输入表达式的多余部分。

程序执行过程如下:

```
输入:      Please input List:
           (a,((b,(),(c),d),e,(f,g)),h)↙

输出:      (a,((b,( ),(c),d),e,(f,g)),h)
           Length of lists is 3
           Depth of lists is 4
           Press any key to continue
```

5. 思考题

广义表与线性表有何异同?

第 5 章

树与二叉树

树形结构是一类重要的非线性结构，呈现出一对多的逻辑关系。在树形结构中，元素（节点）之间不仅具有明确的层次关系，还有分支，与自然界中的树类似。

5.1 树

树是 n（$n \geq 0$）个节点的有限集合 T，当 $n=0$（即 T 为空）时称为空树；当 $n>0$ 时非空。树 T 满足以下两个条件。

（1）有且仅有一个称为根的节点。

（2）其余节点可以分为 m（$m \geq 0$）个互不相交的子集 $T_1, T_2, \cdots, T_m$，其中每个子集 T_i 本身又是一棵树，并称为根的子树。

5.2 二叉树

二叉树是 n（$n \geq 0$）个节点的有限集合，由空树（$n=0$），或者一个根节点及两棵互不相交且分别称为该根节点的左子树和右子树组成。

二叉树的定义与树的定义一样，两者都是递归的，但二叉树具有如下两个特点。

（1）二叉树不存在度大于 2 的节点。

（2）二叉树的每个节点至多有两棵子树，并且有左、右之分，次序不能颠倒。

二叉树与树的主要区别如下：二叉树任何一个节点的子树都要区分为左子树和右子树，即使这个节点只有一棵子树，也要明确指出它是左子树还是右子树；而树则无此要求，即树中某个节点只有一棵子树时并没有左、右之分。根据二叉树的定义可知，二叉树具有如图 5-1 所示的 5 种基本形态：图 5-1（a）所示是空二叉树（用符号 ϕ 表示）；图 5-1（b）所示是仅有一个根节点而无子树的二叉树；图 5-1（c）所示是只有左子树而无右子树的二叉树；图 5-1（d）所示是只有右子树而无左子树的二叉树；图 5-1（e）所示是左子树和右子树均非空的二叉树。

1. 满二叉树

我们称具有下列性质的二叉树为满二叉树。

（1）不存在度为 1 的节点，即所有分支节点都有左子树和右子树。

（2）所有叶子节点都在同一层上。

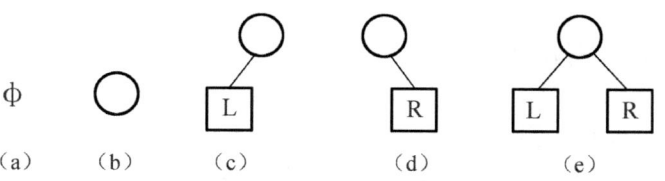

图 5-1　二叉树的 5 种基本形态

例如，图 5-2（a）所示是满二叉树；图 5-2（b）所示是非满二叉树，因为其叶子节点不在同一层上。

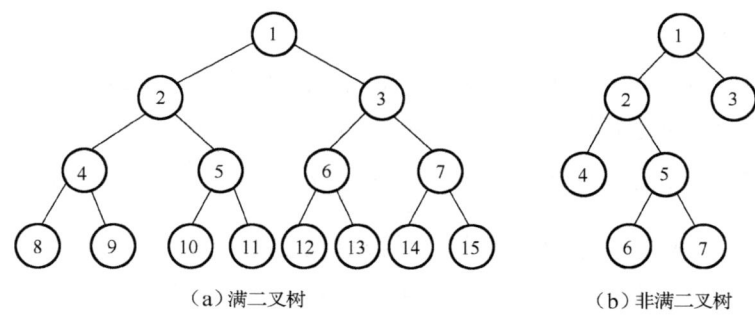

图 5-2　满二叉树与非满二叉树

2. 完全二叉树

对一棵具有 n 个节点的二叉树，将树中的节点按从上至下、从左至右的顺序进行编号，若编号为 i（$1 \leqslant i \leqslant n$）的节点与满二叉树中编号为 i 的节点在二叉树中的位置相同，则这棵二叉树是完全二叉树。

完全二叉树的特点是，叶子节点只能出现在最下层和次最下层，并且最下层的叶子节点都集中在树的左部。若完全二叉树中某个节点的右孩子存在，则其左孩子必定存在。此外，在完全二叉树中若存在度为 1 的节点，则该节点的孩子一定是节点编号中的最后一个叶子节点。显然，一棵满二叉树必定是一棵完全二叉树，而一棵完全二叉树未必是一棵满二叉树（可能存在叶子节点不在同一层上或度为 1 的节点）。例如，图 5-3（a）和图 5-3（b）所示都是完全二叉树，而图 5-3（c）所示是一棵非完全二叉树。

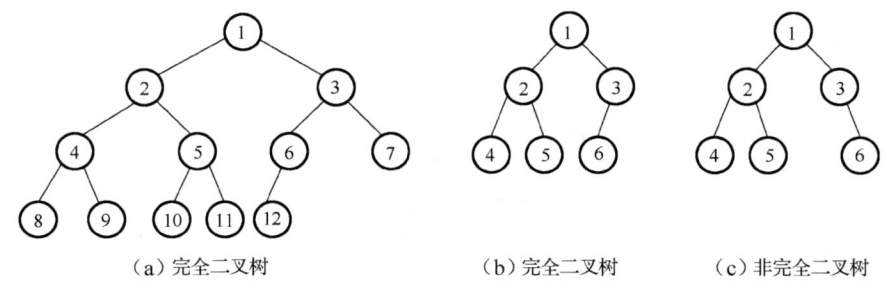

图 5-3　完全二叉树与非完全二叉树

5.3 二叉树的性质

性质 1：非空二叉树的第 i 层上最多有 2^{i-1} 个节点（$i \geq 1$）。

性质 2：深度为 k 的二叉树至多有 2^k-1 个节点（$k \geq 1$）。

性质 3：在任意非空二叉树中，如果叶子节点（度为 0）数为 n_0，度为 2 的节点数为 n_2，则有

$$n_0 = n_2 + 1$$

性质 4：具有 n 个节点的完全二叉树的深度为 $\lfloor \log_2 n \rfloor + 1$（$\lfloor x \rfloor$ 表示不大于 x 的最大整数，如 $\lfloor 3.7 \rfloor = 3$）。

性质 5：对一个具有 n 个节点的完全二叉树按层次自上而下且每层从左到右的顺序对所有节点从 1 开始到 n 进行编号，则对任意一个序号为 i 的节点满足以下几点。

（1）若 $i>1$，则 i 的双亲节点序号是 $\lfloor \frac{i}{2} \rfloor$；若 $i=1$，则 i 为根节点序号。

（2）若 $2i \leq n$，则 i 的左孩子序号是 $2i$；否则 i 无左孩子。

（3）若 $2i+1 \leq n$，则 i 的右孩子序号是 $2i+1$；否则 i 无右孩子。

5.4 二叉树的存储结构

实现二叉树存储，不仅要存储二叉树中各节点的数据信息，还要能够反映出二叉树节点之间的逻辑关系，如孩子、双亲关系等。

1. 顺序存储结构

二叉树的顺序存储用一组地址连续的存储单元来存放二叉树中的节点数据，一般按照二叉树节点自上而下、从左到右的顺序进行存储。但是在这种顺序存储方式下，节点在存储位置上的前驱、后继关系并不一定就能反映节点之间的孩子和双亲这种逻辑关系。完全二叉树和满二叉树采用顺序存储比较合适，这是因为树中的节点序号可以唯一地反映节点之间的逻辑关系，而用于实现顺序存储结构的数组元素的下标又恰好与序号对应。因此，用一维数组作为完全二叉树的顺序存储结构既能节省存储空间，又能通过数组元素的下标来确定节点在二叉树中的位置，以及节点之间的逻辑关系。图 5-4 所示是一棵完全二叉树及其顺序存储结构。

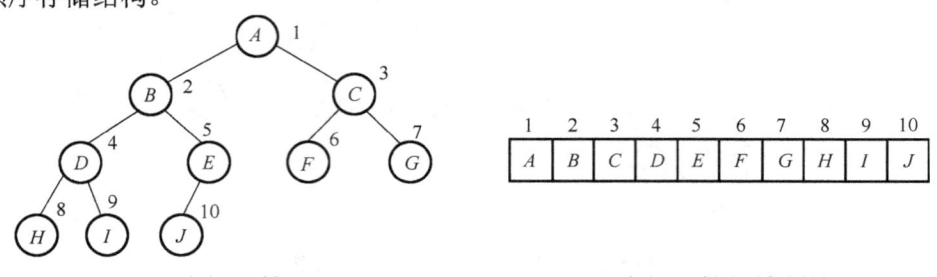

(a) 完全二叉树　　　　　　　　(b) 完全二叉树的顺序存储结构

图 5-4　一棵完全二叉树及其顺序存储结构

2. 链式存储结构

二叉树的链式存储结构不但要存储节点的数据信息，而且要使用指针来反映节点之间的逻辑关系。最常用的二叉树链式存储结构是二叉链表，其存储结构如图 5-5 所示。

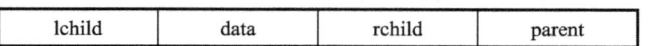

图 5-5 二叉链表的存储结构

也就是说，二叉链表中的每个节点由 3 个域（成员）组成：一个是数据域 data，用于存放节点的数据；另外两个是指针域 lchild 和 rchild，分别用来存放节点的左孩子节点和右孩子节点的存储地址。二叉链表的节点类型定义如下：

```
typedef struct node
{
   datatype data;                    //节点数据
   struct node *lchild,*rchild;      //左、右孩子指针
}BSTree;
```

为了便于找到节点的双亲，也可以在节点中增加指向双亲节点的指针 parent，这就是三叉链表。三叉链表中的每个节点由 4 个域组成，其存储结构如图 5-6 所示。

| lchild | data | rchild | parent |

图 5-6 三叉链表的存储结构

图 5-7（b）所示是如图 5-7（a）所示二叉树的二叉链表存储形式，当二叉树中某个节点的左孩子或右孩子不存在时，该节点中对应指针域值为空（用符号"∧"或 NULL 表示）。此外，图 5-7（b）所示还给出了一个指针变量 tree，用来指向二叉树的根节点。

图 5-7（c）所示是如图 5-7（a）所示二叉树的三叉链表存储形式。这种存储结构既便于查找孩子节点，又便于查找双亲节点，但与二叉链表相比，三叉链表增加了存储空间。

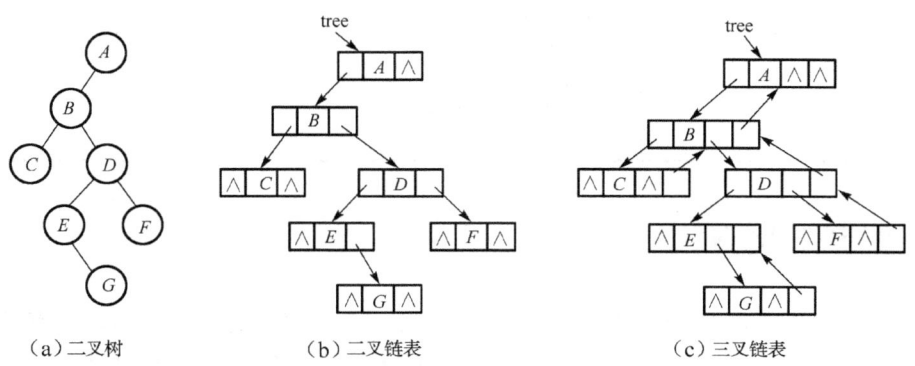

（a）二叉树　　　　　（b）二叉链表　　　　　（c）三叉链表

图 5-7 二叉树及其二叉链表和三叉链表

5.5 二叉树的遍历方法

由于二叉树的定义是递归的,因此一棵非空二叉树可以看作由根节点、左子树和右子树这 3 个基本部分组成。如果能依次遍历根节点、左子树和右子树,也就遍历了整个二叉树。因此,二叉树的遍历就是按照某种策略访问二叉树中的每个节点,并且仅访问一次的过程。若以字母 D、L、R 分别表示访问根节点、遍历根节点的左子树、遍历根节点的右子树,则二叉树的遍历方式有 6 种,即 DLR、LDR、LRD、DRL、RDL 和 RLD。如果限定先左后右则只有前 3 种方式,即 DLR、LDR 和 LRD,分别是先序(又称前序)遍历、中序遍历和后序遍历。

遍历二叉树实际上就是对二叉树线性化的过程,即遍历的结果是将非线性结构的二叉树中的节点排成一个线性序列,而且 3 种遍历的结果都是线性序列。遍历二叉树的基本操作就是访问节点,对含有 n 个节点的二叉树不论按哪种次序遍历,其时间复杂度均为 $O(n)$,这是因为在遍历过程中实际上是按照节点的左、右指针遍历二叉树中每个节点的。此外,遍历所需的辅助空间为栈的容量;在遍历中每递归调用一次都要将有关节点的信息压入栈中,栈的容量恰为树的深度,最坏的情况是 n 个节点的单支树,这时树的深度为 n,所以空间复杂度为 $O(n)$。

二叉树的 3 种遍历方法如表 5-1 所示。

表 5-1 二叉树的 3 种遍历方法

遍 历 方 法	操 作 步 骤
先序遍历	若二叉树非空: (1)访问根节点; (2)按先序遍历左子树; (3)按先序遍历右子树
中序遍历	若二叉树非空: (1)按中序遍历左子树; (2)访问根节点; (3)按中序遍历右子树
后序遍历	若二叉树非空: (1)按后序遍历左子树; (2)按后序遍历右子树; (3)访问根节点

5.6 线索二叉树

对于采用二叉链表存储结构的二叉树来说,如果该二叉树有 n 个节点,则存放这 n 个节点的二叉链表中就有 $2n$ 个指针域,并且只有 $n-1$ 个指针域是用来存储孩子节点地址的,而另外 $n+1$ 个指针域为空。因此,可以利用节点空的左指针域(lchild)来指向该节点在某种遍历序列中的直接前驱节点,利用节点空的右指针域(rchild)来指向该节点在某种遍历序列中的直接后继节点。对于那些非空的指针域,仍然存放指向该节点左、右孩子的指针。这些指向直接前驱节点或直接后继节点的指针被称为线索(Thread),加了线索的二叉树被称为线索二叉树。

将二叉树中的所有节点排列成一个线性序列可以采用不同的遍历方法（先序遍历、中序遍历、后序遍历）得到。因此，线索二叉树有先序线索二叉树、中序线索二叉树和后序线索二叉树。把二叉树改造成线索二叉树的过程称为线索化。

例如，对如图 5-8（a）所示的二叉树进行线索化，得到的先序线索二叉树、中序线索二叉树和后序线索二叉树分别如图 5-8（b）、图 5-8（c）和图 5-8（d）所示，图中的实线表示指针，虚线表示线索。

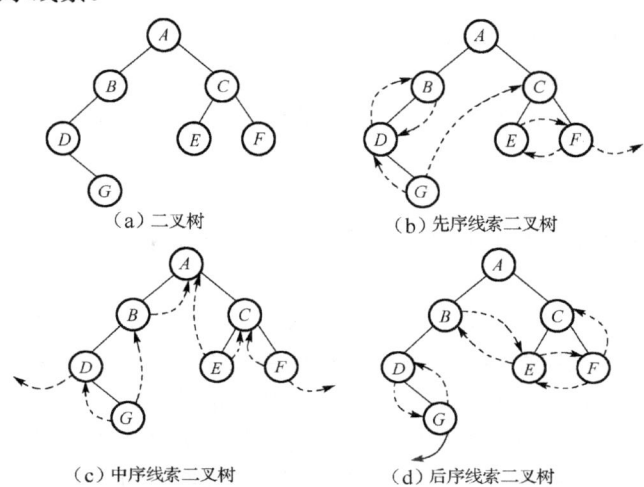

图 5-8　二叉树及其线索化之后的 3 种线索二叉树

在二叉链表存储中，可以为每个节点增设 2 个标志位 ltag 和 rtag，用来区分一个节点的指针域存放的是指针还是线索，并令

$$\text{ltag}=\begin{cases} 0 & \text{lchild 指向节点的左孩子} \\ 1 & \text{lchild 指向节点的直接前驱节点} \end{cases}$$

$$\text{rtag}=\begin{cases} 0 & \text{rchild 指向节点的右孩子} \\ 1 & \text{rchild 指向节点的直接后继节点} \end{cases}$$

每个标志位只占 1bit，这样只需要增加很少的存储空间。在这种情况下的节点存储结构如图 5-9 所示。

ltag	lchild	data	rchild	rtag

图 5-9　线索二叉树的节点存储结构

为了实现线索化二叉树，可以将二叉树节点的类型定义修改为如下形式：

```
typedef struct node
{
    datatype data;                    //节点数据
    int ltag,rtag;                    //线索标记
    struct node *lchild;              //左孩子或直接前驱线索指针
```

```
            struct node *rchild;                //右孩子或直接后继线索指针
    }TBTree;
```

将二叉树线索化的过程,实际上是在二叉树遍历过程中用线索取代空指针。对同一棵二叉树遍历的方式不同,所得到的线索树也不同。但无论采用哪种遍历,实现线索化的方法是一样的,即都是设置一个指针 pre 始终指向刚刚被访问过的节点,而指针 p 则用来指向正在访问的节点,由此记录下遍历过程中访问节点的先后关系,并对当前访问的节点*p 做如下处理。

(1)若 p 所指节点有空指针域,则置相应标志位为 1。

(2)若 pre≠NULL,则依据的是 pre 所指节点的右标志是否为 1,若为 1,则 pre->rchild 指向 p 所指向的当前节点(即节点*p 为节点*pre 的直接后继)。

(3)若 p 所指当前节点的左标志为 1,则 p->lchild 指向 pre 所指的节点(即节点*pre 为节点*p 的直接前驱)。

(4)将指针 pre 指向刚刚访问的当前节点*p(即 pre=p),而 p 则下移指向新的当前节点。

线索二叉树建立之后,就可以通过线索访问某个节点的前驱节点或后继节点。但是,由于这种线索是通过二叉树存储结构中的空指针实现的,因此这种线索只是不完整的部分线索,即并不是每个节点的前驱节点和后继节点都有指针指向。所以,在访问某个节点的前驱节点或后继节点时也要分有线索和无线索这两种情况来考虑。我们仅对在中序线索二叉树上查找任意节点的中序前驱节点或后继节点进行说明。对中序线索二叉树上的任意一个节点*p,寻找其中序前驱节点可分为下面两种情况。

(1)若 p->ltag 等于 1,则 p->lchild,即指向前驱节点(p->lchild 为线索指针)。

(2)若 p->ltag 等于 0,则表明*p 有左孩子。根据中序遍历的定义可知,*p 的前驱节点是以*p 的左孩子为根节点的子树的最右节点。也就是说,沿*p 左子树的右指针链向下查找,直到某个节点的右标志 rtag 为 1 时,该节点就是所找的前驱节点。

对中序线索二叉树上的任意一个节点*p,寻找其中序后继节点可以分为下面两种情况。

(1)若 p->rtag 等于 1,则 p->rchild,即指向后继节点。

(2)若 p->rtag 等于 0,则表明*p 有右孩子。根据中序遍历的定义可知,*p 的后继节点是以*p 的右孩子为根节点的子树的最左节点。也就是说,沿*p 右子树的左指针链向下查找,直到某个节点的左标志 ltag 为 1 时,该节点就是所找的后继节点。

5.7 哈夫曼树

哈夫曼(Huffman)树又称为最优二叉树,是指对于一组带有确定权值的叶子节点所构造的具有带权路径长度最短的二叉树。从树中一个节点到另一个节点之间的分支构成了两个节点之间的路径,路径上的分支个数称为路径长度,二叉树的路径长度则是指由根节点到所有叶子节点的路径长度之和。如果二叉树中的叶子节点都有一定的权值,则可以将这个概念进行拓展:设二叉树具有 n 个带权值的叶子节点,则从根节点到每个叶子节点的

路径长度与该叶子节点权值的乘积之和称为二叉树带权路径长度,记作:

$$WPL = \sum_{k=1}^{n} W_k L_k$$

其中,n 为二叉树中叶子节点的个数,W_k 为第 k 个叶子节点的权值,L_k 为第 k 个叶子节点的路径长度。

给定一组具有确定权值的叶子节点就可以构造出不同的带权二叉树。例如,有权值分别为 1、3、5、7 的 4 个叶子节点,可以构造出形状不同的多棵二叉树,这些形状不同的二叉树的带权路径长度可能各不相同。如图 5-10 所示,这 4 种不同形态的二叉树的带权路径长度分别为

(a)　　WPL=1×2+3×2+5×2+7×2=32。
(b)　　WPL=1×3+3×3+5×2+7×1=29。
(c)　　WPL=1×2+5×3+7×3+3×2=44。
(d)　　WPL=7×1+1×3+3×3+5×2=29。

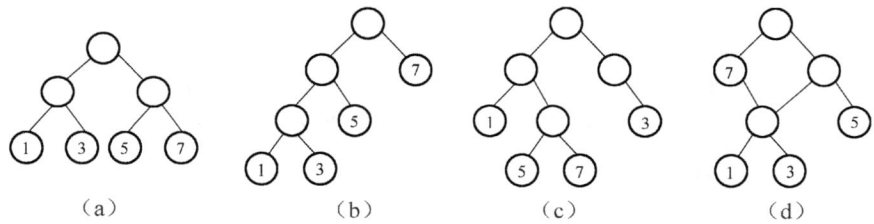

图 5-10　具有相同叶子节点的不同二叉树

若给定 n 个权值,应如何构造一棵具有 n 个给定叶子节点权值的二叉树,使其带权路径长度 WPL 最小?哈夫曼根据"权值大的节点尽量靠近根"这一原则,给出了一个带有一般规律的算法,即哈夫曼算法。哈夫曼算法如下。

(1) 根据给定的 n 个权值 $\{w_1,w_2,\cdots,w_n\}$ 构造 n 棵二叉树的集合 $F=\{T_1,T_2,\cdots,T_n\}$,其中,每棵二叉树 T_i (1≤i≤n) 只有一个带权值 w_i 的根节点,其左子树和右子树均为空。

(2) 在 F 中选取两棵根节点权值最小的二叉树作为左子树和右子树来构造一棵新二叉树,并且将新二叉树根节点权值置为其左子树和右子树根节点的权值之和。

(3) 在 F 中删除这两棵树,同时将新生成的二叉树加入 F 中。

(4) 重复步骤(2)和(3),直到 F 中只剩下一棵二叉树为止,则这棵二叉树就是哈夫曼树。

由哈夫曼算法可以看出,初始时共有 n 棵二叉树,并且均只有一个根节点。在哈夫曼树的构造过程中,每次都选取两棵根节点权值最小的二叉树合并成一棵新二叉树,为此需要增加一个节点作为新二叉树的根节点,而这两棵权值最小的二叉树则作为根节点的左子树和右子树。由于要进行 $n-1$ 次合并才能使初始的 n 棵二叉树最终合并为一棵二叉树,因此 $n-1$ 次合并共产生了 $n-1$ 个新节点,即最终生成的哈夫曼树共有 $2n-1$ 个节点。由于每次都是将两棵权值最小的二叉树合并生成一棵新二叉树,因此生成的哈夫曼树中没有度为 1 的节点。另外,两棵权值最小的二叉树哪棵作为左子树、哪棵作为右子树,哈夫曼算法并没有要求,故最终构造出来的哈夫曼树并不是唯一的,但是最小的 WPL 值是唯一的。

因此，哈夫曼树具有如下几个特点。

（1）对于给定的权值，所构造的二叉树具有最小的 WPL 值。
（2）权值大的节点离根近，权值小的节点离根远。
（3）所生成的二叉树不唯一。
（4）没有度为 1 的节点。

具有 n 个叶子节点的哈夫曼树共有 $2n-1$ 个节点，这个性质也可以由二叉树性质 $n_0=n_2+1$ 得到。由于哈夫曼树不存在度为 1 的节点，而由二叉树性质可知 $n_2=n_0-1$，因此哈夫曼树的节点个数为

$$n_0+n_1+n_2=n_0+0+n_0-1=2n_0-1=2n-1$$

5.8 哈夫曼编码

利用哈夫曼树可以形成通信上使用的二进制不等长码，这种编码的方式如下：将需要传送的信息中各个字符出现的频率作为叶子节点的权值，并以此来构造一棵哈夫曼树，即每个带权值的叶子节点都对应一个字符，根节点到这些叶子节点都有一条路径。规定哈夫曼树中的左分支代表 0、右分支代表 1，则从根节点到每个叶子节点所经过的路径分支组成的 0 和 1 的序列就是该叶子节点对应字符的编码，即哈夫曼编码。

实验 1　二叉树的遍历

1. 概述

由二叉树的遍历可知，先序遍历、中序遍历和后序遍历都是从根节点开始的，并且在遍历过程中所经过的节点路线都是一样的，只不过访问节点信息的时机不同。也就是说，二叉树的遍历路线是从根节点开始，沿左子树往下深入，当到达最左端节点时，则因无法继续深入下去而返回，然后逐一进入刚才深入时所遇节点的右子树，并重复前面深入和返回的过程，直到最后从根节点的右子树返回到根节点时为止。由于节点返回的顺序正好与节点深入的顺序相反，即后深入先返回，符合栈结构"后进先出"的特点，因此可以用栈来实现遍历二叉树的非递归算法。需要注意的是，在 3 种遍历方式中，先序遍历在深入过程中凡是遇到节点就访问该节点信息，中序遍历从左子树返回时访问节点信息，而后序遍历从右子树返回时访问节点信息。

2. 实验目的

了解二叉树的递归定义及二叉树的链式存储结构，掌握如何建立一棵二叉树，以及先序、中序和后序这 3 种遍历二叉树的方法。

3. 实验内容

建立一棵二叉树，并用先序、中序和后序这 3 种递归遍历方法实现对二叉树的遍历。

4. 参考程序

```c
#include<stdio.h>
#include<stdlib.h>
typedef struct node
{
   char data;                              //节点数据
   struct node *lchild, *rchild;           //左、右孩子指针
}BSTree;                                    //二叉树节点类型
void Preorder(BSTree *p)                    //先序遍历二叉树
{
   if(p!=NULL)
   {
      printf("%3c",p->data);                //访问根节点
      Preorder(p->lchild);                  //先序遍历左子树
      Preorder(p->rchild);                  //先序遍历右子树
   }
}
void Inorder(BSTree *p)                     //中序遍历二叉树
{
   if(p!=NULL)
   {
      Inorder(p->lchild);                   //中序遍历左子树
      printf("%3c",p->data);                //访问根节点
      Inorder(p->rchild);                   //中序遍历右子树
   }
}
void Postorder(BSTree *p)                   //后序遍历二叉树
{
   if(p!=NULL)
   {
      Postorder(p->lchild);                 //后序遍历左子树
      Postorder(p->rchild);                 //后序遍历右子树
      printf("%3c",p->data);                //访问根节点
   }
}
void Createb(BSTree **p)                    //生成一棵二叉树
{
   char ch;
   scanf("%c",&ch);                         //读入一个字符
   if(ch!='.')                              //如果该字符不是'.'
   {
      *p=(BSTree*)malloc(sizeof(BSTree));
                                            //在主调函数空间中申请一个节点
      (*p)->data=ch;                        //将读入的字符赋给节点的数据域
      Createb(&(*p)->lchild);               //沿左孩子分支继续生成二叉树
      Createb(&(*p)->rchild);               //沿右孩子分支继续生成二叉树
```

```
        }
        else                            //如果读入的字符是'.',则将指针域置为空
            *p=NULL;
}
void main()
{
    BSTree *root;
    printf("Preorder enter bitree with '. . ': \n");
    Createb(&root);                     //建立一棵以root为根指针的二叉树
    printf("Preorder output bitree: \n");
    Preorder(root);                     //先序遍历二叉树
    printf("\n");
    printf("Inorder output bitree: \n");
    Inorder(root);                      //中序遍历二叉树
    printf("\n");
    printf("Postorder output bitree: \n");
    Postorder(root);                    //后序遍历二叉树
    printf("\n");
}
```

【说明】

如果二叉树的存储结构如图 5-11 所示,则相应的输入为 abc.d..e..fg...↙。

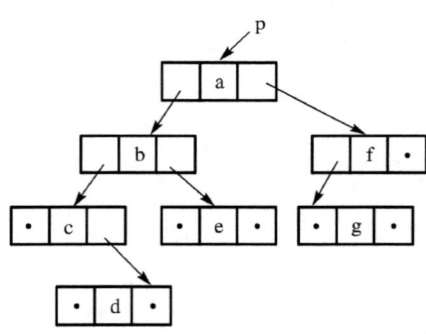

图 5-11 二叉树的存储结构

对应的程序执行过程如下:

```
输入:      Preorder enter bitree with '. . ':
           abc.d..e..fg...↙

输出:      Preorder output :
           a b c d e f g
           Inorder output :
            c d b e a g f
           Postorder output :
            d c e b g f a
           Press any key to continue
```

5. 思考题

（1）在生成二叉树的递归函数中，形参指针**p 如果采用一级指针*p 会出现什么情况？

（2）二叉树的后序遍历序列是否是先序遍历序列的逆序？在什么情况下是先序遍历序列的逆序？

实验 2　二叉树的非递归遍历

1. 概述

先序非递归遍历二叉树的方法如下：由根节点沿左子树（即 p->lchild 所指）一直遍历下去，在遍历过程中每经过一个节点时就输出（访问）该节点的信息，同时将其压栈。当某个节点无左子树时就将这个节点由栈中弹出，并从这个节点的右子树的根开始继续沿其左子树向下遍历（对此时右子树的根节点也进行输出和压栈操作），直到栈中无任何节点时就实现了先序遍历。

中序非递归遍历二叉树与先序非递归遍历二叉树的过程基本相同，仅仅是输出节点信息的语句位置发生了变化，即每当需要沿当前节点的右子树根开始继续沿其左子树向下遍历时（此时已经遍历过当前节点的左子树）就先输出这个当前节点的信息。

后序非递归遍历二叉树与前面两种非递归遍历算法有所不同，它除了使用栈 stack，还需要使用一个数组 b 来记录二叉树中节点 i（i=1,2,3,…,n）当前遍历的情况。若 b[i]为 0，则表示仅遍历过节点 i 的左子树，它的右子树还没有遍历过；若 b[i]为 1，则表示节点 i 的左子树和右子树都已经遍历过。

后序非递归遍历二叉树的过程仍然是由根节点开始沿左子树向下进行遍历的，并且将遇到的所有节点顺序压栈。当某个节点 j 无左子树时就将节点 j 由栈 stack 中弹出，然后检查 b[j]是否为 0，若 b[j]为 0，则表示节点 j 的右子树还未遍历过，即必须遍历过节点 j 的右子树之后才可以输出节点 j 的信息，所以必须先遍历节点 j 的右子树，即将节点 j 重新压栈并将 b[j]置为 1（作为遍历过左子树和右子树的标识），然后将节点 j 的右孩子压栈并沿右孩子的左子树继续向下遍历。直到某一时刻该节点 j 再次由栈中弹出，因为此时 b[j]已经为 1，即表示此时节点 j 的左子树和右子树都已遍历过（此时节点 j 左子树和右子树上的所有节点信息都已输出），或者节点 j 本身就是一个叶子节点，这时就可以输出节点 j 的信息。为了便于操作，对于前者，算法在输出了节点 j 的信息之后就将节点 j 的父节点指向节点 j 的指针值置为 NULL。这样，当某个节点的左、右孩子指针都为 NULL 时则意味着：或者该节点本身就是叶子节点，或者该节点左子树和右子树中的节点信息都已输出过，此时就可以输出该节点的信息。由于遍历过程中修改指针是在 Postorder()函数中完成的，因此 Postorder()函数执行结束后并不影响原二叉树，即原二叉树并未被破坏。这种后序遍历二叉树的非递归算法的优点是只需要一重循环即可实现。

需要注意的是，为了便于二叉树节点的查找，3 种非递归遍历算法中实际入栈和出栈的是指向节点的指针而非节点。

2. 实验目的

进一步了解二叉树的链式存储结构,掌握二叉树的先序、中序和后序这 3 种非递归遍历方法。

3. 实验内容

建立一棵二叉树,并用先序、中序和后序这 3 种非递归遍历方法实现对二叉树的遍历。

4. 参考程序

```c
#include<stdio.h>
#include<stdlib.h>
#define MAXSIZE 30
typedef struct node
{
   char data;                           //节点数据信息
   struct node *lchild, *rchild;        //左、右孩子指针
}BSTree;                                //二叉树节点类型
void Preorder(BSTree *p)                //先序遍历二叉树
{
   BSTree *stack[MAXSIZE];              //MAXSIZE 为大于二叉树节点个数的常量
   int i=0;
   stack[0]=NULL;                       //栈初始化
   while(p!=NULL||i>0)                  //当指针 p 不空或栈 stack 不空（i>0）时
     if(p!=NULL)                        //指针 p 不空
     {
        printf("%3c",p->data);          //输出节点*p 的信息
        stack[++i]=p;                   //将指针 p 压栈
        p=p->lchild;                    //沿*p 的左子树向下遍历
     }
     else                               //指针 p 为空
     {
        p=stack[i--];                   //将指向这个无左子树的父节点指针由栈中弹出给 p
        p=p->rchild;                    //从*p 的右子树根开始沿其左子树继续向下遍历
     }
}
void Inorder(BSTree *p)                 //中序遍历二叉树
{
   BSTree *stack[MAXSIZE];              //MAXSIZE 为大于二叉树节点个数的常量
   int i=0;
   stack[0]=NULL;                       //栈初始化
   while(i>=0)                          //当栈 stack 不空（i>0）时
   {
      if(p!=NULL)                       //指针 p 不空
      {
```

```
         stack[++i]=p;                    //将指向节点的指针 p 压栈
         p=p->lchild;                     //沿*p 的左子树向下遍历
      }
      else                                //指针 p 为空
      {
         p=stack[i--];       //将指向这个无左子树的父节点指针由栈中弹出给 p
         printf("%3c",p->data);           //输出节点的信息
         p=p->rchild;                     //从*p 的右子树根开始沿其左子树继续向下遍历
      }
      if(p==NULL && i==0)                 //当指针 p 为空且栈 stack 也为空时结束循环
         break;
   }
}
void Postorder(BSTree *p)                 //后序遍历二叉树
{
   BSTree *stack[MAXSIZE];                //MAXSIZE 为大于二叉树节点个数的常量
   int i=0, b[MAXSIZE];   //数组 b 用于标识每个节点是否已遍历过其左子树和右子树
   stack[0]=NULL;                         //栈初始化
   do
   {
      if(p!=NULL)                         //指针 p 不空
      {
         stack[++i]=p;                    //将指向节点的指针 p 压栈
         b[i]=0;                          //置*p 右子树未访问过的标志
         p=p->lchild;                     //沿*p 的左子树继续向下遍历
      }
      else                                //指针 p 为空
      {
         p=stack[i--];
             //将栈顶保存的无左子树（或左子树已遍历过）节点指针由栈中弹出给 p
         if(!b[i+1])                      //如果 b[i+1]为 0,则*p 的右子树未遍历过
         {
            stack[++i]=p;                 //将刚弹出的指针 p 重新压栈
            b[i]=1;                       //置*p 的右子树已访问过的标志
            p=p->rchild;                  //沿*p 的右孩子继续向下遍历
         }
         else          //*p 的左子树和右子树都已遍历过（即*p 的子树信息已输出）
         {
            printf("%3c",p->data);        //输出*p 的信息
            p=NULL;                       //指向*p 的指针置空
         }
      }
   }while(p!=NULL||i>0);       //当指针 p 不空或栈 stack 不空（i>0）时继续遍历
}
void Createb(BSTree **p)                  //生成一棵二叉树
{
```

```
        char ch;
        scanf("%c",&ch);                    //读入一个字符
        if(ch!='.')                         //读入的字符不是'.'
        {
           *p=(BSTree*)malloc(sizeof(BSTree));//在主调函数空间中申请一个节点
           (*p)->data=ch;                   //将读入的字符赋给节点**p的数据域
           Createb(&(*p)->lchild);          //沿节点**p的左孩子分支继续生成二叉树
           Createb(&(*p)->rchild);          //沿节点**p的右孩子分支继续生成二叉树
        }
        else                                //读入的字符是'.'
           *p=NULL;                         //置节点**p的指针域为空
    }
    void main()
    {
       BSTree *root;
       printf("Preorder enter bitree with '. .': \n");
       Createb(&root);                      //建立一棵以root为根指针的二叉树
       printf("Preorder output bitree: \n");
       Preorder(root);                      //先序遍历二叉树
       printf("\n");
       printf("Inorder output bitree: \n");
       Inorder(root);                       //中序遍历二叉树
       printf("\n");
       printf("Postorder output bitree: \n");
       Postorder(root);                     //后序遍历二叉树
       printf("\n");
    }
```

5. 思考题

建立二叉树的函数是否也可以采用非递归方法实现？如果可以，请尝试实现。

实验3 另一种非递归后序遍历二叉树的方法

1. 概述

这里给出的是另一种需要两重循环实现的二叉树的后序遍历非递归程序。在程序中，表达式"p->rchild==q"的含义如下：若q等于NULL，则表示节点*p的右孩子不存在，并且*p的左子树或不存在或已遍历过，所以现在可以访问节点*p；若q不等于NULL，则表示*p的右孩子已访问过（因为q指向p的右子树中刚被访问过的节点，而*q此时又是*p的右孩子，这就意味着p的右子树中所有节点都已访问过），所以现在可以访问*p。

2. 实验目的

掌握二叉树的非递归后序遍历方法。

3. 实验内容

建立一棵二叉树，并实现二叉树的非递归后序遍历。

4. 参考程序

```c
#include<stdio.h>
#include<stdlib.h>
#define MAXSIZE 30
typedef struct node
{
   char data;                           //节点数据信息
   struct node *lchild, *rchild;        //左、右孩子指针
}BSTree;                                //二叉树节点类型
void Postorder1(BSTree *p)
{
   BSTree *q, *stack[MAXSIZE];          //MAXSIZE 为大于二叉树节点个数的常量
   int b, i=-1;
   do
   {
      while(p!=NULL)                    //将*p 节点左分支上的所有左孩子指针入栈
      {
         stack[++i]=p;
         p=p->lchild;
      }
   //栈顶保存的节点指针已无左孩子或其左子树上的节点都已访问过
      q=NULL;
      b=1;                              //置已访问过的标记
      while(i>=0  &&  b)
      {       //栈 stack 不空，并且栈顶保存的节点指针的左子树上的节点都已访问过
         p=stack[i];                    //取出保存于栈顶的节点指针赋给 p
         if(p->rchild==q)               //*p 无右孩子或有右孩子但已访问过
         {
            printf("%3c",p->data);      //输出*p 的信息
            i--;                        //stack 栈顶指针减 1
            q=p;                        //q 指向刚访问过的*p
         }
         else                           //*p 有右孩子且右孩子未访问过
         {
            p=p->rchild;                //p 指向*p 的右孩子节点
            b=0;                        //置该右孩子节点未访问过的标记
         }
      }
   }while(i>=0);                        //当栈 stack 非空时继续遍历
}
void Createb(BSTree **p)                //生成一棵二叉树
{
```

```
        char ch;
        scanf("%c",&ch);                    //读入一个字符
        if(ch!='.')                         //读入的字符不是'.'
        {
          *p=(BSTree*)malloc(sizeof(BSTree));    //在主调函数空间中申请一个节点
          (*p)->data=ch;                    //将读入的字符赋给节点**p的数据域
          Createb(&(*p)->lchild);           //沿节点**p的左孩子分支继续生成二叉树
          Createb(&(*p)->rchild);           //沿节点**p的右孩子分支继续生成二叉树
        }
        else                                //读入的字符是'.'
          *p=NULL;                          //置节点**p的指针域为空
}
void main()
{
    BSTree *root;
    printf("Make a bitree:\n");
    Createb(&root);
    printf("Postorder output bitree: \n");
    Postorder1(root);                       //后序遍历二叉树
    printf("\n");
}
```

实验4 二叉树遍历的应用

1. 实验目的

进一步熟悉二叉树的遍历方法，掌握二叉树遍历方法的应用。

2. 实验内容

建立一棵二叉树，然后查找二叉树中的节点、统计二叉树中叶子节点的个数，并求二叉树的深度。

3. 参考程序

```
#include<stdio.h>
#include<stdlib.h>
#define MAXSIZE 30
typedef struct node
{
    char data;                              //节点数据信息
    struct node *lchild, *rchild;           //左、右孩子指针
}BSTree;                                    //二叉树节点类型
void Preorder(BSTree *p)                    //先序遍历二叉树
{
    if(p!=NULL)
    {
      printf("%3c",p->data);                //访问根节点
```

```c
            Preorder(p->lchild);                //先序遍历左子树
            Preorder(p->rchild);                //先序遍历右子树
    }
}
BSTree *Search(BSTree *p,char x)                //中序遍历查找元素
{
    BSTree *stack[MAXSIZE];
    int i=0;
    stack[0]=NULL;                              //栈初始化
    while(i>=0)                                 //当栈 stack 不空（i>0）时
    {
        if(p!=NULL)                             //指针 p 不空
            if(p->data==x)                      //p->data 就是要查找的数据 x
                return p;                       //查找成功,返回 p 指针值
            else                                //p->data 不是要查找的数据 x
            {
                stack[++i]=p;                   //将指向该节点的指针 p 压栈
                p=p->lchild;                    //沿该节点的左子树向下遍历
            }
        else                                    //指针 p 为空
        {
            p=stack[i--];                       //将指向这个无左子树的父节点指针由栈中弹出给 p
            p=p->rchild;                        //从*p 的右子树根开始沿其左子树继续向下遍历
        }
        if(p==NULL && i==0)                     //当指针 p 为空并且栈 stack 也为空（i 等于 0）时
            break;                              //结束 while 循环
    }
    return NULL;                                //查找失败
}
int Countleaf(BSTree *bt)                       //统计二叉树中叶子节点的个数
{
    if(bt==NULL)
        return 0;                               //空二叉树
    if(bt->rchild==NULL&&bt->lchild==NULL)
        return 1;                               //只有根节点
    return (Countleaf(bt->lchild)+Countleaf(bt->rchild));
}
int Depth(BSTree *p)                            //后序遍历求二叉树的深度
{
    int lchild, rchild;
    if(p==NULL) return 0;                       //树的深度为 0
    else
    {
        lchild=Depth(p->lchild);                //递归调用求左子树高度
        rchild=Depth(p->rchild);                //递归调用求右子树高度
        return lchild>rchild ? (lchild+1) : (rchild+1);
```

```c
                                        //返回最终求得左子树高度和右子树高度中较大者的值
    }
}
void Createb(BSTree **p)                //生成一棵二叉树
{
    char ch;
    scanf("%c",&ch);                    //读入一个字符
    if(ch!='.')                         //读入的字符不是'.'
    {
      *p=(BSTree*)malloc(sizeof(BSTree));    //在主调函数空间中申请一个节点
      (*p)->data=ch;                    //将读入的字符赋给节点**p的数据域
      Createb(&(*p)->lchild);           //沿节点**p的左孩子分支继续生成二叉树
      Createb(&(*p)->rchild);           //沿节点**p的右孩子分支继续生成二叉树
    }
    else                                //读入的字符是'.'
      *p=NULL;                          //置节点**p的指针域为空
}
void main()
{
    BSTree *root, *p;
    char x;
    printf("Preorder enter bitree with '..':\n");
    Createb(&root);                     //建立一棵以root为根指针的二叉树
    printf("Preorder output bitree: \n");
    Preorder(root);                     //先序遍历二叉树
    printf("\n");
    getchar();
    printf("Input element of Search in bitree: \n");
    scanf("%c",&x);                     //输入要查找的二叉树节点信息（即元素）
    p=Search(root, x);                  //在二叉树中查找该节点
    if(p==NULL)
       printf("No found!\n");           //二叉树中无此节点
    else
       printf("Element searched is %c\n",p->data);   //输出找到的节点信息
    printf("leaf of bitree is %d\n",Countleaf(root));
                                        //输出二叉树的叶子节点个数
    printf("Depth of bitree is %d\n",Depth(root));   //输出二叉树的深度
}
```

【说明】

对于如图 5-11 所示的二叉树，程序执行过程如下：

```
输入：           Preorder enter bitree with '..':
                 abc.d..e..fg...✓

输出：           Preorder output bitree:
                   a b c d e f g
```

```
                    Input element of Search in bitree:
                    e
                    Element searched is e
                    leaf of bitree is 3
                    Depth of bitree is 4
                    Press any key to continue
```

4. 思考题

（1）查找二叉树中的节点也可以用下面二叉树先序遍历的递归函数实现，请对比实验程序中的中序非递归遍历查找和此处先序递归遍历查找的过程。

```
BSTree *Search(BSTree *bt,datatype x)      //查找元素
{
    BSTree *p;
    if(bt!=NULL)                            //当指针 bt 非空时
    {
        if(bt->data==x)                     //如果当前节点*bt 的 data 值等于 x
            return bt;                      //查找成功，返回 bt 指针值
        if(bt->lchild!=NULL)                //在以 bt->lchild 为根节点指针的二叉树中查找
        {
            p=Search(bt->lchild,x);
            if(p!=NULL)
                return p;                   //查找成功，返回 p 指针值
        }
        if(bt->rchild != NULL)              //在以 bt->rchild 为根节点指针的二叉树中查找
        {
            p=Search(bt->rchild,x);
            if(p!=NULL)
                return p;                   //查找成功，返回 p 指针值
        }
    }
    return NULL;                            //查找失败
}
```

（2）统计二叉树中叶子节点的个数，求二叉树的深度是否可以用非递归方法实现？

实验 5　由二叉树的遍历序列恢复二叉树

1. 概述

根据二叉树的定义可知，二叉树的先序遍历先访问根节点，然后先序遍历根节点的左子树，最后先序遍历根节点的右子树。因此，在先序遍历序列中的第一个节点一定是二叉树的根节点。此外，二叉树的中序遍历先中序遍历根节点的左子树，然后访问根节点，最后中序遍历根节点的右子树。由此可知，根节点在中序遍历序列中必然将该中序序列分割成两个子序列：根节点之前是根节点的左子树所对应的中序遍历序列，根节点之后是根节点的右子树所对应的中序遍历序列，根据这两棵子树的中序序列，在先序遍历序列中找到

对应的左子树序列和右子树序列，而此时左子树序列中的第一个节点就是左子树的根节点，右子树序列中的第一个节点就是右子树的根节点。这样就可以确定二叉树的根节点及其左子树和右子树的根节点。接下来分别对左子树和右子树的根节点继续划分其左子树序列与右子树序列。如此递归划分下去，当取尽先序遍历序列中的节点时，就唯一恢复了这棵二叉树。

与此类似，由二叉树的后序遍历序列和中序遍历序列也可以唯一恢复这棵二叉树。因为后序遍历序列中的最后一个节点是二叉树的根节点（它就是先序遍历序列中的第一个节点），即同样可以将中序遍历序列分割成两个子序列：根节点之前是根节点的左子树所对应的中序遍历序列，根节点之后是根节点的右子树所对应的中序遍历序列，根据这两棵子树的中序序列，在后序遍历序列中找到对应的左子树序列和右子树序列，而此时左子树序列中的最后一个节点就是左子树的根节点，右子树序列中的最后一个节点就是右子树的根节点。然后分别对左子树和右子树的根节点继续划分其左子树序列与右子树序列，如此递归划分下去，当逆序取尽后序遍历序列中的节点时，就唯一恢复了这棵二叉树。

如果已知先序和后序的遍历序列，但先序是"根、左、右"，后序是"左、右、根"，即由这两种遍历序列仅可获得根节点的信息，但无法区分左子树和右子树，所以也就无法确定一棵二叉树。

根据二叉树的先序序列和中序序列恢复二叉树的递归思想如下：先根据先序序列的第一个节点建立根节点，然后在中序序列中找到该节点，从而划分出根节点的左子树和右子树的中序序列；接下来在先序序列中确定左子树和右子树的先序序列，并由左子树的先序序列与中序序列继续递归建立左子树、由右子树的先序序列与中序序列继续递归建立右子树。为了能够将恢复的二叉树传给主调函数，在函数 Pre_In_order()中使用了二级指针 **p，并且二叉树的先序遍历序列和中序遍历序列分别存放在一维数组 pred 与 ind 中。

2. 实验目的

掌握根据两种二叉树遍历序列（先序和中序，或者后序和中序）恢复二叉树的方法，从而加深对二叉树遍历方法的理解。

3. 实验内容

下面根据二叉树的先序遍历序列和中序遍历序列恢复这棵二叉树。

4. 参考程序

```c
#include<stdio.h>
#include<stdlib.h>
#define MAXSIZE 30
typedef struct node
{
    char data;                        //节点数据信息
    struct node *lchild, *rchild;     //左、右孩子指针
}BSTree;                              //二叉树节点类型
char pred[MAXSIZE], ind[MAXSIZE];
```

```c
    int i=0, j=0;
    void Preorder(BSTree *p)                //先序遍历二叉树生成先序序列数组pred
    {
       if(p!=NULL)
       {
          pred[i++]=p->data;                 //保存根节点数据
          Preorder(p->lchild);               //先序遍历左子树
          Preorder(p->rchild);               //先序遍历右子树
       }
    }
    void Inorder(BSTree *p)                 //中序遍历二叉树生成中序序列数组pred
    {
       if(p!=NULL)
       {
          Inorder(p->lchild);                //中序遍历左子树
          ind[j++]=p->data;                  //保存根节点数据
          Inorder(p->rchild);                //中序遍历右子树
       }
    }
    void Pre_In_order(char pred[],char ind[],
                    int i,int j,int k,int h,BSTree **p)
    {          //i、j和k、h分别为当前子树先序遍历序列与中序遍历序列的上、下界
       int m;
       *p=(BSTree*)malloc(sizeof(BSTree));      //在主调函数空间中申请一个节点
       (*p)->data=pred[i];                  //根据pred数组生成二叉树的根节点
       m=k;                        //m指向ind数组存储的中序遍历序列中的第一个节点
       while(ind[m]!=pred[i])            //找到根节点在中序遍历序列中所在的位置
         m++;
       if(m==k)            //如果根节点是中序遍历序列的第一个节点,则无左子树
         (*p)->lchild=NULL;
       else
         Pre_In_order(pred,ind,i+1,i+m-k,k,m-1,&(*p)->lchild);
                 //对位于根节点之前的左子树序列继续向下进行根、左子树和右子树的划分
       if(m==h)            //如果根节点是中序遍历序列的最后一个节点,则无右子树
         (*p)->rchild=NULL;
       else
         Pre_In_order(pred,ind,i+m-k+1,j,m+1,h,&(*p)->rchild);
                 //对位于根节点之后的右子树序列继续向下进行根、左子树和右子树的划分
    }
    void Print_Inorder(BSTree *p)            //中序遍历输出二叉树信息
    {
       if(p!=NULL)
       {
          Print_Inorder(p->lchild);          //中序遍历左子树
          printf("%3c",p->data);             //输出根节点数据
          Print_Inorder(p->rchild);          //中序遍历右子树
```

```c
        }
    }
    void Createb(BSTree **p)                    //生成一棵二叉树
    {
        char ch;
        scanf("%c",&ch);                         //读入一个字符
        if(ch!='.')                              //读入的字符不是'.'
        {
            *p=(BSTree*)malloc(sizeof(BSTree));   //在主调函数空间中申请一个节点
            (*p)->data=ch;                       //将读入的字符赋给节点**p的数据域
            Createb(&(*p)->lchild);              //沿节点**p的左孩子分支继续生成二叉树
            Createb(&(*p)->rchild);              //沿节点**p的右孩子分支继续生成二叉树
        }
        else                                     //读入的字符是'.'
            *p=NULL;                             //置节点**p的指针域为空
    }
    void main()
    {
        BSTree *root,*root1;
        printf("Preorder enter bitree with '. . ': \n");
        Createb(&root);                          //建立一棵以root为根指针的二叉树
        printf("Inorder output bitree: \n");
        Print_Inorder(root);                     //中序输出建立的二叉树
        printf("\n");
        Preorder(root);                          //先序遍历二叉树生成pred数组
        Inorder(root);                           //中序遍历二叉树生成ind数组
        if(i>0)                 //根据pred数组和ind数组保存的遍历序列恢复二叉树
            Pre_In_order(pred,ind,0,i-1,0,j-1,&root1);
        printf("Inorder output bitree after reconstruct: \n");
        Print_Inorder(root1);                    //中序输出恢复后的二叉树
        printf("\n");
    }
```

5. 思考题

（1）恢复二叉树函数中的形参指针**p能否改为使用一级指针*p？
（2）恢复二叉树函数如何用非递归方法实现？
（3）根据二叉树的后序遍历序列和中序遍历序列如何恢复二叉树？请尝试实现。

实验6　按层次遍历二叉树

1. 概述

为了实现二叉树的层次遍历，在算法中采用了一个队列Q，即先将二叉树根节点*t入队，然后出队并输出该节点的信息。若该节点有左子树，则将其左子树的根节点入队；若该节点有右子树，则将其右子树的根节点入队，一直进行到队列Q为空时为止。因为队列的特点是先进先出，所以可以达到按层次顺序遍历二叉树的目的。

2. 实验目的

了解二叉树的层次遍历序列，掌握二叉树层次遍历的方法。

3. 实验内容

建立一棵二叉树，并通过队列的辅助实现二叉树的层次遍历。

4. 参考程序

```c
#include<stdio.h>
#include<stdlib.h>
#define MAXSIZE 10
typedef struct node
{
    char data;                              //节点数据信息
    struct node *lchild, *rchild;           //左、右孩子指针
}BSTree;                                    //二叉树节点类型
typedef struct
{
    BSTree *data[MAXSIZE];                  //队中元素的存储空间
    int rear, front;                        //队尾指针和队头指针
}SeQueue;                                   //顺序队列类型
void Init_SeQueue(SeQueue **q)              //循环队列初始化（置空队）
{
    *q=(SeQueue*)malloc(sizeof(SeQueue));   //生成循环队列的存储空间
    (*q)->front=0;                          //如果队头指针与队尾指针相等，则队为空
    (*q)->rear=0;
}
int Empty_SeQueue(SeQueue *q)               //判队空
{
    if(q->front==q->rear)                   //如果队头指针等于队尾指针，则队为空
        return 1;                           //返回队空标志
    else                                    //如果队头指针不等于队尾指针，则队不空
        return 0;                           //返回队不空标志
}
void In_SeQueue(SeQueue *q, BSTree *x)      //元素入队
{
    if((q->rear+1)%MAXSIZE==q->front)
        printf("Queue is full!\n");         //队满，入队失败
    else
    {
        q->rear=(q->rear+1)%MAXSIZE;        //队尾指针加1
        q->data[q->rear]=x;                 //元素x入队
    }
}
void Out_SeQueue(SeQueue *q, BSTree **x)    //元素出队
{
```

```c
        if(q->front==q->rear)                           //当队头指针等于队尾指针时
            printf("Queue is empty");                   //队空,出队失败
        else                            //当队头指针不等于队尾指针时队不空,进行出队操作
        {
            q->front=(q->front+1)%MAXSIZE;              //队头指针加1
            *x=q->data[q->front];                       //队头元素出队,并由x返回队头元素值
        }
    }
    void Inorder(BSTree *p)                             //中序遍历二叉树
    {
        if(p!=NULL)
        {
            Inorder(p->lchild);                         //中序遍历左子树
            printf("%3c",p->data);                      //访问根节点
            Inorder(p->rchild);                         //中序遍历右子树
        }
    }
    void Createb(BSTree **p)                            //生成一棵二叉树
    {
        char ch;
        scanf("%c",&ch);                                //读入一个字符
        if(ch!='.')                                     //读入的字符不是'.'
        {
            *p=(BSTree*)malloc(sizeof(BSTree));         //在主调函数空间中申请一个节点
            (*p)->data=ch;                              //将读入的字符赋给节点**p的数据域
            Createb(&(*p)->lchild);                     //沿节点**p的左孩子分支继续生成二叉树
            Createb(&(*p)->rchild);                     //沿节点**p的右孩子分支继续生成二叉树
        }
        else                                            //读入的字符是'.'
            *p=NULL;                                    //置节点**p的指针域为空
    }
    void Transleve(BSTree *t)                           //层次遍历二叉树
    {
        SeQueue *Q;
        BSTree *p;
        Init_SeQueue(&Q);                               //队列Q初始化
        if(t!=NULL)                                     //二叉树t非空
            printf("%2c",t->data);                      //输出根节点信息
        In_SeQueue(Q, t);                               //指针t入队
        while(!Empty_SeQueue(Q))                        //队列Q非空
        {
            Out_SeQueue(Q, &p);                         //队头保存的指针值出队,并赋给p
            if(p->lchild!=NULL)                         //p所指的节点有左孩子
            {
                printf("%2c",p->lchild->data);          //输出左孩子信息
                In_SeQueue(Q, p->lchild);               //节点*p的左孩子指针入队
```

```
            }
            if(p->rchild!=NULL)                    //p 所指的节点有右孩子
            {
                printf("%2c",p->rchild->data);     //输出右孩子信息
                In_SeQueue(Q, p->rchild);          //节点*p 的右孩子指针入队
            }
        }
    }
    void main()
    {
        BSTree *root;
        printf("Preorder enter bitree with '. .': \n");
        Createb(&root);                            //建立一棵以 root 为根指针的二叉树
        printf("Inorder output bitree: \n");
        Inorder(root);                             //中序遍历二叉树
        printf("\nLevel output bitree: \n");
        Transleve(root);                           //按层次遍历二叉树
        printf("\n");
    }
```

实验 7 中序线索二叉树

1. 实验目的

了解二叉树线索化的方法，掌握如何构造中序线索二叉树。

2. 实验内容

建立一棵二叉树，然后对二叉树进行中序线索化。

3. 参考程序

在参考程序中，函数 Thread()用于对以*p 为根节点的二叉树进行中序线索化。在该算法中，p 总是指向当前被线索化的节点，而 pre 作为全局变量则指向刚访问过的节点。也就是说，*pre 是*p 的前驱节点，而*p 是*pre 的后继节点。Thread(p)算法与中序遍历的递归算法类似，在 p 指针不为 NULL 时，先对*p 节点的左子树线索化：若*p 节点没有左孩子节点，则将其 lchild 指针线索化为指向其前驱节点*pre，并将其标志位 ltag 置为 1；否则，lchild 指向左孩子节点。若*pre 节点的 rchild 指针为 NULL，则将 rchild 指针线索化为指向其后继节点*p，并将其标志位 rtag 置为 1；否则，rchild 指向其右孩子节点。然后将 pre 指向*p 节点，再对*p 节点的右子树进行线索化。

函数 CreatThread()用于对以二叉链表存储的二叉树 b 进行中序线索化，并返回线索化之后头节点指针 root。实现方法如下：先创建头节点*root，其 rchild 域为线索，lchild 域为链指针，并指向二叉树根节点*b。如果二叉树 b 为空，则将 lchild 指向头节点自身；否则，将*root 的 lchild 指向*b 节点，并使 pre 也指向*root 节点。然后调用函数 Thread()对整个二叉树线索化，即将指针 b 传给形参指针 p，从而使*pre 是*p 的前驱节点。最后，加入指向头节点的线索，并将头节点的 rchild 指针域线索化为指向最后一个节点（由于线索

化过程进行到 p 等于 NULL 为止,因此最后一个节点就是*pre)。

```c
#include<stdio.h>
#include<stdlib.h>
typedef struct node
{
   char data;                          //节点数据信息
   int ltag, rtag;                     //线索标记
   struct node *lchild;                //左孩子或直接前驱线索指针
   struct node *rchild;                //右孩子或直接后继线索指针
}TBTree;                               //线索二叉树节点类型
TBTree *pre;                           //全局变量
void Thread(TBTree *p)                 //对二叉树进行中序线索化
{
   if(p!=NULL)
   {
      Thread(p->lchild);               //先对*p的左子树线索化
   //至此*p节点的左子树不存在或已线索化,接下来对*p线索化
      if(p->lchild==NULL)              //如果*p的左孩子不存在,则进行前驱线索化
      {
         p->lchild=pre;                //建立当前节点*p的前驱线索
         p->ltag=1;
      }
      else                             //*p的左孩子存在
         p->ltag=0;                    //置*p的lchild指针为指向左孩子标志
      if(pre->rchild==NULL)            //如果*pre的右孩子不存在,则进行后继线索化
      {
         pre->rchild=p;                //建立节点*pre的后继线索
         pre->rtag=1;
      }
      else                             //*pre的右孩子存在
         pre->rtag=0;                  //置*p的rchild指针为指向右孩子标志
      pre=p;                           //pre移至指向*p节点
      Thread(p->rchild);               //对*p的右子树线索化
   }
}
TBTree *CreatThread(TBTree *b)         //建立中序线索二叉树
{
   TBTree *root;
   root=(TBTree*)malloc(sizeof(TBTree));     //创建头节点
   root->ltag=0;
   root->rtag=1;
   if(b==NULL)                         //二叉树为空
      root->lchild=root;
   else
   {
      root->lchild=b;                  //root的lchild指针指向二叉树根节点*b
```

```c
            pre=root;                    //*pre是*p的前驱节点，pre指针用于线索
            Thread(b);                   //对二叉树b进行中序线索化
            pre->rchild=root;            //最后处理，加入指向头节点的线索
            pre->rtag=1;
            root->rchild=pre;            //头节点的rchild指针线索化为指向最后一个节点
        }
        return root;                     //返回线索化之后，指向二叉树的头节点的指针
}
void Inorder(TBTree *b)                  //中序遍历中序线索二叉树
                                         //*b为中序线索二叉树的头节点
{
    TBTree *p;
    p=b->lchild;                         //p指向根节点
    while(p!=b)                          //当p不等于指向头节点的指针b时
    {
        while(p->ltag==0)                //寻找中序序列的第一个节点
            p=p->lchild;
        printf("%3c",p->data);           //输出中序序列的第一个节点数据
        while(p->rtag==1  &&  p->rchild!=b)    //当后继线索存在且不为头节点时
        {
            p=p->rchild;                 //根据后继线索找到后继节点
            printf("%3c",p->data);       //输出后继节点信息
        }
        p=p->rchild;                     //如果无后继线索，则p指向右孩子节点
    }
}
void Preorder(TBTree *p)                 //先序遍历二叉树
{
    if(p!=NULL)
    {
        printf("%3c",p->data);           //访问根节点
        Preorder(p->lchild);             //先序遍历左子树
        Preorder(p->rchild);             //先序遍历右子树
    }
}
void Createb(TBTree **p)                 //生成一棵二叉树
{
    char ch;
    scanf("%c",&ch);                     //读入一个字符
    if(ch!='.')                          //读入的字符不是'.'
    {
        *p=(TBTree*)malloc(sizeof(TBTree));    //在主调函数空间中申请一个节点
        (*p)->data=ch;                   //将读入的字符赋给节点**p的数据域
        Createb(&(*p)->lchild);          //沿节点**p的左孩子分支继续生成二叉树
        Createb(&(*p)->rchild);          //沿节点**p的右孩子分支继续生成二叉树
    }
    else                                 //读入的字符是'.'
```

```
            *p=NULL;                        //置节点**p的指针域为空
}
void main()
{
  TBTree *root, *p;
  printf("Preorder enter bitree with '. . ': \n");
  Createb(&root);                //建立一棵以root为根指针的二叉树
  printf("Preorder output bitree: \n");
  Preorder(root);                //先序遍历二叉树
  printf("\n");
  p=CreatThread(root);           //中序线索化
  printf("Inorder output bitree: \n");
  Inorder(p);                    //中序遍历中序线索二叉树
  printf("\n");
}
```

4. 思考题

如何实现二叉树的先序线索化和后序线索化？

实验 8　哈夫曼树与哈夫曼编码（1）

1. 概述

构造哈夫曼树可以采用二叉树—单链表存储结构。除了二叉树原有的数据域 data 和左、右孩子指针域 lchild、rchild，哈夫曼树还增加了一个指针域 next，即哈夫曼树的节点同时是单链表的节点。在按节点权值进行升序排序时，我们使用二叉树—单链表中的单链表功能，在用节点构造哈夫曼树时，可以使用二叉树—单链表中的二叉树功能。哈夫曼树的节点类型定义如下：

```
typedef struct node
{
  int data;                              //节点数据
  struct node *lchild,*rchild;           //哈夫曼树的左、右孩子指针
  struct node *next;    //哈夫曼树节点同时是单链表节点，next为单链表节点指针
}BSTree_Link;                            //二叉树—单链表节点类型
```

在输入哈夫曼树叶子节点的权值时，需要先将这些权值节点链成一个升序单链表。在构造哈夫曼树时，每次取升序单链表的前两个节点来构造哈夫曼树的树枝节点，同时删除单链表中的这两个节点，并将该树枝节点按升序再插入升序单链表中，这种构造哈夫曼树树枝节点的过程一直持续到单链表为空。此时，最后生成的树枝节点就是哈夫曼树的树根节点，该树枝（树根）节点连同其向下生长的所有分支节点和叶子节点就形成了一棵哈夫曼树。

可以用二叉树后序非递归方法遍历这棵哈夫曼树，根节点到所有叶子节点都有一条路径。规定哈夫曼树中的左分支代表 0、右分支代表 1，则从根节点到每个叶子节点所经过的路径分支所组成的 0 和 1 的序列就是该叶子节点对应字符的编码，我们称之为哈夫曼编

码。遍历到叶子节点时输出该叶子节点的值，以及由根到该叶子节点的路径编码（哈夫曼编码）。

2. 实验目的

了解哈夫曼树的概念，掌握构造哈夫曼树和哈夫曼编码的方法。

3. 实验内容

用改造后的二叉树的存储结构建立一棵哈夫曼树，并实现该树的哈夫曼编码。

4. 参考程序

```c
#include<stdio.h>
#include<stdlib.h>
#define MAXSIZE 30                    //定义哈夫曼树的路径和哈夫曼编码的最大长度
typedef struct node
{
   int data;                          //节点数据
   struct node *lchild, *rchild;      //哈夫曼树的左、右孩子指针
   struct node *next;     //哈夫曼树节点又是单链表节点，next 为单链表节点指针
}BSTree_Link;                          //二叉树及单链表节点类型
BSTree_Link *CreateLinkList(int n)    //根据叶子节点的权值生成一个升序单链表
{
   BSTree_Link *link,*p,*q,*s;
   int i;
   link=(BSTree_Link*)malloc(sizeof(BSTree_Link)); //生成单链表的头节点
   s=(BSTree_Link*)malloc(sizeof(BSTree_Link));
                     //生成单链表第一个节点，也是哈夫曼树的叶子节点
   scanf("%d",&s->data);              //输入叶子节点的权值
   s->lchild=NULL;
   s->rchild=NULL;                    //置左、右孩子指针为空的叶子节点标志
   s->next=NULL;                      //置单链表尾节点标志
   link->next=s;
   for(i=2;  i<=n;   i++)             //生成单链表剩余的 n-1 个节点
   {
      s=(BSTree_Link*)malloc(sizeof(BSTree_Link));
                                      //生成一个节点（哈夫曼树的叶子节点）
      scanf("%d",&s->data);           //输入叶子节点的权值
      s->lchild=NULL;
      s->rchild=NULL;                 //置左、右孩子指针为空的叶子节点标志
      q=link;                         //将该节点按升序插入单链表中
      p=q->next;
      while(p!=NULL)
         if(s->data>p->data)          //查找插入位置
         { q=p; p=p->next; }
```

```c
            else                            //找到插入位置（除链尾位置外）之后进行插入
            {
                q->next=s; s->next=p;
                break;
            }
        if(s->data>q->data)                 //插入链尾的处理
        { q->next=s; s->next=p; }
    }
    return link;                            //返回升序单链表的头节点指针
}
void print(BSTree_Link *h)                  //输出单链表
{
    BSTree_Link *p;
    p=h->next;
    while(p!=NULL)
    {
        printf("%d,",p->data);
        p=p->next;
    }
    printf("\n");
}
BSTree_Link *HuffTree(BSTree_Link *link)    //生成哈夫曼树
{
    BSTree_Link *p,  *q,  *s;
    while(link->next!=NULL)                 //当单链表的节点非空时
    {
        p=link->next;                       //取出升序链表中的第一个节点
        q=p->next;                          //取出升序链表中的第二个节点
        link->next=q->next;                 //使头节点的指针指向单链表的第三个节点
        s=(BSTree_Link*)malloc(sizeof(BSTree_Link));//生成哈夫曼树树枝节点
        s->data=p->data+q->data;   //树枝节点权值为取出的两个节点权值之和
        s->lchild=p;                //取出的第一个节点作为该树枝节点的左孩子
        s->rchild=q;                //取出的第二个节点作为该树枝节点的右孩子
        q=link;                             //将该树枝节点按升序插入单链表中
        p=q->next;
        while(p!=NULL)
            if(s->data>p->data)
            { q=p; p=p->next; }
            else
            {
                q->next=s; s->next=p;
                break;
            }
        if(q!=link  &&  s->data>q->data)
        {            //插入链尾的处理，若q等于link则链表为空，此时*s就是根节点
```

```c
         q->next=s;
         s->next=p;
      }
   }
   return s;    //当单链表为空（无节点）时，最后生成的树枝节点就是哈夫曼树根节点
}
void Inorder(BSTree_Link *p)              //中序遍历二叉树
{
   if(p!=NULL)
   {
      Inorder(p->lchild);                 //中序遍历左子树
      printf("%4d",p->data);              //访问根节点
      Inorder(p->rchild);                 //中序遍历右子树
   }
}
void Preorder(BSTree_Link *p)             //先序遍历二叉树
{
   if(p!=NULL)
   {
      printf("%4d",p->data);              //访问根节点
      Preorder(p->lchild);                //先序遍历左子树
      Preorder(p->rchild);                //先序遍历右子树
   }
}
void HuffCode(BSTree_Link *p)             //后序遍历哈夫曼树并输出哈夫曼编码
{
   BSTree_Link *q, *stack[MAXSIZE];
   int b, i=-1,j=0,k,code[MAXSIZE];
   do                                     //后序遍历已生成的哈夫曼树
   {
      while(p!=NULL)                      //将*p节点左分支上的所有左孩子入栈
      {
         if(p->lchild==NULL  &&  p->rchild==NULL)
         {
            printf("key=%3d,  code: ",p->data);      //输出叶子节点的信息
            for(k=0;k<j;k++)              //输出该叶子节点的哈夫曼编码
               printf("%d",code[k]);
            printf("\n");
            j--;
         }
         stack[++i]=p;                    //指针p入栈
         p=p->lchild;                     //p指向*p的左孩子节点
         code[j++]=0;                     //对应的左分支置编码0
      }
//栈顶保存的节点指针已无左孩子，或者其左子树上的节点都已访问过
```

```
            q=NULL;
            b=1;                    //将栈顶保存的节点指针所指节点标记为已访问过其左子树
            while(i>=0  &&  b)
            {                       //栈 stack 不空且栈顶保存的节点指针其左子树上的节点都已访问过
                p=stack[i];                         //取出栈顶保存的节点指针赋给 p
                if(p->rchild==q)                    //*p 无右孩子或有右孩子但已访问过
                {
                    i--; j--;                       //stack 和 code 栈顶指针减 1（出栈）
                    q=p;                            //q 指向刚访问过的节点*p
                }
                else                                //*p 有右孩子且右孩子未访问过
                {
                    p=p->rchild;                    //p 指向*p 的右孩子节点
                    code[j++]=1;                    //对应的右分支置编码 1
                    b=0;                            //置该右孩子节点未访问过其右子树标记
                }
            }
    }while(i>=0);                                   //当栈 stack 非空时继续遍历
}
void main()
{
    BSTree_Link *root;
    int n;
    printf("Input number of keyword\n");
    scanf("%d",&n);                         //输入叶子节点的个数
    printf("Input keyword :\n");
    root=CreateLinkList(n);//输入 n 个叶子节点的权值并根据权值生成一个升序单链表
    printf("Output List:\n");               //输出所生成的升序单链表
    print(root);
    root=HuffTree(root);                    //生成哈夫曼树
    printf("Inorder output HuffTree: \n");//先序遍历输出哈夫曼树各节点的值
    Inorder(root);
    printf("\n");
    printf("Preorder output HuffTree: \n");//先序遍历输出哈夫曼树各节点的值
    Preorder(root);
    printf("\n");
    printf("Output Code of HuffTree: \n");
    HuffCode(root);                         //后序遍历哈夫曼树生成并输出哈夫曼编码
}
```

【说明】

例如，对 8 个权值分别为 7、19、2、6、32、3、21、10 的叶子节点，生成的哈夫曼树由树根到树叶路径上标识的哈夫曼编码如图 5-12 所示。

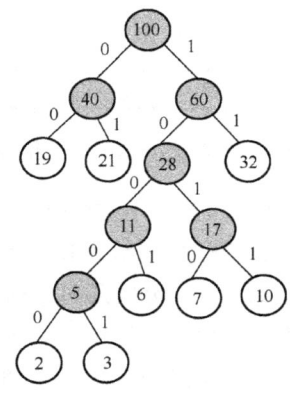

图 5-12 哈夫曼树由树根到树叶路径上标识的哈夫曼编码

程序执行过程如下：

```
Input number of keys
8↙
Input keys :
7 19 2 6 32 3 21 10↙
Output List:
2,3,6,7,10,19,21,32,
Inorder output HuffTree:
  19  40  21 100   2   5   3  11   6  28   7  17  10  60  32
Preorder output HuffTree:
  100  40  19  21  60  28  11   5   2   3   6  17   7  10  32
Output Code ofHuffTree:
key= 19,  code: 00
key= 21,  code: 01
key=  2,  code: 10000
key=  3,  code: 10001
key=  6,  code: 1001
key=  7,  code: 1010
key= 10,  code: 1011
key= 32,  code: 11
Press any key to continue
```

5. 思考题

是否可以用先序非递归方法遍历哈夫曼树输出该叶子节点的值及对应的哈夫曼编码？难以解决的问题在哪里？

实验 9 哈夫曼树与哈夫曼编码（2）

1. 概述

实验 8 中采用改造后的二叉树存储结构来生成哈夫曼树。本实验采用静态链表（即数组）作为哈夫曼树的存储结构。也就是说，设置一个结构数组 Huff 保存哈夫曼树中各节点的信息。哈夫曼树的节点结构如图 5-13 所示。

| weight | lchild | rchild | parent |

图 5-13　哈夫曼树的节点结构

其中，weight 域保存节点的权值，lchild 域和 rchild 域分别保存该节点的左、右孩子节点在数组 Huff 中的序号（序号从 0 开始），从而建立各节点之间的关系。此外，为了判断一个节点是否已纳入生成的哈夫曼树中，可以通过 parent 域值进行判定。初始时所有节点的 parent 值都为-1，若一个节点加入哈夫曼树中，则该节点的 parent 值就是其双亲节点在数组 Huff 中的序号，即 parent 值已不是-1。因此，每次寻找未纳入哈夫曼树且权值最小的两个节点时，其选择标准就是该节点的 parent 值为-1 且权值最小。

构造哈夫曼树时，首先将由 n 个权值构成的 n 棵仅有一个节点的二叉树（这 n 个节点就是最终生成的哈夫曼树中的 n 个叶子节点）存放到数组 Huff 的前 n 个数组元素中，然后根据哈夫曼算法的基本思想，不断将两棵较小的子树合并为一棵较大的子树，并且每次构成的新子树根节点都依次存放在数组 Huff 前 n 个数组元素的后面。

求哈夫曼编码，实际上就是在已建好的哈夫曼树中，从叶子节点开始沿节点的双亲链域回退到根节点，每回退一步就走过了哈夫曼树的一个分支，从而得到一位哈夫曼编码（0 或 1）。由于一个字符的哈夫曼编码是从根节点到对应叶子节点所经过的路径上各分支所组成的 0、1 序列，因此先得到的分支代码为所求编码的低位码，后得到的分支代码为所求编码的高位码。可以设置一个结构数组 HuffCode 来存放各字符的哈夫曼编码信息，每个数组元素的结构如图 5-14 所示。

| weight | bit | start |

图 5-14　哈夫曼编码信息中每个数组元素的结构

其中，分量一为整型变量 weight，用于存储叶子节点的权值；分量二为一维数组 bit，用来保存为叶子节点（即字符）所生成的哈夫曼编码；分量三是整型变量 start，用来指示哈夫曼编码在数组 bit 中存放的起始位置，这是因为编码在数组 bit 中是由最后一个数组元素位置依次向前存放的，由于各字符生成的编码长度不等，不同字符的编码在数组 bit 中的起始位置可能不同，因此需要设置一个整型变量 start 来指示这个起始位置。

从叶子节点开始沿双亲链回退到根节点的操作过程实现起来比较容易，这是因为在结构数组 Huff 中，n 个叶子节点就是 Huff[0]到 Huff[n-1]这 n 个数组元素，并且可以通过 Huff[i].parent 提供的双亲信息，沿着这个"双亲链"向上一直找到根节点（根节点的标志是 parent 值为-1），恰好走过了一条由叶子节点到根节点的路径，在经过路径中的每条分支时也获得了该分支的编码（0 或 1）；当到达根节点时，这个叶子节点字符的哈夫曼编码也就形成了（形参数组 Huff 与下面算法中的数组 HuffNode 实际上是同一个数组）。

2. 实验目的

了解哈夫曼树的概念，掌握构造哈夫曼树和哈夫曼编码的方法。

3. 实验内容

建立一棵哈夫曼树并实现该树的哈夫曼编码。

4. 参考程序

```c
#include<stdio.h>
#include<stdlib.h>
#define MAXSIZE 40
#define MAXBIT 10                    //定义哈夫曼编码的最大长度
typedef struct
{
   int weight,parent,lchild,rchild;
}HNode;                              //哈夫曼树节点类型
typedef struct
{
   int weight;                       //存储叶子节点的权重
   int bit[MAXBIT];                  //存储该叶子节点的哈夫曼编码
   int start;                        //指示数组bit中哈夫曼编码的开始位置
}HCode;                              //哈夫曼编码类型
void HuffTree(HNode Huff[],int n)    //生成哈夫曼树
{                                    //Huff[]为形参数组，n为叶子节点的个数
   int i,j,m1,m2,x1,x2;
   for(i=0;i<2*n-1;i++)              //将数组Huff初始化
   {
      Huff[i].weight=0;
      Huff[i].parent=-1;
      Huff[i].lchild=-1;
      Huff[i].rchild=-1;
   }
   printf("Input 1~n value of leaf : \n");
   for(i=0;i<n;i++)                  //输入n个叶子节点的权值
      scanf("%d",&Huff[i].weight);
   for(i=0;i<n-1;i++)                //构造哈夫曼树并生成该树的n-1个分支节点
   {
      m1=m2=32767;
      x1=x2=0;
      for(j=0;j<n+i;j++)  //选取最小和次小的两个权值节点并将其序号赋给x1和x2
      {
         if(Huff[j].parent==-1&&Huff[j].weight<m1)
         {
            m2=m1;
            x2=x1;
            m1=Huff[j].weight;
            x1=j;
         }
         else
```

```c
            if(Huff[j].parent==-1&&Huff[j].weight<m2)
            {
               m2=Huff[j].weight;
               x2=j;
            }
      }
   //将找出的两棵子树合并为一棵新的子树
      Huff[x1].parent=n+i;              //两棵子树根节点的双亲节点序号为n+i
      Huff[x2].parent=n+i;
      Huff[n+i].weight=Huff[x1].weight+Huff[x2].weight;
                                //新子树根节点的权值为两棵子树根节点权值之和
      Huff[n+i].lchild=x1;
      Huff[n+i].rchild=x2;
   }
   printf(" Huff weight    lchild     rchild     parent \n");
   for(i=0;i<2*n-1;i++)                 //输出哈夫曼树,即数组 Huff 的信息
      printf("%3d %5d %10d%10d%10d\n", i, Huff[i].weight,
   Huff[i].lchild,Huff[i].rchild, Huff[i].parent);
}
void HuffmanCode()                       //生成哈夫曼编码
{
   HNode HuffNode[MAXSIZE];              //MAXSIZE 为二叉树所有节点的最大个数
   HCode HuffCode[MAXSIZE/2],cd;         //MAXSIZE/2 为叶子节点的最大个数
   int i,j,c,p,n;
   printf("Input numbers of leaf :\n"); //n 为叶子节点的个数
   scanf("%d",&n);
   HuffTree(HuffNode, n);                //建立哈夫曼树
   for(i=0;i<n;i++)                      //求每个叶子节点的哈夫曼编码
   {
      HuffCode[i].weight=HuffNode[i].weight;     //保存叶子节点的权值
      cd.start=MAXBIT-1;
                  //存放分支编码从数组 cd.bit 最后一个元素位置开始向前进行
      c=i;                               //c 为叶子节点在数组 HuffNode 中的序号
      p=HuffNode[c].parent;
      while(p!=-1)    //从叶子节点开始沿双亲链直到根节点,根节点的双亲值为-1
      {
         if(HuffNode[p].lchild==c)     //双亲的左孩子序号为c
            cd.bit[cd.start]=0;         //该分支编码为 0
         else
            cd.bit[cd.start]=1;         //该分支编码为 1
         cd.start--;                    //前移一个位置准备存放下一个分支编码
         c=p;                           //c 移至其双亲节点序号
         p=HuffNode[c].parent;          //p 再定位于 c 的双亲节点序号
      }
      for(j=cd.start+1;j<MAXBIT;j++)    //保存该叶子节点字符的哈夫曼编码
         HuffCode[i].bit[j]=cd.bit[j];
```

```
            HuffCode[i].start=cd.start;      //保存该编码在数组bit中的起始位置
        }
        printf("HuffCode  weight    bit \n");      //输出数组HuffCode的有关信息
        for(i=0;i<n;i++)                           //输出各叶子节点对应的哈夫曼编码
        {
            printf("%5d%8d    ",i,HuffCode[i].weight);
            for(j=HuffCode[i].start+1;j<MAXBIT;j++)
                printf("%d",HuffCode[i].bit[j]);
            printf("\n");
        }
    }
    void main()
    {
        HuffmanCode();                             //生成哈夫曼编码
    }
```

【说明】

例如，对 4 个权值分别为 3、5、1、7 的叶子节点执行哈夫曼树构造算法，其中数组 Huff 的变化及生成的哈夫曼树如图 5-15 所示。

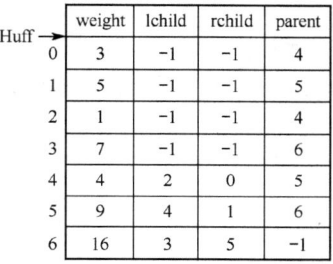
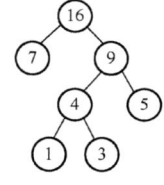

Huff	weight	lchild	rchild	parent
0	3	-1	-1	-1
1	5	-1	-1	-1
2	1	-1	-1	-1
3	7	-1	-1	-1
4	0	-1	-1	-1
5	0	-1	-1	-1
6	0	-1	-1	-1

（a）数组Huff初始化

Huff	weight	lchild	rchild	parent
0	3	-1	-1	4
1	5	-1	-1	5
2	1	-1	-1	4
3	7	-1	-1	6
4	4	2	0	5
5	9	4	1	6
6	16	3	5	-1

（b）生成哈夫曼树后的数组Huff

（c）数组Huff对应的哈夫曼树

图 5-15　数组 Huff 的变化及生成的哈夫曼树

对如图 5-15（a）所示的 4 个叶子节点（其权值分别为 3、5、1、7）执行哈夫曼编码算法之后的数组 HuffCode 如图 5-16 所示。

Huffcode	weight	bit										start
		0	1	2	3	4	5	6	7	8	9	
0	3								1	0	1	6
1	5									1	1	7
2	1								1	0	0	6
3	7									0		8

图 5-16　执行哈夫曼编码算法之后的数组 HuffCode

程序执行过程如下：

```
    Input numbers of leaf :
4↙
```

```
Input 1~n value of leaf :
3 5 1 7↙

    Huff weight    lchild    rchild    parent
     0     3         -1        -1        4
     1     5         -1        -1        5
     2     1         -1        -1        4
     3     7         -1        -1        6
     4     4          2         0        5
     5     9          4         1        6
     6    16          3         5       -1
HuffCode weight    bit
     0     3        101
     1     5        11
     2     1        100
     3     7        0
Press any key to continue
```

5. 思考题

压缩存储的一种方法是统计字符（假定仅为 26 个英文字母）的使用频率之后，再按照每个字符出现的频率进行哈夫曼编码。试设计一个程序，将输入的串转化为对应的哈夫曼编码（二进制码）序列，然后对该序列进行解码，并恢复为原串。

第 6 章

图

图形结构是一种比树形结构更复杂的非线性结构。在图形结构中，任意两个节点之间都可能相关，即节点与节点之间的邻接关系可以是任意的。

6.1 图的概念

图（Graph）由非空的顶点集合 V 与描述顶点之间关系的边（或者弧）的集合 E 组成，其形式化定义为

$$G = (V, E)$$

若图 G 中的每条边都是没有方向的，则称 G 为无向图，无向图中的边是图中顶点的无序偶对。无序偶对通常用圆括号"( )"表示。例如，顶点偶对(v_i,v_j)表示顶点 v_i 和顶点 v_j 相连的边，并且(v_i,v_j)与(v_j,v_i)表示同一条边。

若图 G 中的每条边都是有方向的，则称 G 为有向图。有向图中的边是图中顶点的有序偶对，有序偶对通常用尖括号"< >"表示。例如，顶点偶对$<v_i,v_j>$表示从顶点 v_i 指向顶点 v_j 的一条有向边，其中，顶点 v_i 称为有向边$<v_i,v_j>$的起点，顶点 v_j 称为有向边$<v_i,v_j>$的终点。有向边也称为弧，对弧$<v_i,v_j>$来说，v_i 为弧的起点，称为弧尾；v_j 为弧的终点，称为弧头。

在此仅讨论简单的图，即不考虑顶点到其自身的边。也就是说，若(v_i,v_j)或$<v_i,v_j>$是图 G 的一条边，则有 $v_i \neq v_j$。此外，也不讨论一条边在图中重复出现的情况。

如图 6-1（a）所示，G_1 是一个无向图，即

$$G_1 = (V_1, E_1)$$

其中，

$$V_1 = \{v_1, v_2, v_3, v_4\}$$
$$E_1 = \{(v_1,v_2),(v_1,v_4),(v_2,v_4),(v_3,v_4)\}$$

如图 6-1（b）所示，G_2 是一个有向图，即

$$G_2 = (V_2, E_2)$$

其中，

$$V_2 = \{v_1, v_2, v_3, v_4, v_5\}$$
$$E_2 = \{<v_1,v_3>,<v_1,v_5>,<v_2,v_1>,<v_4,v_2>,<v_4,v_3>,<v_5,v_2>\}$$

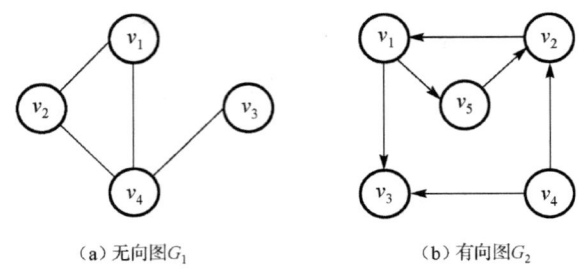

（a）无向图G_1　　　　　　（b）有向图G_2

图 6-1　图

若(v_i,v_j)是一条无向边，则顶点 v_i 和顶点 v_j 互为邻接点，或者称 v_i 与 v_j 相邻接，并称边(v_i,v_j)依附于顶点 v_i 和顶点 v_j。若$<v_i,v_j>$是一条有向边，则称顶点 v_i 邻接到顶点 v_j，顶点 v_j 邻接于顶点 v_i，并称边$<v_i,v_j>$依附于顶点 v_i 和顶点 v_j。

6.2　图的基本术语

（1）无向完全图：若一个无向图具有 n 个顶点且每个顶点与其他 $n-1$ 个顶点之间都有边存在，即任意两个顶点之间都有一条边连接，则将该图称为无向完全图。显然，含有 n 个顶点的无向完全图共有 $\dfrac{n(n-1)}{2}$ 条边。

（2）有向完全图：在有 n 个顶点的有向图中，若任意两个顶点之间都有方向相反的两条弧存在，则将该图称为有向完全图。显然，含有 n 个顶点的有向完全图共有 $n(n-1)$ 条弧。

（3）顶点的度、入度和出度：顶点的度是指依附于某个顶点 v 的边数，通常记为 $D(v)$。在有向图中，要区别顶点的入度和出度的概念。顶点 v 的入度是指以顶点 v 为终点的弧的个数，记为 $\mathrm{ID}(v)$；顶点 v 的出度是指以顶点 v 为起点的弧的个数，记为 $\mathrm{OD}(v)$。在有向图中，顶点 v 的度定义为该顶点的入度和出度之和，即 $D(v) = \mathrm{ID}(v)+\mathrm{OD}(v)$。

例如，在如图 6-1（a）所示的无向图中：

$$D(v_1) = 2,\ D(v_2) = 2,\ D(v_3) = 1,\ D(v_4) = 3$$

在如图 6-1（b）所示的有向图中：

$$D(v_1) = \mathrm{ID}(v_1)+\mathrm{OD}(v_1) = 1+2 = 3$$
$$D(v_2) = \mathrm{ID}(v_2)+\mathrm{OD}(v_2) = 2+1 = 3$$
$$D(v_3) = \mathrm{ID}(v_3)+\mathrm{OD}(v_3) = 2+0 = 2$$
$$D(v_4) = \mathrm{ID}(v_4)+\mathrm{OD}(v_4) = 0+2 = 2$$
$$D(v_5) = \mathrm{ID}(v_5)+\mathrm{OD}(v_5) = 1+1 = 2$$

无论是无向图还是有向图，一个图的顶点个数 n、边数 e 和各顶点的度之间存在如下关系：

$$e = \frac{1}{2}\sum_{i=1}^{n}D(v_i)$$

（4）路径、路径长度：若 G 为无向图，则从顶点 v_p 到顶点 v_q 的路径是指存在一个顶点序列 $v_p,v_{i1},v_{i2},\cdots,v_{in},v_q$，使$(v_p,v_{i1}),(v_{i1},v_{i2}),\cdots,(v_{in},v_q)$分别为图 G 中的边；若 G 为有向图，

则其路径也是有方向的,它由图 G 中的有向边$<v_p,v_{i1}>,<v_{i1},v_{i2}>,\cdots,<v_{in},v_q>$组成,即路径是由顶点和相邻顶点序偶构成的边所形成的序列。路径长度是路径上边或弧的个数。例如,在如图 6-1(a)所示的无向图 G_1 中,$v_1 \rightarrow v_2 \rightarrow v_4 \rightarrow v_3$ 和 $v_1 \rightarrow v_4 \rightarrow v_3$ 是从顶点 v_1 到顶点 v_3 的两条路径,其路径长度分别为 3 和 2。在带权图(网)中,路径长度为路径上边或弧的权值之和。

(5)回路、简单路径、简单回路:若一条路径上的起点和终点相同,则称该路径为回路或环。若路径中的顶点不重复出现,则称该路径为简单路径。上面提到的顶点 v_1 到顶点 v_3 的两条路径都是简单路径。除了第一个顶点和最后一个顶点,其他顶点不重复出现的回路称为简单回路或简单环。在如图 6-1(b)所示的 $v_1 \rightarrow v_5 \rightarrow v_2 \rightarrow v_1$ 就是一个简单回路。

(6)子图:对图 $G = (V, E)$和图 $G' = (V', E')$,若存在 V' 是 V 的子集,E' 是 E 的子集,并且 E' 中的边都依附于 V' 中的顶点,则称图 G' 是 G 的一个子图。图 6-2 所示的 G_1' 与 G_2' 是如图 6-1 所示 G_1 和 G_2 的两个子图。

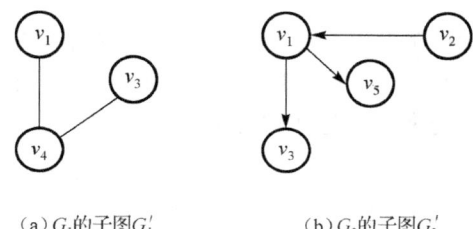

(a)G_1的子图G_1' (b)G_2的子图G_2'

图 6-2 G_1 和 G_2 的两个子图 G_1' 与 G_2'

(7)连通、连通图和连通分量:在无向图中,若从顶点 v_i 到另一个顶点 v_j($i \neq j$)有路径,则称顶点 v_i 和顶点 v_j 是连通的。若图中任意两个顶点都是连通的,则称该图是连通图。无向图的极大连通子图称为连通分量。显然,任何连通图的连通分量只有一个,即其自身;而非连通图则有多个连通分量。

例如,图 6-1(a)所示的 G_1 就是一个连通图,而图 6-3(a)所示的 G_3 是非连通图,并且 G_3 有如图 6-3(b)和图 6-3(c)所示的两个连通分量。

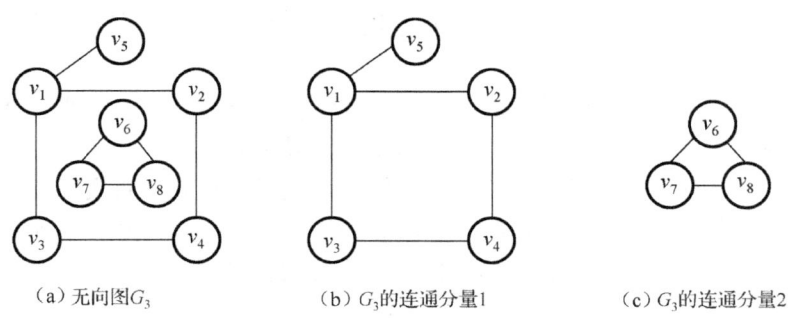

(a)无向图G_3 (b)G_3的连通分量1 (c)G_3的连通分量2

图 6-3 无向图及其连通分量

(8)强连通、强连通图和强连通分量:在有向图中,若从顶点 v_i 到另一个顶点 v_j($i \neq j$)有路径,则称顶点 v_i 到顶点 v_j 是连通的。若图中任意一对顶点 v_i 和 v_j($i \neq j$)均有

从顶点 v_i 到顶点 v_j 的路径，也有从顶点 v_j 到顶点 v_i 的路径，则称该有向图是强连通图。有向图的极大强连通子图称为强连通分量。显然，任何强连通图的强连通分量只有一个，即其自身；而非强连通图则有多个强连通分量。

例如，如图 6-4（a）所示，G_4 不是强连通图，它有 3 个强连通分量，如图 6-4（b）、图 6-4（c）和图 6-4（d）所示。

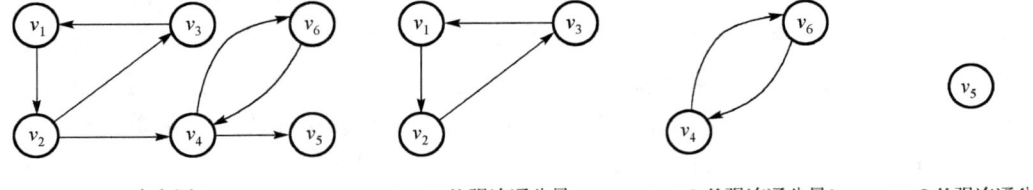

图 6-4 有向图 G_4 及其强连通分量

（9）生成树：一个连通图的生成树是一个极小连通子图，它含有图中全部 n 个顶点，但只有连接这 n 个顶点的 $n-1$ 条边。图 6-3（b）所示 G_3 的连通分量 1 的两棵生成树如图 6-5 所示。由此可以看出，一个连通图的生成树可能不唯一。

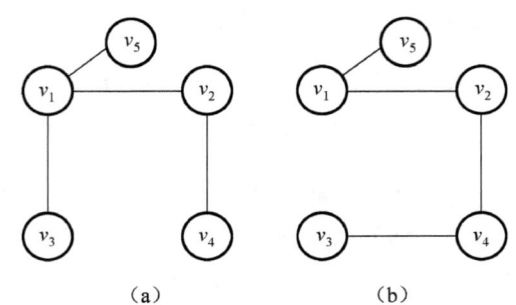

图 6-5 图 6-3（b）所示 G_3 的连通分量 1 的两棵生成树

对于一个包含 n 个顶点的无向图，若边数小于 $n-1$，则一定是非连通图；若它的边数大于 $n-1$，则一定有环。因此，一棵包含 n 个顶点的生成树有且仅有 $n-1$ 条边，但有 $n-1$ 条边的图不一定是生成树。

（10）生成森林：在非连通图中，每个连通分量都可以得到一个极小连通子图，即一棵生成树，这些生成树就构成了这个非连通图的生成森林。

（11）带权图和网：在实际应用中，图的每条边或弧具有某种有实际意义的数值，这种与边或弧相关的数值称为权。通常，权可以表示从一个顶点到另一个顶点的距离、代价、时间和费用等。将每条边或弧都带权的图称为带权图（网）。

6.3 邻接矩阵

所谓邻接矩阵存储结构，就是用一维数组存储图中顶点的信息，并用矩阵来表示图中各顶点之间的邻接关系。假设图 $G=(V, E)$ 有 n 个顶点，即 $V=\{v_0,v_1,\cdots,v_{n-1}\}$，则 G 中各顶

点之间的相邻关系需要用一个 $n \times n$ 的矩阵表示，并且矩阵元素为

$$A[i][j]=\begin{cases} 1 & 若(v_i,v_j)或<v_i,v_j>是E中的边 \\ 0 & 若(v_i,v_j)或<v_i,v_j>不是E中的边 \end{cases}$$

若 G 是带权图（网），则邻接矩阵可以定义为

$$A[i][j]=\begin{cases} w_{ij} & 若(v_i,v_j)或<v_i,v_j>是E中的边 \\ 0\ 或\ \infty & 若(v_i,v_j)或<v_i,v_j>不是E中的边 \end{cases}$$

其中，w_{ij} 表示 (v_i,v_j) 或 $<v_i,v_j>$ 上的权值；∞ 表示计算机上所允许的大于所有边上权值的数值。无向图及其邻接矩阵如图 6-6 所示。

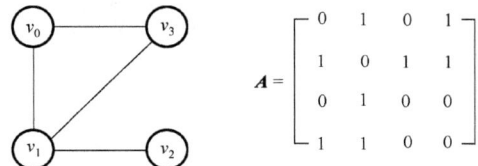

图 6-6　无向图及其邻接矩阵

有向图及其邻接矩阵如图 6-7 所示。

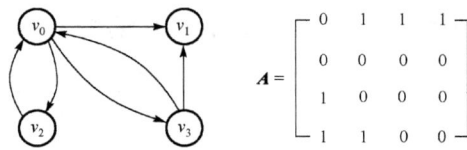

图 6-7　有向图及其邻接矩阵

带权图及其邻接矩阵如图 6-8 所示。

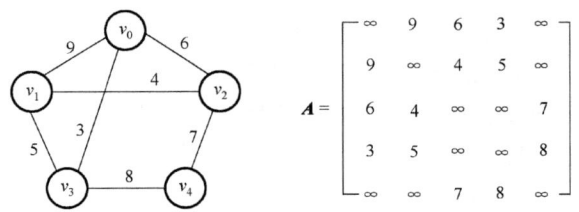

图 6-8　带权图及其邻接矩阵

从图的邻接矩阵可以看出以下特点。

（1）无向图（包括带权图）的邻接矩阵一定是一个按对角线对称的对称矩阵。因此，在具体存放邻接矩阵时存放上（或下）三角矩阵的元素即可。

（2）对于无向图，邻接矩阵的第 i 行或第 i 列的非零元素（或非 ∞ 元素）的个数正好是第 i 个顶点的度 $D(v_i)$。

（3）对于有向图，邻接矩阵的第 i 行非零元素（或非 ∞ 元素）的个数正好是第 i 个顶点的出度 $OD(v_i)$，第 i 列非零元素（或非 ∞ 元素）的个数正好是第 i 个顶点的入度 $ID(v_i)$。

（4）用邻接矩阵存储图，很容易确定图中任意两个顶点之间是否有边相连。但是，若

要确定图中具体有多少条边,则必须按行、按列对每个元素进行查找后方能确定,因此花费的时间代价较大,这也是用邻接矩阵存储图的局限性。

在采用邻接矩阵方式表示图时,除了用一个二维数组存储用于表示顶点相邻关系的邻接矩阵,还需要用一个一维数组存储顶点信息。因此,一个图在顺序存储结构下的类型定义如下:

```
typedef struct
{
    char vertex[MAXSIZE];               //顶点为字符型,并且顶点表的长度小于MAXSIZE
    int edges[MAXSIZE][MAXSIZE];        //边为整型,并且edges为邻接矩阵
}MGraph;                                //MGraph为采用邻接矩阵存储的图类型
```

6.4 邻接表

邻接表是图的一种顺序存储与链式存储相结合的存储方法。邻接表表示法与树的孩子表示法类似。也就是说,对于图 G 中的每个顶点 v_i,将所有邻接于 v_i 的顶点 v_j 链成一个单链表,这个单链表就称为顶点 v_i 的邻接表;然后将所有顶点的邻接表头指针放入一个一维数组中,就构成了图的邻接表。用邻接表表示的图有两种结构,如图 6-9 所示。

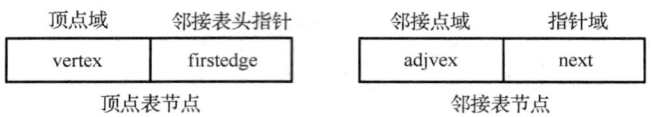

图 6-9 邻接表表示图的两种结构

一种是用一维数组表示的顶点表节点(即数组元素),由顶点域(vertex)和指向该顶点第一条邻接边的指针域(firstedge)(这个指针指向该顶点的邻接表)构成;另一种是邻接表节点(边节点),由邻接点域(adjvex)和指向下一条邻接边的指针域(next)构成。对带权图(网)的邻接表节点则需要增加能够存储边上权值信息的一个域。因此,带权图的邻接表节点结构如图 6-10 所示。

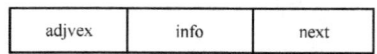

图 6-10 带权图的邻接表节点结构

图 6-6 所示的无向图对应的邻接表表示如图 6-11 所示。

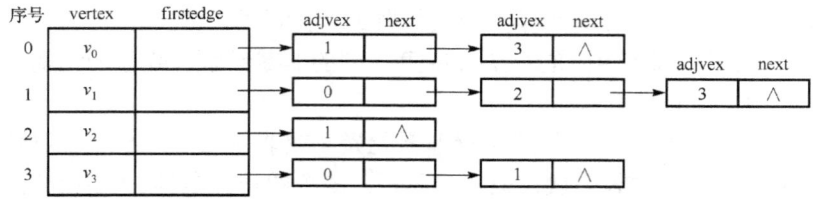

图 6-11 图 6-6 所示的无向图对应的邻接表表示

邻接表表示的类型定义如下：

```
typedef struct node                //邻接表节点
{
    int adjvex;                    //邻接点域
    struct node *next;             //指向下一个邻接边节点的指针域
}EdgeNode;                         //邻接表节点类型
typedef struct vnode               //顶点表节点
{
    int vertex;                    //顶点域
    EdgeNode *firstedge;           //指向邻接表第一个邻接边节点的指针域
}VertexNode;                       //顶点表节点类型
```

6.5 图的遍历

图的遍历是指从图中的任意一个顶点出发，按照事先确定的某种搜索方法依次对图中所有的顶点进行访问且仅访问一次的过程。

1. 深度优先搜索

深度优先搜索图中顶点的次序是沿着一条路径尽量向纵深发展。深度优先搜索的基本思想如下：假设初始状态是图中所有顶点都未曾访问过的，则深度优先搜索可以从图中的某个顶点 v 出发，即先访问 v，然后依次从 v 未曾访问过的邻接点出发，继续深度优先搜索图，直至图中所有和 v 有路径相通的顶点都被访问过。若此时图中尚有顶点未被访问过，则另选一个未曾访问过的顶点作为起始点，重复上述深度优先搜索的过程，直到图中的所有顶点都被访问过为止。

2. 广度优先搜索

广度优先搜索遍历图与树的按层次遍历类似。广度优先搜索的基本思想如下：从图中的某个顶点 v 出发，访问顶点 v 后再依次访问与 v 邻接的未曾访问过的其余邻接边节点 $v_1,v_2,\cdots,v_k$；接下来按照上述方法访问与 v_1 邻接的未曾访问过的各邻接边节点、与 v_2 邻接的未曾访问过的各邻接边节点，直至与 v_k 邻接的未曾访问过的各邻接边节点，这样逐层访问，直至图中的全部顶点都被访问过。广度优先搜索遍历图的特点是尽可能先进行横向搜索，即先访问的顶点其邻接边节点也先访问，后访问的顶点其邻接边节点也后访问。

6.6 图的连通性问题

判断图的连通性是图的一个应用问题，可以利用图的遍历算法来求解这个问题。

1. 无向图的连通性

在对无向图进行遍历时，对连通图仅需要从图中任意一个顶点出发进行深度优先搜索或广度优先搜索，就可以访问到图中的所有顶点；对于非连通图，则需要由不连通的多个顶点开始进行搜索，并且每次从一个新的顶点出发进行搜索所得到的顶点访问序列，就是包含该出发顶点的这个连通分量中的顶点集。

2. 有向图的连通性

有向图的连通性不同于无向图的连通性，对有向图强连通性及强连通分量的判断可以通过以十字链表为存储结构的有向图进行深度优先搜索来实现。

6.7 生成树与最小生成树

对于连通的无向图和强连通的有向图 $G=(V, E)$，如果从图中任意一个顶点出发遍历图时，必然会将图中边的集合 $E(G)$ 分为两个子集 $T(G)$ 和 $B(G)$，其中，$T(G)$ 为遍历过程中所经过的边的集合，而 $B(G)$ 为遍历过程中未经过的边的集合。显然，$T(G)$ 和图 G 中的所有顶点一起构成了连通图 G 的一个极小连通子图，即 $G'=(V, T)$ 是 G 的一个子图。按照生成树的定义，图 G' 为图 G 的一棵生成树。

连通图的生成树不是唯一的。从不同的顶点出发进行图的遍历，或者虽然从图的同一个顶点出发但图的存储结构不同都可能得到不同的生成树。当一个连通图具有 n 个顶点时，该连通图的生成树就包含图中的全部 n 个顶点，但仅有连接这 n 个顶点的 $n-1$ 条边。生成树不具有回路，如果在生成树 $G'=(V, T)$ 中任意添加一条属于 $B(G)$ 的边则必定产生回路。

将由深度优先搜索遍历图所得到的生成树称为深度优先生成树，将由广度优先搜索遍历图所得到的生成树称为广度优先生成树。由如图 6-12（a）所示的无向图得到的深度优先生成树和广度优先生成树如图 6-12（b）、图 6-12（c）所示，图中的虚线为集合 $B(G)$ 中的边，而实线为集合 $T(G)$ 中的边。

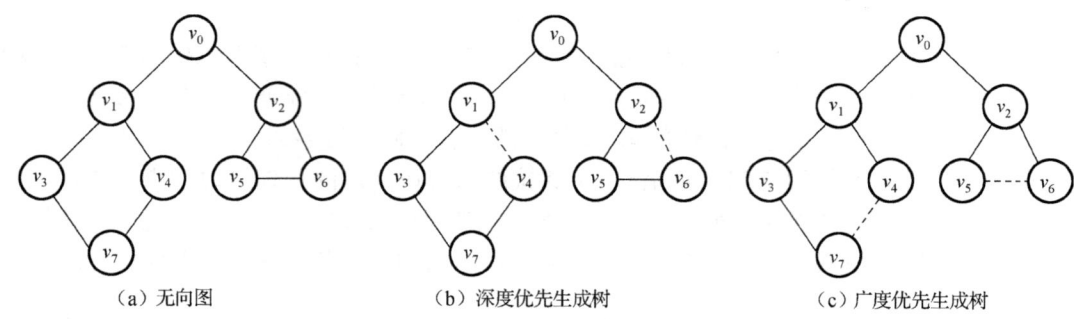

图 6-12　无向图及其生成树

采用相同的存储结构但从不同的顶点出发可能会得到不同的生成树，采用不同的存储结构从同一个顶点出发也可能得到不同的生成树，此即生成树的不唯一性。而在连通网中，边是带有权值的，则连通网的生成树的各条边也是带权值的，我们把生成树各条边权值的总和称为生成树的权。对无向连通图构成的连通网，它的所有生成树中必有一棵边的权值总和为最小的生成树，将这棵生成树称为最小生成树。

构造最小生成树必须解决好以下两个问题。

（1）尽可能选取权值小的边，但不能构成回路。

（2）选取合适的 $n-1$ 条边将连通网中的 n 个顶点连接起来。

1. 构造最小生成树的 Prim 算法

Prim（普里姆）算法如下：假设 $G=(V, E)$ 为连通网，其中，V 为网中所有顶点的集合，E 为网中所有带权边的集合。设置两个新的集合 U 和 T，其中，集合 U 用于存放 G 的最小生成树中的顶点，集合 T 存放 G 的最小生成树中的边。令集合 U 的初值为 $U=\{u_0\}$（假设构造最小生成树时是从顶点 u_0 出发的），集合 T 的初值为 $T=\{\ \}$。Prim 算法的思想如下：在连通网中寻找一个顶点落入集合 U，另外一个顶点落入集合 $V-U$，并且将权值最小的边加入集合 T 中，而且将该边属于集合 $V-U$ 的这个顶点加入集合 U 中，然后继续上述寻找一个顶点在集合 U 而另一个顶点在集合 $V-U$ 且权值最小的边，将其放入集合 T 中；如此不断重复直到 $U=V$ 时，最小生成树就已经生成，这时集合 T 中包含了最小生成树中的所有边。

2. 构造最小生成树的 Kruskal 算法

Kruskal（克鲁斯卡尔）算法按照连通网中边的权值递增的顺序构造最小生成树。Kruskal 算法的基本思想如下：假设连通网 $G=(V, E)$，令最小生成树的初始状态为只有 n 个顶点而无边的非连通图，即 $T=(V,\{\ \})$，图中每个顶点自成一个连通分量。在集合 E 中选择权值最小的边，若该边依附的顶点落在集合 T 不同的连通分量中，则将此边加入集合 T 中；否则，舍去此边而选择下一条权值最小的边；以此类推，直到集合 T 中所有顶点都在同一个连通分量中（此时含有 $n-1$ 边）为止，这时的集合 T 就是一棵最小生成树。

需要注意的是，初始时集合 T 的连通分量为顶点个数 n，在每次选取最小权值的边加入集合 T 时，一定要保证使集合 T 的连通分量减 1，也就是选取最小权值的边所连接的两个顶点必须位于不同的连通分量中，否则舍去此边而选取下一条最小权值的边。

6.8 最短路径

在带权图（网）中求点 A 到点 B 所有路径中边的权值之和为最短的那一条路径，这条路径就是两点之间的最短路径，并将路径上的第一个顶点称为源点（Source），最后一个顶点称为终点（Destination）。在无权图中，最短路径则是指两点之间经历的边数最少的路径。实际上，只要把无权图中的每条边都看作权值为 1 的边，那么无权图和带权图的最短路径是一致的。

1. 从一个源点到其他各顶点的最短路径

给定一个带权有向图 $G=(V, E)$，指定图 G 中的某个顶点 v 为源点，求从 v 到其他各顶点之间的最短路径，这个问题称为单源点最短路径问题。

迪杰斯特拉（Dijkstra）根据若按长度递增的次序生成从源点 v_0 到其他顶点的最短路径，则当前正在生成的最短路径上除了终点，其余顶点的最短路径均已生成这一思想，提出了按路径长度递增的次序产生最短路径的算法（在此，路径长度为路径上边或弧的权值之和）。Dijkstra 算法的思想如下：对带权有向图 $G=(V, E)$，设置两个顶点集合 S 和 $T=V-S$，凡是以 v_0 为源点并且已确定了最短路径的终点（顶点）都并入集合 S，集合 S 的初态只含有源点 v_0，而未确定其最短路径的顶点均属于集合 T，初态时集合 T 包含除了源点 v_0 的其余顶点。按照各顶点与 v_0 之间最短路径长度递增的次序，逐个把集合 T 中的顶点加入集合 S 中，使从源点 v_0 到集合 S 中各顶点的路径长度始终不大于 v_0 到集合 T 中各顶点的路径长度。另外，集合 S 中每加入一个新的顶点 u，都要修改源点 v_0 到集合 T 中剩余顶点的最短路径长度。也就是说，集合 T 中各顶点 v 新的最短路径长度值是原来最短路径长度值和顶点 u 的最短路径长度值加上顶点 u 到顶点 v 的路径长度值之和这二者中的较小值。这种把集合 T 中的顶点加入集合 S 中的过程不断重复，直到集合 T 中的顶点全部加入集合 S 中为止。

2. 每对顶点之间的最短路径

要找每对顶点之间的最短路径，可以采取如下方法：每次以一个顶点为源点执行 Dijkstra 算法，n 个顶点共重复执行 n 次 Dijkstra 算法，这样就可以求得每对顶点的最短路径。该问题的另一种解法是 Floyd（弗洛伊德）算法，但形式上却相对简单。

Floyd 算法的思想可以描述成如下形式：

$$\begin{cases} A_{-1}[i][j]=gm[i][j] \\ A_{k+1}[i][j]=\min\{A_k[i][j], A_k[i][k+1]+A_k[k+1][j]\} \end{cases} \quad -1 \leq k \leq n-2$$

该式是一个迭代公式，A_k 表示已考虑顶点 $0,1,\cdots,k$ 等 $k+1$ 个顶点之后各顶点之间的最短路径，即 $A_k[i][j]$ 表示由 v_i 到 v_j 已考虑顶点 $0,1,\cdots,k$ 等 $k+1$ 个顶点的最短路径，在此基础上再考虑顶点 $k+1$，并求出各顶点在考虑了顶点 $k+1$ 之后的最短路径，即得到 A_{k+1}。每迭代一次，在从 v_i 到 v_j 的最短路径上就多考虑了一个顶点；经过 n 次迭代之后所得到的 $A_{n-1}[i][j]$，就是考虑所有顶点后从 v_i 到 v_j 的最短路径，也就是最终的解。

若 $A_k[i][j]$ 已经求出，并且顶点 i 到顶点 j 的路径长度为 $A_k[i][j]$，顶点 i 到顶点 $k+1$ 的路径长度为 $A_k[i][k+1]$，顶点 $k+1$ 到顶点 j 的路径长度为 $A_k[k+1][j]$。现在考虑顶点 $k+1$，如果 $A_k[i][k+1]+A_k[k+1][j] < A_k[i][j]$，则将原来顶点 i 到顶点 j 的路径改为顶点 i 到顶点 $k+1$，再由顶点 $k+1$ 到顶点 j，对应的路径长度为 $A_{k+1}[i][j]=A_k[i][k+1]+A_k[k+1][j]$；否则无须修改顶点 i 到顶点 j 的路径。

6.9 AOV 网与拓扑排序

1. AOV 网

一项大的工程通常被划分为许多较小的子工程，这些较小的子工程被称为活动，当这些子工程完成时整个工程也就完成了。可以用有向图来描述工程，即在有向图中以顶点来表示活动，用有向边（弧）表示活动之间的优先关系，并将这样的有向图称为以顶点表示活动的网（Activity On Vertex Network），简称 AOV 网。

在 AOV 网中，若顶点 v_i 和顶点 v_j 之间存在一条有向路径，则称顶点 v_i 是顶点 v_j 的前驱，顶点 v_j 是顶点 v_i 的后继。若<v_i,v_j>是网中的一条弧，则称顶点 v_i 是顶点 v_j 的直接前驱，顶点 v_j 是顶点 v_i 的直接后继。AOV 网中的弧表示活动之间的优先关系，即前后制约关系。

2. 拓扑排序

拓扑排序就是将 AOV 网中的所有顶点排成一个线性序列，该线性序列满足下述性质。

（1）在 AOV 网中，若顶点 v_i 和顶点 v_j 之间有一条路径，则在该线性序列中顶点 v_i 必定在顶点 v_j 之前。

（2）对于网中没有路径的顶点 v_i 与顶点 v_j，在线性序列中也建立了一个先后关系：或者顶点 v_i 优先于顶点 v_j，或者顶点 v_j 优先于顶点 v_i。

构造拓扑序列的过程称为拓扑排序，拓扑排序的序列可能不是唯一的。若某个 AOV 网中所有顶点都在其拓扑序列中，则说明该 AOV 网不存在回路。

3. 拓扑排序算法

假设 AOV 网代表一项工程计划，则 AOV 网的一个拓扑排序就是这个工程顺利完成的可行方案。AOV 网进行拓扑排序的算法如下。

（1）在 AOV 网中选择一个入度为 0（没有前驱）的顶点输出。

（2）删除 AOV 网中该顶点以及与该顶点有关的所有弧。

（3）重复步骤（1）、（2），直至网中不存在入度为 0 的顶点为止。

如果算法结束时所有顶点均已输出，则整个拓扑排序完成，并且说明 AOV 网中不存在回路；否则表明 AOV 网中存在回路。

为了实现拓扑排序算法，对 AOV 网采用邻接表存储结构，但是需要在邻接表的顶点表节点中增加一个记录顶点入度的数据域。顶点表节点结构如图 6-13 所示。

indegree	vertex	firstedge

图 6-13 顶点表节点结构

顶点表节点结构如下：

```
typedef struct vnode                //顶点表节点
{
    int indegree;                   //顶点入度
    int vertex;                     //顶点域
    EdgeNode *firstedge;            //指向邻接表第一个邻接边节点的指针域
}VertexNode;                        //顶点表节点类型
```

6.10 AOE 网与关键路径

1. AOE 网

在带权有向图 G 中，以顶点表示事件，以有向边表示活动，边上的权值表示该活动持续的时间，则此带权有向图称为用边表示活动的网，简称 AOE 网（Activity On Edge Network）。

如果用 AOE 网表示一项工程计划，那么顶点表示的事件实际上就是指该顶点所有进入边（到达该顶点的边）所表示的活动均已完成，而该顶点的出发边所表示的活动均可开始的一种状态。AOE 网中至少有一个开始顶点（称为源点），其入度为 0；同时应有一个结束顶点（称为终点），其出度为 0；网中不存在回路，否则整个工程将无法完成。

AOE 网具有以下两个性质。

（1）只有在某个顶点所代表的事件发生之后，从该顶点出发的各有向边（弧）所代表的活动才能开始。

（2）只有在进入某个顶点的各有向边（弧）所代表的活动都已经结束，该顶点所代表的事件才能发生。

与 AOV 网不同，AOE 网所关心的问题包括以下两点。

（1）完成该项工程至少需要多少时间？

（2）哪些活动是影响整个工程进度的关键？

2. 关键路径与关键路径的确定

由于 AOE 网中的某些活动能够并行进行，因此完成整个工程所需的时间是从源点到终点的最大路径长度（此处的路径长度是指该路径上的各个活动所需时间之和）。具有最大路径长度的路径称为关键路径，关键路径上的所有活动均是关键活动，关键路径长度是整个工程的最短工期。缩短关键活动的时间可以缩短整个工程的工期。

利用 AOE 网进行工程管理需要解决如下问题。

（1）计算完成整个工程的最短周期。

（2）确定关键路径，以便找出哪些活动是影响工程进度的关键。

下面对涉及关键活动的计算进行介绍。

1）顶点事件的最早发生时间 ve[k]

ve[k]是指从源点 v_0 到顶点 v_k 的最大路径长度（时间），这个时间决定了所有从顶点 v_k 出发的弧所代表的活动能够开工的最早时间。根据 AOE 网的性质可知，只有进入 v_k 的所有活动<v_j,v_k>都结束时，v_k 代表的事件才能发生；而活动<v_j,v_k>的最早结束时间为 ve[j]+dut<v_j,v_k>。因此，计算 v_k 的最早发生时间的公式为

$$\begin{cases} ve[0]=0 \\ ve[k]=\max\{ve[j]+dut(<v_j,v_k>)\} \end{cases} \quad <v_j,v_k>\in p[k],\ 0\leqslant j<n-1$$

其中，$p[k]$ 表示所有到达 v_k 的有向边的集合，dut<v_j,v_k>为弧<v_j,v_k>上的权值。

2）顶点事件的最迟发生时间 vl[k]

vl[k]是指在不推迟整个工程完成时间的前提下，事件 v_k 所允许的最晚发生时间。对一项工程来说，计划用多长时间完成可以根据 AOE 网求得，其数值为终点 v_{n-1} 的最早发生时间 ve[n-1]，而这个时间是 vl[n-1]；其余顶点事件的 vl 则应从终点开始逐步向源点方向递推求得。因此，vl[k]的计算公式为

$$\begin{cases} vl[n-1] = ve[n-1] \\ vl[k] = \min\{vl[j] - dut(<v_k, v_j>)\} \end{cases} \quad <v_k, v_j> \in s[k], \quad 0 \leq j < n-1$$

其中，s[k]为所有从 v_k 出发的弧的集合。显然，vl[j]的计算必须在顶点 v_j 的所有后继顶点的最迟发生时间全部求出之后才能进行。

3）边活动 a_i 的最早开始时间 e[i]

e[i]是指该边所表示活动的 a_i 的最早开工时间。若活动 a_i 由弧$<v_k,v_j>$表示，则根据 AOE 网的性质可知，只有事件 v_k 发生了，活动 a_i 才能开始。也就是说，活动 a_i 的最早开始时间应等于顶点事件 v_k 的最早发生时间，即有

$$e[i] = ve[k]$$

4）边活动 a_i 的最晚开始时间 l[i]

l[i]是指在不推迟整个工程的完成时间的前提下所允许的该活动最晚开始的时间。若活动 a_i 由弧$<v_k,v_j>$表示，则 a_i 的最晚开始时间要保证事件 v_j 的最迟发生时间不拖后，即有

$$l[i] = vl[j] - dut(<v_k, v_j>)$$

活动 a_i 的最晚开始时间 l[i]和最早开始时间 e[i]的差额为 d[i]=l[i]-e[i]，其是该活动 a_i 完成时间的余量，是在不增加整个工程完成时间的情况下，活动 a_i 可以延迟的时间。若 e[i]=l[i]，则表明活动 a_i 最早可开工时间与整个工程计划允许活动 a_i 的最晚开工时间一致，即施工时间不允许拖延，否则将延误工期，这也说明了活动 a_i 是关键活动。

由关键活动组成的路径就是关键路径。按照上述计算关键活动的方法，就可以求出 AOE 网的关键路径。

实验 1 建立无向图的邻接矩阵

1. 实验目的

了解图及无向图的有关概念，熟悉无向图的邻接矩阵存储结构，掌握用邻接矩阵存储无向图的方法。

2. 实验内容

通过输入的顶点和边建立一个无向图的邻接矩阵。

3. 参考程序

```
#include<stdio.h>
#include<stdlib.h>
#define MAXSIZE 30
typedef struct
```

```c
{
    int vertex[MAXSIZE];                    //顶点为整型，并且顶点表长度小于MAXSIZE
    int edges[MAXSIZE][MAXSIZE];            //边为整型，并且edges为邻接矩阵
}MGraph;                                    //MGraph为采用邻接矩阵存储的图类型
void CreatMGraph(MGraph *g,int e,int n)
{                       //建立无向图的邻接矩阵g->edges，n为顶点个数，e为边数
    int i, j, k;
    printf("Input data of vertexs(0~n-1):\n");
    for(i=0;  i<n;  i++)
        g->vertex[i]=i;                     //以编号方式为每个顶点读入顶点信息
    for(i=0;  i<n;  i++)
        for(j=0;  j<n;  j++)
            g->edges[i][j]=0;               //初始化邻接矩阵
    for(k=1;  k<=e;  k++)                   //输入e条边
    {
        printf("Input edge of (i,j): ");
        scanf("%d,%d",&i,&j);
        g->edges[i][j]=1;
        g->edges[j][i]=1;
    }
}
void main()
{
    int i, j, n, e;
    MGraph *g;                              //建立指向采用邻接矩阵存储图类型指针
    g=(MGraph *)malloc(sizeof(MGraph));     //生成用邻接矩阵存储图的存储空间
    printf("Input size of MGraph: ");
    scanf("%d",&n);                         //输入邻接矩阵的大小
    printf("Input number of edge: ");
    scanf("%d",&e);                         //输入邻接矩阵的边数
    CreatMGraph(g,  e,  n);                 //生成存储图的邻接矩阵
    printf("Output MGraph:\n");
    for(i=0;  i<n;  i++)                    //输出存储图的邻接矩阵
    {
        for(j=0;  j<n;  j++)
            printf("%4d",g->edges[i][j]);
        printf("\n");
    }
}
```

【说明】

无向图及其邻接矩阵表示如图6-14所示。

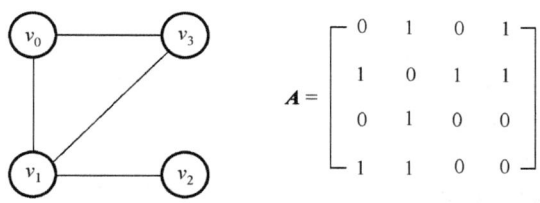

图 6-14 无向图及其邻接矩阵表示

对于如图 6-14 所示的无向图,程序执行过程如下:

```
输入：    Input size of MGraph: 4↙
          Input number of edge: 4↙
          Input data of vertexs(0~n-1):
          Input edge of(i,j): 0,1↙
          Input edge of(i,j): 0,3↙
          Input edge of(i,j): 1,3↙
          Input edge of(i,j): 1,2↙
输出：    Output MGraph:
          0 1 0 1
          1 0 1 1
          0 1 0 0
          1 1 0 0
          Press any key to continue
```

4. 思考题

如果无向图用邻接矩阵存储,那么该邻接矩阵是否是唯一的?

实验 2　图的深度优先搜索

1. 概述

深度优先搜索遍历图是一个递归过程,可以用递归算法实现。在算法中,为了避免在访问过某个顶点之后又沿着某条回路回到该顶点这种重复访问的情况出现,就必须在图的遍历过程中对每个访问过的顶点进行标识,这样才可以避免一个顶点被重复访问的情况出现。所以,在遍历算法中对 n 个顶点的图设置了一个长度为 n 的访问标志数组 visited[n],每个数组元素被初始化为 0,一旦某个顶点 i 被访问则相应的 visited[i]就置为 1 来作为访问过的标志。

2. 实验目的

了解图的深度优先搜索的概念,熟悉无向图邻接表存储结构,掌握通过无向图的邻接表对图进行深度优先搜索的方法。

3. 实验内容

先用邻接表存储一个无向图,然后对该图进行深度优先搜索。

4. 参考程序

```c
#include<stdio.h>
#include<stdlib.h>
#define MAXSIZE 30
typedef struct node                      //邻接表节点
{
   int adjvex;                           //邻接点域
   struct node *next;                    //指向下一个邻接边节点的指针域
}EdgeNode;                               //邻接表节点类型
typedef struct vnode                     //顶点表节点
{
   int vertex;                           //顶点域
   EdgeNode *firstedge;                  //指向邻接表第一个邻接边节点的指针域
}VertexNode;                             //顶点表节点类型
void CreatAdjlist(VertexNode g[],int e,int n)
{              //建立无向图的邻接表，n 为顶点个数，e 为边数，g[]存储 n 个顶点表节点
   EdgeNode *p;
   int i, j, k;
   printf("Input data of vertexs(0~n-1);\n");
   for(i=0;  i<n;  i++)                  //建立包含 n 个顶点的顶点表
   {
      g[i].vertex=i;                     //以编号方式为每个顶点读入顶点信息
      g[i].firstedge=NULL;               //对指向顶点 i 邻接表的头指针初始化
   }
   for(k=1;  k<=e;  k++)                 //输入 e 条边
   {
      printf("Input edge of (i,j): ");
      scanf("%d,%d",&i,&j);
      p=(EdgeNode *)malloc(sizeof(EdgeNode));
      p->adjvex=j;              //在顶点 i 的邻接表中添加邻接点为 j 的邻接表节点
      p->next=g[i].firstedge;            //插入是在邻接表表头进行的
      g[i].firstedge=p;
      p=(EdgeNode *)malloc(sizeof(EdgeNode));
      p->adjvex=i;              //在顶点 j 的邻接表中添加邻接点为 i 的邻接表节点
      p->next=g[j].firstedge;            //插入是在邻接表表头进行的
      g[j].firstedge=p;
   }
}
int visited[MAXSIZE];           //MAXSIZE 为大于或等于无向图顶点个数的常量
void DFS(VertexNode g[],  int i)         //用深度优先搜索方法遍历图中的顶点
{
   EdgeNode *p;
   printf("%4d",g[i].vertex);            //输出顶点 i 的信息，即访问顶点 i
   visited[i]=1;                         //置顶点 i 为访问过的标志
   p=g[i].firstedge; //根据顶点 i 的指针 firstedge 查找其邻接表第一个邻接边节点
   while(p!=NULL)                        //当邻接边节点不为空时
```

```c
    {
       if(!visited[p->adjvex])              //若邻接的这个边节点未被访问过
          DFS(g,  p->adjvex);               //对这个边节点进行深度优先搜索
       p=p->next;                           //继续查找顶点 i 的下一个邻接边节点
    }
}
void DFSTraverse(VertexNode g[],  int n)
{            //深度优先搜索遍历以邻接表存储的图,其中 g 为顶点表,n 为顶点个数
   int i;
   for(i=0;  i<n;  i++)                     //初始化所有顶点为未访问标志 0
      visited[i]=0;
   for(i=0;  i<n;  i++)   //对 n 个顶点的图查找未访问过的顶点,并由该顶点开始遍历
      if(!visited[i])                       //若 visited[i]等于 0,则顶点 i 未访问过
         DFS(g,  i);                        //从未访问过的顶点 i 开始遍历
}
void main()
{
   int e, n;
   VertexNode g[MAXSIZE];                   //定义顶点表节点类型数组 g
   printf("Input number of node:\n");
   scanf("%d",&n);                          //输入图中节点的个数
   printf("Input number of edge:\n");
   scanf("%d",&e);                          //输入图中边的条数
   printf("Make adjlist:\n");
   CreatAdjlist(g,  e,  n);                 //建立无向图的邻接表
   printf("DFSTraverse:\n");
   DFSTraverse(g,  n);                      //深度优先遍历以邻接表存储的无向图
   printf("\n");
}
```

【说明】

对于如图 6-14 所示的无向图,程序执行过程如下:

```
输入:         Input number of node:
              4✓
              Input number of edge:
              4✓
              Make adjlist:
              Input data of vertexs(0~n-1);
              Input edge of(i,j): 0,1✓
              Input edge of(i,j): 0,3✓
              Input edge of(i,j): 1,3✓
              Input edge of(i,j): 1,2✓

输出:         DFSTraverse:
                 0  3  1  2
              Press any key to continue
```

5. 思考题

是否可以用非递归方法实现图的深度优先搜索？如果可以，请尝试实现。

实验 3 图的广度优先搜索

1. 概述

为了实现图的广度优先搜索，必须引入队列结构来保存已访问过的顶点序列，即从指定的顶点开始，每访问一个顶点就使该顶点进入队尾，然后由队头取出一个顶点并访问该顶点的所有未被访问过的邻接边节点，并且使该邻接边节点进入队尾，如此进行下去，直到队空时为止，则图中所有由开始顶点所能到达的全部顶点均已访问过。

2. 实验目的

了解图的广度优先搜索的概念，进一步熟悉无向图邻接表存储结构，掌握通过无向图的邻接表对图进行广度优先搜索的方法。

3. 实验内容

用邻接表存储一个无向图，然后对该图进行广度优先搜索。

4. 参考程序

```c
#include<stdio.h>
#include<stdlib.h>
#define MAXSIZE 30
typedef struct node1                    //邻接表节点
{
   int adjvex;                          //邻接点域
   struct node1 *next;                  //指向下一个邻接边节点的指针域
}EdgeNode;                              //邻接表节点类型
typedef struct vnode                    //顶点表节点
{
   int vertex;                          //顶点域
   EdgeNode *firstedge;                 //指向邻接表第一个邻接边节点的指针域
}VertexNode;                            //顶点表节点类型
void CreatAdjlist(VertexNode g[],int e,int n)
{           //建立无向图的邻接表，n 为顶点个数，e 为边数，g[]存储 n 个顶点表节点
   EdgeNode *p;
   int i, j, k;
   printf("Input data of vertexs(0~n-1);\n");
   for(i=0;  i<n;  i++)                 //建立包含 n 个顶点的顶点表
   {
      g[i].vertex=i;                    //以编号方式为每个顶点读入顶点信息
      g[i].firstedge=NULL;              //对指向顶点 i 邻接表的头指针初始化
   }
   for(k=1;  k<=e;  k++)                //输入 e 条边
```

```c
        {
            printf("Input edge of (i,j): ");
            scanf("%d,%d",&i,&j);
            p=(EdgeNode *)malloc(sizeof(EdgeNode));
            p->adjvex=j;                //在顶点 i 的邻接表中添加邻接点为 j 的邻接表节点
            p->next=g[i].firstedge;     //插入是在邻接表表头进行的
            g[i].firstedge=p;
            p=(EdgeNode *)malloc(sizeof(EdgeNode));
            p->adjvex=i;                //在顶点 j 的邻接表中添加邻接点为 i 的邻接表节点
            p->next=g[j].firstedge;     //插入是在邻接表表头进行的
            g[j].firstedge=p;
        }
}
typedef struct node
{
    int data;
    struct node *next;
}QNode;                                 //链队列节点的类型
typedef struct
{
    QNode *front, *rear;    //将指向链队列的队头指针和队尾指针纳入一个结构体中
}LQueue;                                //仅含有链队列队头指针和队尾指针的节点类型
void Init_LQueue(LQueue **q)            //创建一个带头节点的空链队列
{                       //如果采用形参**q,则无须将指向队列的指针值返回给主调函数
    QNode *p;                           //定义指向链队列节点的指针变量 p
    *q=(LQueue *)malloc(sizeof(LQueue));
                        //申请一个仅包含链队列的队头指针和队尾指针的节点
    p=(QNode*)malloc(sizeof(QNode));//申请一个链队列节点作为链队列的队头节点
    p->next=NULL;               //如果是空链队列,则队头节点的 next 指针值为空
    (*q)->front=p;                      //链队列的队头指针 front 指向队头节点
    (*q)->rear=p;               //因为队列为空,所以链队列的队尾指针 rear 指向队头节点
}
int Empty_LQueue(LQueue *q)             //判队空
{
    if(q->front==q->rear)       //当队头指针变量值等于队尾指针变量值时,队为空
        return 1;                       //返回队空标志
    else                        //当队头指针变量值不等于队尾指针变量值时,队不空
        return 0;                       //返回队不空标志
}
void In_LQueue(LQueue *q,int x)         //入队
{
    QNode *p;
    p=(QNode *)malloc(sizeof(QNode));   //申请新链队列节点
    p->data=x;
    p->next=NULL;                       //新节点*p 作为队尾节点时其 next 域为空
    q->rear->next=p;                    //将新节点*p 链到原队尾节点之后
```

```c
        q->rear=p;                              //使队尾指针 rear 指向新队尾节点*p
}
void Out_LQueue(LQueue *q,int *x)    //出队
{
    QNode *p;
    if(Empty_LQueue(q))                  //队空时
        printf("Queue is empty!\n");     //输出出队失败信息
    else                                  //队非空时进行出队操作
    {
        p=q->front->next;                 //p 指向链队列第一个节点
        q->front->next=p->next;
             //头节点的 next 指向链队列第二个节点,即删除了链队列第一个节点
        *x=p->data;                       //将删除的节点值经由指针 x 返回给主调函数
        free(p);                          //回收被删节点的存储空间
        if(q->front->next==NULL)          //当节点出队后链队列变为空时
            q->rear=q->front;//置链队列的队头指针和队尾指针均指向头节点,即链队列为空
    }
}
int visited[MAXSIZE];                    //MAXSIZE 为大于或等于无向图顶点个数的常量
void BFS(VertexNode g[],LQueue *Q,int i)
{      //广度优先搜索遍历邻接表存储的图,g 为顶点表,Q 为队指针,i 为第 i 个顶点
    int j, *x=&j;
    EdgeNode *p;
    printf("%4d",g[i].vertex);           //输出顶点 i 的信息,即访问顶点 i
    visited[i]=1;                         //置顶点 i 为访问过的标志
    In_LQueue(Q, i);                      //顶点 i 入队 Q
    while(!Empty_LQueue(Q))               //当队 Q 非空时
    {
        Out_LQueue(Q, x);                 //队头顶点出队并送到 j(暂记为顶点 j)
        p=g[j].firstedge;                 //根据顶点 j 的头指针查找其邻接表第一个邻接边节点
        while(p!=NULL)
        {
            if(!visited[p->adjvex])       //如果邻接的这个边节点未被访问过
            {
                printf("%4d",g[p->adjvex].vertex);//输出该邻接边节点的顶点信息
                visited[p->adjvex]=1;     //置该邻接边节点为访问过的标志
                In_LQueue(Q, p->adjvex);  //将该邻接边节点送入队 Q
            }
            p=p->next;                    //在顶点 j 的邻接表中继续查找 j 的下一个邻接边节点
        }
    }
}
void main()
{
    int e, n;
    VertexNode g[MAXSIZE];               //定义顶点表节点类型数组 g
```

```
        LQueue *q;
        printf("Input number of node:\n");
        scanf("%d",&n);                    //输入图中节点的个数
        printf("Input number of edge:\n");
        scanf("%d",&e);                    //输入图中边的个数
        printf("Make adjlist:\n");
        CreatAdjlist(g, e, n);             //建立无向图的邻接表
        Init_LQueue(&q);                   //队列q初始化
        printf("BFSTraverse:\n");
        BFS(g, q, 0);                      //广度优先遍历以邻接表存储的无向图
        printf("\n");
    }
```

【说明】

对于如图 6-14 所示的无向图，程序执行过程如下：

```
    输入:        Input number of node:
                 4✓
                 Input number of edge:
                 4✓
                 Make adjlist:
                 Input data of vertexs(0~n-1):
                 Input edge of(i,j): 0,1✓
                 Input edge of(i,j): 0,3✓
                 Input edge of(i,j): 1,3✓
                 Input edge of(i,j): 1,2✓

    输出:        BFSTraverse:
                  0   3   1   2
                 Press any key to continue
```

5. 思考题

深度优先搜索和广度优先搜索的特点分别是什么？

实验 4　图的连通性

1. 概述

要想判断一个无向图是否是连通图，或者有几个连通分量，可以增加一个计数变量 count 并设其初值为 0，在深度优先搜索算法 DFSTraverse() 函数的第二个 for 循环中，每调用一次 DFS 就将 count 增加 1，这样，算法执行结束时的 count 值就是连通分量的个数。

2. 实验目的

了解图的连通性的概念，掌握通过深度优先搜索求无向图连通分量的方法。

3. 实验内容

用邻接表存储一个无向图，然后通过深度优先搜索求无向图的连通分量。

4. 参考程序

```c
#include<stdio.h>
#include<stdlib.h>
#define MAXSIZE 30
typedef struct node1                    //邻接表节点
{
   int adjvex;                          //邻接点域
   struct node1 *next;                  //指向下一个邻接边节点的指针域
}EdgeNode;                              //邻接表节点类型
typedef struct vnode                    //顶点表节点
{
   int vertex;                          //顶点域
   EdgeNode *firstedge;                 //指向邻接表第一个邻接边节点的指针域
}VertexNode;                            //顶点表节点类型
void CreatAdjlist(VertexNode g[],int e,int n)
{           //建立无向图的邻接表，n 为顶点个数，e 为边数，g[]存储 n 个顶点表节点
   EdgeNode *p;
   int i, j, k;
   printf("Input data of vertexs(0~n-1);\n");
   for(i=0; i<n; i++)                   //建立包含 n 个顶点的顶点表
   {
      g[i].vertex=i;                    //以编号方式为每个顶点读入顶点信息
      g[i].firstedge=NULL;              //对指向顶点 i 邻接表的头指针初始化
   }
   for(k=1; k<=e; k++)                  //输入 e 条边
   {
      printf("Input edge of (i,j): ");
      scanf("%d,%d",&i,&j);
      p=(EdgeNode *)malloc(sizeof(EdgeNode));
                                        //为邻接点 j 申请一个邻接表节点
      p->adjvex=j;          //在顶点 i 的邻接表中添加邻接点为 j 的邻接表节点
      p->next=g[i].firstedge;           //插入是在顶点 i 的邻接表表头进行的
      g[i].firstedge=p;
      p=(EdgeNode *)malloc(sizeof(EdgeNode));
                                        //为邻接点 i 申请一个邻接表节点
      p->adjvex=i;          //在顶点 j 的邻接表中添加邻接点为 i 的邻接表节点
      p->next=g[j].firstedge;           //插入是在顶点 j 的邻接表表头进行的
      g[j].firstedge=p;
   }
}
int visited[MAXSIZE];              //MAXSIZE 为大于或等于无向图顶点个数的常量
void DFS(VertexNode g[], int i)         //用深度优先搜索方法遍历图中的顶点
```

```c
{
    EdgeNode *p;
    printf("%4d",g[i].vertex);          //输出顶点 i 的信息,即访问顶点 i
    visited[i]=1;                        //置顶点 i 为访问过的标志
    p=g[i].firstedge;       //根据顶点 i 的头指针查找其邻接表的第一个邻接边节点
    while(p!=NULL)                       //当邻接边节点不为空时
    {
        if(!visited[p->adjvex])          //若邻接的这个边节点未被访问过
            DFS(g, p->adjvex);           //对这个边节点进行深度优先搜索
        p=p->next;                       //继续查找顶点 i 的下一个邻接边节点
    }
}
int count=0;                             //连通分量计数 count 的初值为 0
void ConnectEdge(VertexNode g[],int n)   //求图的连通分量
{           //深度优先搜索遍历以邻接表存储的图,其中 g 为顶点表,n 为顶点个数
    int i;
    for(i=0; i<n; i++)                   //初始化所有顶点为未访问标志 0
        visited[i]=0;
    for(i=0; i<n; i++)   //对 n 个顶点的图查找未访问过顶点并由该顶点开始遍历
        if(!visited[i])                  //如果 visited[i]等于 0,则顶点 i 未访问过
        {
            DFS(g, i);                   //从未访问过的顶点 i 开始遍历
            count++;         //一次 DFS 遍历结束即访问过一个连通分量,故 count 加 1
        }
}
void main()
{
    int e, n;
    VertexNode g[MAXSIZE];               //定义顶点表节点类型数组 g
    printf("Input number of node:\n");
    scanf("%d",&n);                      //输入图中节点的个数
    printf("Input number of edge:\n");
    scanf("%d",&e);                      //输入图中边的条数
    printf("Make adjlist:\n");
    CreatAdjlist(g, e, n);               //建立无向图的邻接表
    printf("DFSTraverse:\n");
    ConnectEdge(g, n);                   //求图的连通分量
    printf("\nNumber of connect is %d\n",count);     //输出连通分量
}
```

【说明】

无向图如图 6-15 所示。

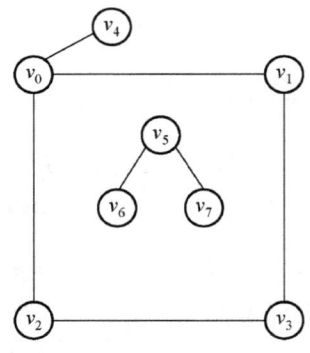

图 6-15 无向图

对于如图 6-15 所示的无向图,程序执行过程如下:

```
输入:    Input number of node:
         8↙
         Input number of edge:
         7↙
         Make adjlist:
         Input data of vertexs(0~n-1);
         Input edge of(i,j): 0,1↙
         Input edge of(i,j): 0,2↙
         Input edge of(i,j): 0,4↙
         Input edge of(i,j): 1,3↙
         Input edge of(i,j): 2,3↙
         Input edge of(i,j): 5,6↙
         Input edge of(i,j): 5,7↙

输出:    DFSTraverse:
            0    4    2    3    1    5    7    6
         Number of connect is 2
         Press any key to continue
```

实验 5 深度优先生成树

1. 实验目的

了解生成树的概念,掌握通过深度优先搜索求无向图生成树的方法。

2. 实验内容

用邻接表存储一个无向图,然后通过深度优先搜索求无向图的生成树。

3. 参考程序

深度优先生成树的求解可以通过在函数 DFS()中添加一条语句得到,因为在 DFS(g,i) 中递归调用 DFS(g,p->adjvex)时,i 是刚访问过顶点 v_i 的序号,而 p->adjvex 是 v_i 未被访问过且正准备访问的邻接边节点序号。所以，只要在函数 DFS() 的 if 语句中，在递归调用 DFS(g,p->adjvex) 语句之前将边"(i,p->adjvex)"输出即可。

```c
#include<stdio.h>
#include<stdlib.h>
#define MAXSIZE 30
typedef struct node                        //邻接表节点
{
   int adjvex;                             //邻接点域
   struct node *next;                      //指向下一个邻接边节点的指针域
}EdgeNode;                                 //邻接表节点类型
typedef struct vnode                       //顶点表节点
{
   int vertex;                             //顶点域
   EdgeNode *firstedge;                    //指向邻接表第一个邻接边节点的指针域
}VertexNode;                               //顶点表节点类型
void CreatAdjlist(VertexNode g[],int e,int n)
{            //建立无向图的邻接表，n 为顶点个数，e 为边数，g[]存储 n 个顶点表节点
   EdgeNode *p;
   int i, j, k;
   printf("Input data of vertexs(0~n-1):\n");
   for(i=0; i<n; i++)                      //建立包含 n 个顶点的顶点表
   {
      g[i].vertex=i;                       //以编号方式为每个顶点读入顶点信息
      g[i].firstedge=NULL;                 //初始化指向顶点 i 的邻接表头指针
   }
   for(k=1; k<=e; k++)                     //输入 e 条边
   {
      printf("Input edge of (i,j): ");
      scanf("%d,%d",&i,&j);
      p=(EdgeNode *)malloc(sizeof(EdgeNode));
      p->adjvex=j;              //在顶点 i 的邻接表中添加邻接点为 j 的邻接表节点
      p->next=g[i].firstedge;              //插入是在邻接表表头进行的
      g[i].firstedge=p;
      p=(EdgeNode *)malloc(sizeof(EdgeNode));
      p->adjvex=i;              //在顶点 j 的邻接表中添加邻接点为 i 的邻接表节点
      p->next=g[j].firstedge;              //插入是在邻接表表头进行的
      g[j].firstedge=p;
   }
}
int visited[MAXSIZE];           //MAXSIZE 为大于或等于无向图顶点个数的常量
void DFSTree(VertexNode g[],int i)         //用深度优先搜索方法遍历图中的顶点
{
   EdgeNode *p;
   visited[i]=1;                           //置顶点 i 为访问过的标志
   p=g[i].firstedge;           //根据顶点 i 的头指针查找其邻接表第一个邻接边节点
```

```c
        while(p!=NULL)                              //当邻接边节点不为空时
        {
           if(!visited[p->adjvex])                  //如果邻接的这个边节点未被访问过
           {
              printf("(%d,%d),",i,p->adjvex);       //先输出刚找到的这条生成树的边
              DFSTree(g,  p->adjvex);               //再对邻接的这个边节点进行深度优先搜索
           }
           p=p->next;                               //继续查找顶点 i 的下一个邻接边节点
        }
}
void DFSTraverse(VertexNode g[],int n)              //生成深度优先生成树
{              //深度优先搜索遍历以邻接表存储的图,其中 g 为顶点表,n 为顶点个数
   int i;
   for(i=0;  i<n;  i++)                             //初始化所有顶点为未访问标志 0
      visited[i]=0;
   for(i=0;  i<n;  i++)//对包含 n 个顶点的图查找未访问过顶点并由该顶点开始遍历
      if(!visited[i])                               //如果 visited[i]等于 0,则顶点 i 未访问过
         DFSTree(g,  i);                            //从未访问过的顶点 i 开始遍历
}
void main()
{
   int e,n;
   VertexNode g[MAXSIZE];                           //定义顶点表节点类型数组 g
   printf("Input number of node:\n");
   scanf("%d",&n);                                  //输入图中节点的个数
   printf("Input number of edge:\n");
   scanf("%d",&e);                                  //输入图中边的条数
   printf("Make adjlist:\n");
   CreatAdjlist(g,  e,  n);                         //建立无向图的邻接表
   printf("DFSTraverse:\n");
   DFSTraverse(g,  n);                              //生成深度优先生成树
   printf("\n");
}
```

【说明】

对于如图 6-14 所示的无向图,程序执行过程如下:

```
输入:       Input number of node:
            4✓
            Input number of edge:
            4✓
            Make adjlist:
            Input data of vertexs(0~n-1);
            Input edge of(i,j): 0,1✓
            Input edge of(i,j): 0,3✓
            Input edge of(i,j): 1,3✓
            Input edge of(i,j): 1,2✓
```

```
输出:      DFSTraverse:
            (0,3),(3,1),(1,2),
            Press any key to continue
```

4. 思考题

生成的生成树是否与遍历方法有关？是否与图的存储结构有关？

实验 6 广度优先生成树

1. 实验目的

进一步了解生成树的概念，掌握通过广度优先搜索求无向图生成树的方法。

2. 实验内容

用邻接表存储一个无向图，然后通过广度优先搜索求无向图的生成树。

3. 参考程序

可以通过在函数 BFS() 中插入输出边的语句求得广度优先生成树：

```c
#include<stdio.h>
#include<stdlib.h>
#define MAXSIZE 30
typedef struct
{
   char data[MAXSIZE];                    //队中元素存储空间
   int rear, front;                       //队尾指针和队头指针
}SeQueue;                                  //顺序队列类型
void Init_SeQueue(SeQueue **q)             //循环队列初始化（置空队）
{
   *q=(SeQueue*)malloc(sizeof(SeQueue));   //生成循环队列的存储空间
   (*q)->front=0;                          //如果队头指针与队尾指针相等，则队为空
   (*q)->rear=0;
}
int Empty_SeQueue(SeQueue *q)              //判队空
{
   if(q->front==q->rear)                   //当队头指针等于队尾指针时，队为空
      return 1;                            //返回队空标志
   else                                    //当队头指针不等于队尾指针时，队不空
      return 0;                            //返回队不空标志
}
void In_SeQueue(SeQueue *q,int x)          //元素入队
{
   if((q->rear+1)%MAXSIZE==q->front)
      printf("Queue is full!\n");          //队满，入队失败
   else
```

```c
    {
        q->rear=(q->rear+1)%MAXSIZE;            //队尾指针加1
        q->data[q->rear]=x;                     //元素x入队
    }
}
void Out_SeQueue(SeQueue *q,int *x)             //元素出队
{
    if(q->front==q->rear)                       //当队头指针等于队尾指针时
        printf("Queue is empty");               //队空，出队失败
    else                                        //当队头指针不等于队尾指针时队不空，进行出队操作
    {
        q->front=(q->front+1)%MAXSIZE;          //队头指针加1
        *x=q->data[q->front];                   //队头元素出队，并由x返回队头元素值
    }
}
typedef struct node                             //邻接表节点
{
    int adjvex;                                 //邻接点域
    struct node *next;                          //指向下一个邻接边节点的指针域
}EdgeNode;                                      //邻接表节点类型
typedef struct vnode                            //顶点表节点
{
    int vertex;                                 //顶点域
    EdgeNode *firstedge;                        //指向邻接表第一个邻接边节点的指针域
}VertexNode;                                    //顶点表节点类型
void CreatAdjlist(VertexNode g[],int e,int n)
{           //建立无向图的邻接表，n为顶点个数，e为边数，g[]存储n个顶点表节点
    EdgeNode *p;
    int i, j, k;
    printf("Input data of vertexs(0~n-1);\n");
    for(i=0; i<n; i++)                          //建立包含n个顶点的顶点表
    {
        g[i].vertex=i;                          //以编号方式为每个顶点读入顶点信息
        g[i].firstedge=NULL;                    //初始化指向顶点i的邻接表头指针
    }
    for(k=1; k<=e; k++)                         //输入e条边
    {
        printf("Input edge of (i,j): ");
        scanf("%d,%d",&i,&j);
        p=(EdgeNode *)malloc(sizeof(EdgeNode));
        p->adjvex=j;            //在顶点i的邻接表中添加邻接点为j的邻接表节点
        p->next=g[i].firstedge;                 //插入是在邻接表表头进行的
        g[i].firstedge=p;
        p=(EdgeNode *)malloc(sizeof(EdgeNode));
        p->adjvex=i;            //在顶点j的邻接表中添加邻接点为i的邻接表节点
        p->next=g[j].firstedge;                 //插入是在邻接表表头进行的
```

```c
            g[j].firstedge=p;
      }
}
int visited[MAXSIZE];                //MAXSIZE 为大于或等于无向图顶点个数的常量
void BFSTree(VertexNode g[],int i)   //生成广度优先生成树
{       //广度优先搜索遍历邻接表存储的图,g 为顶点表,Q 为队指针,i 为第 i 个顶点
    int j, *x=&j;
    SeQueue *q;
    EdgeNode *p;
    visited[i]=1;                    //置顶点 i 为访问过的标志
    Init_SeQueue(&q);                //循环队列初始化
    In_SeQueue(q,  i);               //顶点 i 入队 q
    while(!Empty_SeQueue(q))         //当队 q 非空时
    {
        Out_SeQueue(q,  x);          //队头顶点出队并送到 j(暂记为顶点 j)
        p=g[j].firstedge;            //根据顶点 j 的头指针查找其邻接表第一个邻接边节点
        while(p!=NULL)
        {
            if(!visited[p->adjvex])  //如果邻接的这个边节点未被访问过
            {
                printf("(%d,%d),",j,p->adjvex);   //输出刚找到的这条生成树的边
                visited[p->adjvex]=1;             //置该邻接边节点为访问过的标志
                In_SeQueue(q,  p->adjvex);        //将该邻接边节点送入队 q
            }
            p=p->next;               //在顶点 j 的邻接表中继续查找 j 的下一个邻接边节点
        }
    }
}
void main()
{
    int e,  n;
    VertexNode g[MAXSIZE];           //定义顶点表节点类型数组 g
    printf("Input number of node:\n");
    scanf("%d",&n);                  //输入图中节点的个数
    printf("Input number of edge:\n");
    scanf("%d",&e);                  //输入图中边的条数
    printf("Make adjlist:\n");
    CreatAdjlist(g,  e,  n);         //建立无向图的邻接表
    printf("BFSTraverse:\n");
    BFSTree(g,  0);                  //由顶点 0 开始生成广度优先生成树
    printf("\n");
}
```

【说明】

对于如图 6-14 所示的无向图,程序执行过程如下:

输入: Input number of node:

```
                    4↙
                    Input number of edge:
                    4↙
                    Make adjlist:
                    Input data of vertexs(0~n-1);
                    Input edge of(i,j): 0,1↙
                    Input edge of(i,j): 0,3↙
                    Input edge of(i,j): 1,3↙
                    Input edge of(i,j): 1,2↙
    输出:            BFSTraverse:
                    (0,3),(0,1),(1,2),
                    Press any key to continue
```

4. 思考题

深度优先生成树和广度优先生成树是否可以相同？在什么情况下相同？

实验 7 最小生成树的 Prim 算法

1. 概述

为了实现 Prim 算法，需要设置两个一维数组，即 lowcost 和 closevertex。其中，数组 lowcost 用来保存集合 $V-U$ 中各顶点与集合 U 中各顶点所构成的边中具有最小权值的边的权值，并且一旦将 lowcost[i] 置为 0，则表示顶点 i 已加入集合 U 中，即该顶点不再作为寻找下一个最小权值边的顶点（只能在集合 $V-U$ 中寻找），否则将形成回路。也就是说，数组 lowcost 有两个功能：一是记录边的权值，二是标识集合 U 中的顶点。数组 closevertex 也有两个功能：一是用来保存依附于该边在集合 U 中的顶点，即若 closevertex[i] 的值为 j，则表示边(i,j)中的顶点 j 在集合 U 中；二是保存构造最小生成树过程中产生的每条边，如果 closevertex[i] 的值为 j，则表示边(i,j)是最小生成树的一条边。

我们先设定初始状态 $U=\{u_0\}$（u_0 为出发的顶点），这时如果置 lowcost[0] 为 0 则表示顶点 u_0 已加入集合 U 中，数组 lowcost 其他的数组元素值则为顶点 u_0 到其余各顶点边的权值（没有边相连则取一个极大值），同时初始化数组 closevertex[i] 所有数组元素值为 0，即先假定所有顶点（包括 u_0）都与 u_0 有一条边。然后不断选取权值最小的边(u_i,u_k)（$u_i \in U$，$u_k \in V-U$），每选取一条边就将 lowlost[k] 置为 0，表示顶点 u_k 已加入集合 U 中。由于 u_k 从集合 $V-U$ 进入集合 U，因此这两个集合中的顶点发生了变化，需要依据这些变化修改数组 lowcost 和数组 closevertex 中的相关内容。最终数组 closevertex 中的边即构成一棵最小生成树。

2. 实验目的

了解最小生成树的概念，掌握用 Prim 算法构造无向图最小生成树的方法。

3. 实验内容

用邻接表存储一个无向图，然后用 Prim 算法构造无向图的最小生成树。

4. 参考程序

```c
#include<stdio.h>
#define MAXNODE 30
#define MAXCOST 32767
void Prim(int gm[][6],int closevertex[],int n)        //Prim算法
{           //从存储序号为0的顶点出发建立连通网的最小生成树，gm是邻接矩阵，n为
            //顶点个数(有0~n-1个顶点)，最终建立的最小生成树存于数组closevertex中
    int lowcost[MAXNODE];                    //MAXNODE为连通网的最大顶点数
    int i, j, k, mincost;
    for(i=1; i<n; i++)                       //初始化
    {
        lowcost[i]=gm[0][i];                 //边(u0,u1)的权值赋给lowcost[i]
        closevertex[i]=0;                    //假定顶点u1到顶点u0有一条边
    }
    lowcost[0]=0; //从序号为0的顶点u0出发生成最小生成树，此时u0已进入集合U中
    closevertex[0]=0;
    for(i=1; i<n; i++)   //在n个顶点中生成有n-1条边的最小生成树（共n-1趟）
    {
        mincost=MAXCOST;                     //MAXCOST为一个极大的常量值
        j=1; k=0;
        while(j<n)        //寻找未找到过（一个顶点在集合V-U中）的最小权值边
        {
            if(lowcost[j]!=0&&lowcost[j]<mincost)
            {             //lowcost[j]不等于0表示该边依附的顶点j在集合V-U中
                mincost=lowcost[j];          //记下最小权值边的权值
                k=j;              //记下最小权值边在集合V-U中的顶点序号j并赋给k
            }
            j++;                             //继续寻找
        }
        printf("Edge:(%d,%d), Wight:%d\n",k,closevertex[k],mincost);
                                             //输出最小生成树的边与权值
        lowcost[k]=0;    //将k保存的最小权值边在集合V-U中顶点j进入集合U
        for(j=1; j<n; j++)
            if(lowcost[j]!=0&&gm[k][j]< lowcost[j])
            {     //若顶点k进入集合U之后使顶点k和另一个顶点j（在集合V-U中）
                  //构成的边权值变小，则改变lowcost[j]为这个小值，
                  //并将此最小权值的边(j,k)记入closevertex数组
                lowcost[j]=gm[k][j];
                closevertex[j]=k;
            }
    }
}
void main()
{
    int closevertex[MAXNODE];              //存放最小生成树所有边的数组
    int g[6][6]={{100,6,1,5,100,100},{6,100,5,100,3,100},
                 {1,5,100,5,6,4},{5,100,5,100,100,2},
                 {100,3,6,100,100,6},{100,100,4,2,6,100}};
```

```
         Prim(g, closevertex, 6);              //生成最小生成树
}
```

【说明】

连通网及其对应的邻接矩阵如图 6-16 所示。

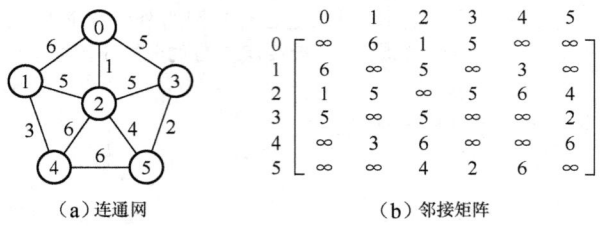

(a) 连通网　　　　　　　(b) 邻接矩阵

图 6-16　连通网及其对应的邻接矩阵

对于如图 6-16 (a) 所示的连通网，主函数 main() 已将该图的邻接矩阵 (见图 6-16 (b)) 存放在二维数组 g 中，程序执行后的输出结果如下：

```
Edge:(2,0),Wight:1
Edge:(5,2),Wight:4
Edge:(3,5),Wight:2
Edge:(1,2),Wight:5
Edge:(4,1),Wight:3
Press any key to continue
```

执行 Prim 算法产生最小生成树的过程如表 6-1 所示，下画线 "_" 标记的权值为每趟所找到的最小权值。如图 6-16 (a) 所示，连通网的最小生成树每步生长示意 (a)～(f) 分别对应表 6-1 中的 (1)～(6) 趟：(1) 为初始状态，(2)～(6) 为生成 $n-1$ 条边的 $n-1$ 趟生长过程。

表 6-1　Prim 算法执行过程分析

趟数		0	1	2	3	4	5	U	$V-U$	T
(1)	lowcost	0	6	<u>1</u>	5	∞	∞	{0}	{1,2,3,4,5}	{}
	closevertex	0	0	0	0	0	0			
(2)	lowcost	0	5	0	5	6	<u>4</u>	{0,2}	{1,3,4,5}	{(2,0)}
	closevertex	0	2	0	0	2	2			
(3)	lowcost	0	5	0	<u>2</u>	6	0	{0,2,5}	{1,3,4}	{(2,0),(5,2)}
	closevertex	0	2	0	5	2	5			
(4)	lowcost	0	<u>5</u>	0	0	6	0	{0,2,3,5}	{1,4}	{(2,0),(5,2),(3,5)}
	closevertex	0	2	0	5	2	2			
(5)	lowcost	0	0	0	0	<u>3</u>	0	{0,1,2,3,5}	{4}	{(2,0),(5,2),(3,5),(1,2)}
	closevertex	0	2	0	5	1	2			
(6)	lowcost	0	0	0	0	0	0	{0,1,2,3,4,5}	{}	{(2,0),(5,2),(3,5),(1,2),(4,1)}
	closevertex	0	2	0	5	1	2			

Prim 算法构造最小生成树的生长过程如图 6-17 所示，其中带阴影的顶点属于集合 U，不带阴影的顶点属于集合 $V-U$，虚线边为待查的满足一个顶点属于集合 U 而另一个顶点属于集合 $V-U$ 的边，而实线边则为已找到的最小生成树中的边。

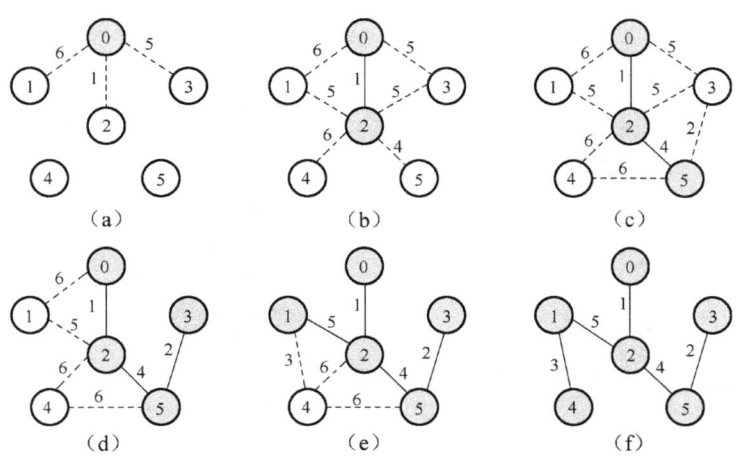

图 6-17 Prim 算法构造最小生成树的生长过程

5. 思考题

如果采用邻接矩阵存储无向图，那么如何用 Prim 算法构造该图的最小生成树？

实验 8 最小生成树的 Kruskal 算法

1. 概述

实现 Kruskal 算法的关键是如何判断所选取的边是否与生成树中已保留的边形成回路，可以通过判断边的两个顶点所在的连通分量的方法来解决。为此，设置一个辅助数组 vest（数组元素下标为 $0 \sim n-1$），用于判断两个顶点之间是否连通，数组元素 vest[i]（其初值为 i）代表序号为 i 的顶点所在连通分量的编号；当选中不连通的两个顶点相连的这条边时，它们必分属于两个顶点集合（两个连通分量），此时按其中的一个集合编号重新统一编号（合并成一个连通分量）。因此，当两个顶点的集合（连通分量）编号不同时，这两个顶点所构成的边加入最小生成树中就一定不会形成回路，因为这两个顶点分属于不同的连通分量。

在实现 Kruskal 算法时，需要用一个数组 E 来存放图 G 中的所有边，并要求它们是按权值由小到大的顺序排列的。因此，先从图 G 的邻接矩阵中获取所有边的集合 E（在连接矩阵中顶点 i 和顶点 j 存在 (i,j) 和 (j,i) 两条边，但只取 $i<j$ 时的一条边），然后用冒泡排序法对边集合 E 按权值递增排序。

2. 实验目的

了解最小生成树的概念，掌握用 Kruskal 算法构造无向图最小生成树的方法。

3. 实验内容

用邻接表存储一个无向图，然后用 Kruskal 算法构造无向图的最小生成树。

4. 参考程序

```c
#include<stdio.h>
#define MAXSIZE 30
#define MAXCOST 32767
typedef struct
{
    int u;                              //边的起始顶点
    int v;                              //边的终止顶点
    int w;                              //边的权值
}Edge;                                  //边的类型
void Bubblesort(Edge R[],int e)         //冒泡排序
{                                       //对数组R中的e条边按权值递增排序
    Edge temp;
    int i, j, swap;
    for(i=0; i<e-1; j++)                //进行e-1趟排序
    {
        swap=0;                         //置无交换发生标志
        for(j=0; j<e-i-1; j++)
            if(R[j].w>R[j+1].w)
            {
                temp=R[j]; R[j]=R[j+1]; R[j+1]=temp;  //交换R[j]和R[j+1]
                swap=1;                 //置有交换发生标志
            }
        if(swap==0) break;              //若本趟比较中未发生交换则结束排序（已排好序）
    }
}
void Kruskal(int gm[][6],  int n)       //Kruskal算法
{               //在顶点个数为n的连通网中构造最小生成树，gm为连通网的邻接矩阵
    int i,j,k,u1,v1,sn1,sn2;
    int vest[MAXSIZE];                  //数组vest用于判断两个顶点之间是否连通
    Edge E[MAXSIZE];                    //MAXSIZE为可存放边数的最大常量值
    k=0;
    for(i=0; i<n; i++)     //用数组E存储连通网中每条边的两个顶点及边上的权值
        for(j=0; j<n; j++)
            if(i<j  &&  gm[i][j]!=MAXCOST)     //MAXCOST为一个极大常量值
            {
                E[k].u=i; E[k].v=j;
                E[k].w=gm[i][j];
                k++;
            }
    Bubblesort(E,  k);                  //采用冒泡排序对数组E中的k条边按权值递增排序
    for(i=0; i<n; i++)                  //初始化辅助数组vest
```

```
            vest[i]=i;           //为每个顶点置不同连通分量编号，即初始时有n个连通分量
        k=1;                     //k表示当前构造生成树的第几条边，初值为1
        j=0;                     //j为数组E中元素的下标，初值为0
        while(k<n)               //产生最小生成树的n-1条边
        {
            u1=E[j].u; v1=E[j].v;    //取一条边的头、尾顶点
            sn1=vest[u1];
            sn2=vest[v1];        //分别得到这两个顶点所属的集合（连通分量）编号
            if(sn1!=sn2)
            {                    //如果两个顶点分属于不同集合（连通分量），则该边为最小生成树的一条边
                printf("Edge:(%d,%d),Wight:%d\n",u1,v1,E[j].w);//输出该边及权值
                k++;             //生成的边数增加1
                for(i=0; i<n; i++)   //两个集合统一编号
                    if(vest[i]==sn2)  //将集合编号为sn2的第i号边的编号改为sn1
                        vest[i]=sn1;
            }
            j++;                 //扫描下一条边
        }
    }
    void main()
    {
        int g[6][6]={{100,6,1,5,100,100},{6,100,5,100,3,100},
                     {1,5,100,5,6,4},{5,100,5,100,100,2},
                     {100,3,6,100,100,6},{100,100,4,2,6,100}};
        Kruskal(g, 6);           //生成最小生成树
    }
```

【说明】

对于如图 6-16（a）所示的连通网，主函数 main()已将该图的邻接矩阵（见图 6-16（b））存放在二维数组 g 中，程序执行后的输出结果如下：

```
Edge:(0,2),Wight:1
Edge:(3,5),Wight:2
Edge:(1,4),Wight:3
Edge:(2,5),Wight:4
Edge:(1,2),Wight:5
Press any key to continue
```

执行 Kruskal 算法中的冒泡排序函数 Bubblesort()之后，存放在连通网中所有边的数组 E 如图 6-18 所示。因为数组 E 中前 4 条边的权值最小，并且又满足不在同一连通分量上的条件，所以它们就是最小生成树的边，如图 6-19（a）、图 6-19（b）、图 6-19（c）、图 6-19（d）所示。接着考虑当前权值最小边（0,3）（见图 6-18），因为该边所连接的两个顶点在同一连通分量上（由图 6-19（d）也可以看出），故舍去此边，然后选择下一条权值最小的边（1,2）（见图 6-18），因为其满足顶点 1、2 分别在不同的连通分量上，所以（1,2）也是最小生成树上的边（见图 6-19（e））。这时 k 值已等于 n（即已找到 $n-1$ 条

边），故终止执行 while 循环。因此，最终生成的最小生成树如图 6-19（e）所示。

E	u	v	w
0	0	2	1
1	3	5	2
2	1	4	3
3	2	5	4
4	0	3	5
5	1	2	5
6	2	3	5
7	0	1	6
8	1	4	6
9	4	5	6

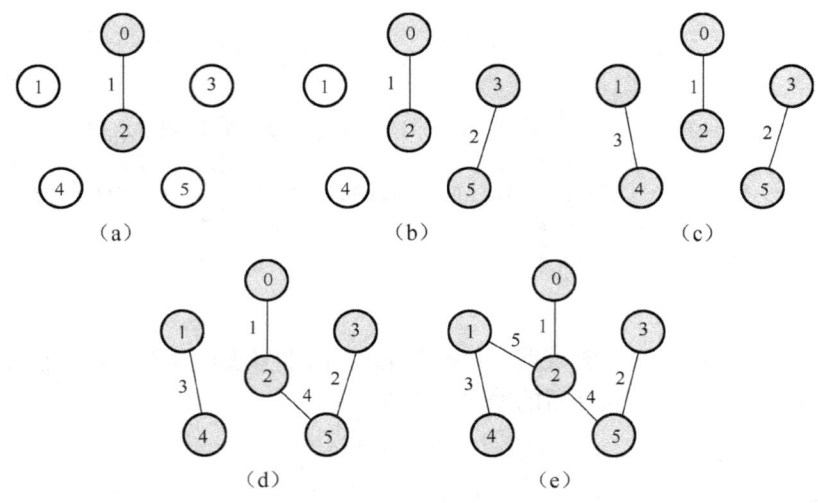

图 6-18　数组 E

图 6-19　Kruskal 算法构造最小生成树的生长过程

5. 思考题

Prim 算法和 Kruskal 算法各自的特点是什么？它们的效率与边的多少是否有关？

实验 9　单源点最短路径的 Dijkstra 算法

1. 概述

Dijkstra 算法的实现是以二维数组 gm 作为 n 个顶点带权有向图 $G=(V, E)$的存储结构的，并设置一个一维数组 s（下标为 0～$n-1$）用来标记集合 S 中已找到最短路径的顶点，而且规定：如果 $s[i]$为 0，则表示未找到源点 v_0 到顶点 v_i 的最短路径，也即此时 v_i 在集合

T 中；如果 $s[i]$ 为 1，则已找到源点 v_0 到顶点 v_i 的最短路径（此时 v_i 在集合 S 中）。除了数组 s，还设置了一个数组 dist（下标为 0～n-1），并且 dist[i]用来保存从源点 v_0 到终点 v_i 的当前最短路径长度，它的初值为<v_0,v_i>边上的权值。若 v_0 到 v_i 没有边，则权值为∞；此后每当有一个新的顶点进入集合 S 中，则 dist[i]的值可能被修改变小。一维数组 path（下标为 0～n-1）用于保存最短路径长度中路径上边所经过的顶点序列，其中，path[i]保存从源点 v_0 到终点 v_i 当前最短路径中前一个顶点的编号，它的初值是：如果 v_0 到 v_i 有边则置 path[i]为 v_0 的编号；如果 v_0 到 v_i 没有边则置 path[i]为-1。

2. 实验目的

了解最短路径的概念，掌握用 Dijkstra 算法求带权有向图（网）中某个源点最短路径的方法。

3. 实验内容

建立一个由邻接矩阵存储的带权有向图，然后用 Dijkstra 算法求某个源点的最短路径。

4. 参考程序

```c
#include<stdio.h>
#define MAXSIZE 6                        //带权有向图中顶点的个数
#define INF 32767
void Ppath(int path[],int i,int v0)
{                                        //先序递归查找最短路径（源点为v0）上的顶点
   int k;
   k=path[i];
   if(k!=v0)                             //顶点vk不是源点v0时
   {
      Ppath(path, k, v0);                //递归查找顶点vk的前一个顶点
      printf("%d,",k);                   //输出顶点vk
   }
}
void Dispath(int dist[],int path[],int s[],int v0,int n)
{                                        //输出最短路径
   int i;
   for(i=0;  i<n;  i++)
      if(s[i]==1)                        //顶点vi在集合S中
      {
         printf("从%d到%d的最短路径长度为：%d,路径为：",v0,i,dist[i]);
         printf("%d,",v0);               //输出路径上的源点v0
         Ppath (path, i, v0);            //输出路径上的中间顶点vi
         printf("%d\n",i);               //输出路径上的终点
      }
      else
         printf("从%d到%d不存在路径\n",v0,i);
```

```c
}
void Dijkstra(int gm[][MAXSIZE],int v0,int n)        //Dijkstra算法
{
    int dist[MAXSIZE],path[MAXSIZE],s[MAXSIZE];
    int i, j, k, mindis;
    for(i=0;  i<n;  i++)
    {
        dist[i]=gm[v0][i];                  //v0到vi的最短路径初值赋给dist[i]
        s[i]=0;                             //s[i]的值为0表示顶点vi属于集合T
        if(gm[v0][i]<INF)                   //路径初始化,INF为可取的最大常数
            path[i]=v0;                     //源点v0是vi当前最短路径中的前一个顶点
        else
            path[i]=-1;                     //v0到vi没有边
    }
    s[v0]=1; path[v0]=0;       //v0并入集合S且v0的当前最短路径中无前一个顶点
    for(i=0;  i<n;  i++)       //对除v0外的n-1个顶点寻找最短路径,即循环n-1次
    {
        mindis=INF;
        for(j=0;  j<n;  j++)   //从当前集合T中选择一个路径长度最短的顶点vk
            if(s[j]==0&&dist[j]<mindis)
            { k=j; mindis=dist[j]; }
        s[k]=1;                             //顶点vk加入集合S中
        for(j=0;  j<n;  j++)   //调整源点v0到集合T中任意一个顶点vj的路径长度
            if(s[j]==0)                     //顶点vj在集合T中
                if(gm[k][j]<INF&&dist[k]+gm[k][j]<dist[j])
                {         //当v0到vj的路径长度小于v0到vk和vk到vj的路径长度时
                    dist[j]=dist[k]+gm[k][j];
                    path[j]=k;              //vk是当前最短路径中vj的前一个顶点
                }
    }
    Dispath(dist,path,s,v0,n);              //输出最短路径
}
void main()
{
    int g[MAXSIZE][ MAXSIZE]={{INF,20,15,INF,INF,INF},
            {2,INF,INF,INF,10,30},{INF,4,INF,INF,INF,10},
            {INF,INF,INF,INF,INF,INF},{INF,INF,INF,15,INF,INF},
            {INF,INF,INF,4,10,INF}};        //定义邻接矩阵g并给邻接矩阵g赋值
    Dijkstra(g, 0, 6);                      //求顶点0的最短路径
}
```

【说明】

带权有向图及其邻接矩阵如图 6-20 所示。

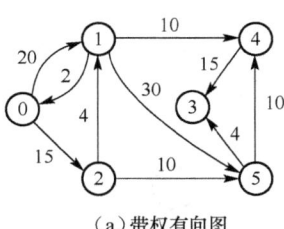
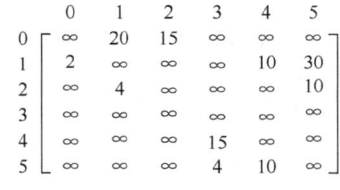

（a）带权有向图　　　　　　　　（b）邻接矩阵

图 6-20　带权有向图及其邻接矩阵

对于如图 6-20（a）所示的带权有向图，主函数 main() 已将该图的邻接矩阵（见图 6-20（b））存放在二维数组 g 中。程序执行后的输出结果如下：

```
从 0 到 0 的最短路径长度为:32767, 路径: 0,0
从 0 到 1 的最短路径长度为:19, 路径: 0,2,1
从 0 到 2 的最短路径长度为:15, 路径: 0,2
从 0 到 3 的最短路径长度为:29, 路径: 0,2,5,3
从 0 到 4 的最短路径长度为:29, 路径: 0,2,1,4
从 0 到 5 的最短路径长度为:25, 路径: 0,2,5
Press any key to continue
```

为了简单起见，我们只给出每个顶点路径长度中顶点序列的变及 dist[i] 的变化，并以下画线 "_" 表示本次 for 循环找到的最短路径。此外，i 值由 1～n-1 表示对除了源点 0 的其余 n-1 个顶点求最短路径的过程。用 Dijkstra 算法产生最短路径的分析过程如表 6-2 所示。

表 6-2　用 Dijkstra 算法产生最短路径的分析过程

终点与 dist 数组	从源点 0 到各终点的最短路径及 diat 值变化情况					最短路径	图 6-21
	i=1	i=2	i=3	i=4	i=5		
顶点 1 diat[1]	(0,1) 20	<u>(0,2,1)</u> 19				19	(b)
顶点 2 diat[2]	<u>(0,2)</u> 15					15	(a)
顶点 3 diat[3]	∞	∞	∞	(0,2,5,3) 29		29	(d)
顶点 4 diat[4]	∞	∞	(0,2,1,4) 29	(0,2,1,4) 29	<u>(0,2,1,4)</u> 29	29	(e)
顶点 5 diat[5]	∞	(0,2,5) 25	<u>(0,2,5)</u> 25			25	(c)
S	{0,2}	{0,2,1}	{0,2,1,5}	{0,2,1,5,3}	V		
找到的顶点 k	2	1	5	3	4		

求最短路径每步的进展如图 6-21 所示，其中，虚线箭头为满足当前路径长度并小于 mindis 值的未被选中的顶点，实线箭头为当前已找到的最短路径，带阴影的顶点为已经确定了最短路径边上的顶点（在集合 S 中），不带阴影的顶点为尚未确定其最短路径的顶点（在集合 T 中）。

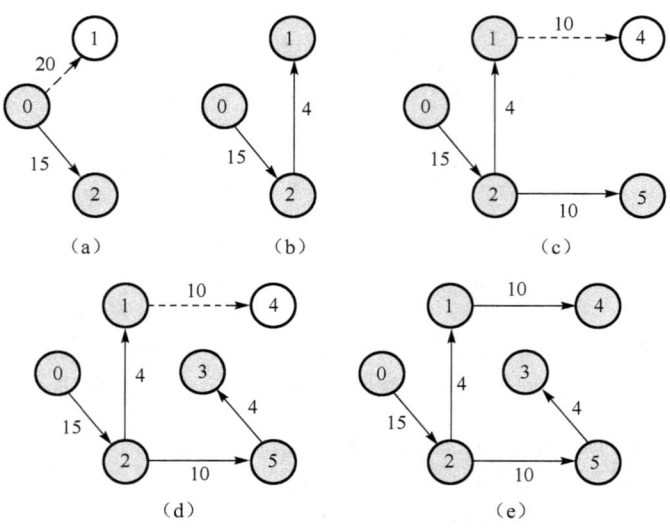

图 6-21 求最短路径每步的进展

实验 10 每对顶点之间最短路径的 Floyd 算法

1. 概述

假设带权有向图 $G=(V, E)$，并采用邻接矩阵 **gm** 存储，另外设置一个二维数组 A 用于存放当前顶点之间的最短路径长度，数组元素 $A[i][j]$ 表示当前顶点 v_i 到顶点 v_j 的最短路径长度。Floyd 算法的基本思想是递推产生一个矩阵序列：$A_0, A_1, \cdots, A_k, \cdots, A_n$，其中，$A_k[i][j]$ 表示从顶点 v_i 到顶点 v_j 的路径上所经过的顶点编号不大于 k 的最短路径长度。

初始时置 $A_{-1}[i][j]=gm[i][j]$。当求从顶点 v_i 到顶点 v_j 的路径所经过的顶点编号不大于 $k+1$ 的最短路径长度时要分两种情况考虑：一种情况是该路径不经过顶点编号为 $k+1$ 的顶点，此时该路径长度与从顶点 v_i 到顶点 v_j 的路径所经过的顶点编号不大于 k 的最短路径长度相同；另一种情况是从顶点 v_i 到顶点 v_j 的最短路径经过编号为 $k+1$ 的顶点，那么该路径可以分为两段，一段是从顶点 v_i 到顶点 v_{k+1} 的最短路径，另一段是从顶点 v_{k+1} 到顶点 v_j 的最短路径，此时最短路径长度等于这两段路径长度之和。这两种情况中的较小值就是所求的从顶点 v_i 到顶点 v_j 的路径所经过的顶点编号不大于 $k+1$ 的最短路径。

与 Dijkstra 算法类似，可以用二维数组 path 来保存最短路径，它与当前迭代的次数有关。在求 $A_k[i][j]$ 时用 path$[i][j]$ 来存放从顶点 v_i 到顶点 v_j 的中间顶点编号不大于 k 的最短路径上前一个顶点的编号。在算法结束时，由二维数组 path 的值向前查找就可以得到从顶点 v_i 到顶点 v_j 的最短路径，若 path$[i][j]$ 的值为-1，则表示没有中间顶点。

2. 实验目的

进一步了解最短路径的概念，掌握用 Floyd 算法求带权有向图（网）中每对顶点之间最短路径的方法。

第6章 图

3. 实验内容

建立一个由邻接矩阵存储的带权有向图，然后用 Floyd 算法求带权有向图（网）中每对顶点之间的最短路径。

4. 参考程序

```c
#include<stdio.h>
#define MAXSIZE 6                                //带权有向图中顶点的个数
#define INF 32767
void Ppath(int path[][MAXSIZE],int i,int j)
{                                                //前向递归查找路径上的顶点，MAXSIZE 为常数
   int k;
   k=path[i][j];
   if(k!=-1)                                     //顶点 $v_k$ 不是起点
   {
      Ppath(path, i, k);                         //找顶点 $v_i$ 的前一个顶点 $v_k$
      printf("%d,",k);                           //输出顶点 $v_k$ 的序号 k
      Ppath(path, k, j);                         //找顶点 $v_k$ 的前一个顶点 $v_j$
   }
}
void Dispath(int A[][MAXSIZE],int path[][MAXSIZE],int n)
{                                                //输出最短路径
   int i, j;
   for(i=0; i<n; i++)
     for(j=0; j<n; j++)
       if(i!=j)                                  //不形成回路
         if(A[i][j]==INF)                        //INF 为一个极大常数
            printf("从%d 到%d 没有路径!\n",i,j);
         else                                    //从 $v_i$ 到 $v_j$ 有最短路径
         {
            printf("从%d 到%d 的路径长度：%d, 路径：",i,j,A[i][j]);
            printf("%d,",i);                     //输出路径上的起点序号 i
            Ppath(path, i, j);                   //输出路径上的各中间点序号
            printf("%d\n",j);                    //输出路径上的终点序号 j
         }
}
void Floyd(int gm[][MAXSIZE],int n)              //Floyd 算法
{                                                //MAXSIZE 为可存放边数的最大常量值
   int A[MAXSIZE][MAXSIZE],path[MAXSIZE][MAXSIZE];
   int i, j, k;
   for(i=0; i<n; i++)                            //初始化
     for(j=0; j<n; j++)
     {
        A[i][j]=gm[i][j];                        //给 $A_{-1}[i][j]$ 置初值
        path[i][j]=-1;                           //-1 表示初始时最短路径不经过中间顶点
     }
```

```
        for(k=0;  k<n;  k++)    //按顶点编号k递增次序查找当前顶点之间的最短路径长度
           for(i=0;  i<n;  i++)
              for(j=0;  j<n;  j++)
                 if(A[i][j]>A[i][k]+A[k][j])
                 {
                    A[i][j]=A[i][k]+A[k][j];    //从v₁到v₃经过v_k时路径长度更短
                    path[i][j]=k;                //记录中间顶点v_k的编号
                 }
        Dispath(A,  path,  n);                  //输出最短路径
}
void main()
{
    int g[MAXSIZE][MAXSIZE]={{INF,20,15,INF,INF,INF},
        {2,INF,INF,INF,10,30},{INF,4,INF,INF,INF,10},
        {INF,INF,INF,INF,INF,INF},{INF,INF,INF,15,INF,INF},
        {INF,INF,INF,4,10,INF}};         //定义邻接矩阵g并给邻接矩阵g赋值
    Floyd(g,  MAXSIZE);                  //求每对顶点之间的最短路径
}
```

【说明】

对于如图 6-20（a）所示的带权有向图，主函数 main()已将其邻接矩阵（见图 6-20（b））存放在二维数组 g 中。程序执行后的输出结果如下：

```
从0到1的路径长度:19,路径:0,2,1
从0到2的路径长度:15,路径:0,2
从0到3的路径长度:29,路径:0,2,5,3
从0到4的路径长度:29,路径:0,2,1,4
从0到5的路径长度:25,路径:0,2,5
从1到0的路径长度:2,路径:1,0
从1到2的路径长度:17,路径:1,0,2
从1到3的路径长度:25,路径:1,4,3
从1到4的路径长度:10,路径:1,4
从1到5的路径长度:27,路径:1,0,2,5
从2到0的路径长度:6,路径:2,1,0
从2到1的路径长度:4,路径:2,1
从2到3的路径长度:14,路径:2,5,3
从2到4的路径长度:14,路径:2,1,4
从2到5的路径长度:10,路径:2,5
从3到0没有路径!
从3到1没有路径!
从3到2没有路径!
从3到4没有路径!
从3到5没有路径!
从4到0没有路径!
从4到1没有路径!
从4到2没有路径!
从4到3的路径长度:15,路径:4,3
```

```
从 4 到 5 没有路径!
从 5 到 0 没有路径!
从 5 到 1 没有路径!
从 5 到 2 没有路径!
从 5 到 3 的路径长度:4,路径:5,3
从 5 到 4 的路径长度:10,路径:5,4
Press any key to continue
```

实验 11　拓扑排序

1. 概述

在程序中可以设置一个栈，凡是网中入度为 0 的顶点都将其入栈。拓扑排序算法的实现步骤如下。

（1）将入度 indegree 值为 0（没有前驱）的顶点压栈。

（2）从栈中弹出栈顶元素（顶点）输出，并删除该顶点所有的出边，即把它的各个邻接边节点的入度 indegree 值减 1。

（3）将新的入度 indegree 值为 0 的顶点再压栈。

（4）重复步骤（2）和（3），直到栈空为止。此时或者已经输出了 AOV 网的全部顶点，或者剩下的顶点中没有入度为 0 的顶点，即 AOV 网中存在回路。

由上面的步骤可知，栈的作用只是保存当前入度为 0 的顶点，并使之处理有序，这种有序可以是先进后出，也可以是先进先出，因此可以用队列实现。在下面的算法实现中，并不是真正设置一个栈空间来存放入度为 0 的顶点，而是设置一个栈顶位置指针 top，将当前所有未处理过的入度为 0 的顶点链接起来，形成一个链栈。

2. 实验目的

了解拓扑排序与 AOV 网的有关概念，掌握一种拓扑排序的方法。

3. 实验内容

建立一个由邻接矩阵存储的 AOV 网，然后对其进行拓扑排序。

4. 参考程序

```c
#include<stdio.h>
#include<stdlib.h>
#define MAXSIZE 30
typedef struct node                    //邻接表节点
{
    int adjvex;                        //邻接点域
    struct node *next;                 //指向下一个邻接边节点的指针域
}EdgeNode;                             //邻接表节点类型
typedef struct vnode                   //顶点表节点
{
    int indegree;                      //顶点入度
    int vertex;                        //顶点域
```

```c
        EdgeNode *firstedge;                    //指向邻接表第一个邻接边节点的指针域
}VertexNode;                                    //顶点表节点类型
void CreatAdjlist(VertexNode g[],int e,int n)   //建立有向图的邻接表
{                                               //n 为顶点个数，e 为边数，g[]存储 n 个顶点表节点
    EdgeNode *p;
    int i, j, k;
    printf("Input data of vertexs(0~n-1);\n");
    for(i=0;  i<n;  i++)                //建立包含 n 个顶点的顶点表
    {
       g[i].vertex=i;                   //以编号方式为每个顶点读入顶点信息
       g[i].firstedge=NULL;             //初始化指向顶点 i 的邻接表头指针
       g[i].indegree=0;                 //初始时每个顶点的入度为 0
    }
    for(k=1;  k<=e;  k++)               //输入 e 条边
    {
       printf("Input edge of (i,j): ");
       scanf("%d,%d",&i,&j);
       p=(EdgeNode *)malloc(sizeof(EdgeNode));
       p->adjvex=j;                     //在顶点 i 的邻接表中添加邻接点为 j 的邻接表节点
       p->next=g[i].firstedge;          //插入是在邻接表表头进行的
       g[i].firstedge=p;
       g[j].indegree=g[j].indegree+1;
    }
}
void Top_Sort(VertexNode g[],int n)
{                   //用带入度域的邻接表存储 AOV 网并输出一种拓扑排序，n 为顶点个数
    int i,j,k,top,m=0;
    EdgeNode *p;
    top=-1;                             //栈顶指针初始化，-1 为链尾标志
    for(i=0;  i<n;  i++)                //依次将入度为 0 的顶点链接成一个链栈
       if(g[i].indegree==0)
       {
          g[i].indegree=top;
          top=i;
       }
    while(top!=-1)                      //链栈不为空时
    {
       j=top;                           //取出栈顶入度为 0 的一个顶点（暂记为 j）
       top=g[top].indegree;             //栈顶指针指向弹栈后的下一个入度为 0 顶点
       printf("%d,",g[j].vertex);       //输出刚弹栈出来的顶点 j 的信息
       m++;                             //m 记录已输出拓扑序列的顶点个数
       p=g[j].firstedge;//根据顶点 j 的 firstedge 指针查其邻接表第一个邻接边节点
       while(p!=NULL)                   //删除顶点 j 的所有出边
       {
          k=p->adjvex;
          g[k].indegree--;              //将顶点 j 的邻接边节点 k 入度减 1
```

```
                if(g[k].indegree==0)//顶点 k 入度减 1 之后若其值为 0 则将该顶点 k 压入链栈
                {
                    g[k].indegree=top;
                    top=k;
                }
                p=p->next;                       //查找顶点 j 的下一个邻接边节点
            }
        }
        if(m<n)                                  //如果输出顶点个数未达到 n，则 AOV 网中有回路
            printf("The AOV network has a cycle!\n");
}
void main()
{
    int e, n;
    VertexNode g[MAXSIZE];                       //定义顶点表节点类型数组 g
    printf("Input number of node:\n");
    scanf("%d",&n);                              //输入图中节点的个数
    printf("Input number of edge:\n");
    scanf("%d",&e);                              //输入图中边的条数
    printf("Make adjlist:\n");
    CreatAdjlist(g, e, n);                       //建立无向图的邻接表
    printf("Top Sort:\n");
    Top_Sort(g, n);                              //拓扑排序
    printf("\n");
}
```

【说明】

AOV 网如图 6-22 所示。

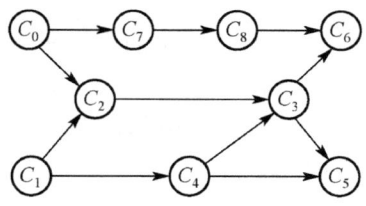

图 6-22　AOV 网

对于如图 6-22 所示的 AOV 网，程序执行过程如下：

```
    输入：           Input number of node:
                    9✓
                    Input number of edge:
                    11✓
                    Make adjlist:
                    Input data of vertexs(0~n-1);
                    Input edge of(i,j): 0,7✓
                    Input edge of(i,j): 0,2✓
```

```
                    Input edge of(i,j): 1,2↙
                    Input edge of(i,j): 1,4↙
                    Input edge of(i,j): 2,3↙
                    Input edge of(i,j): 4,3↙
                    Input edge of(i,j): 4,5↙
                    Input edge of(i,j): 7,8↙
                    Input edge of(i,j): 8,6↙
                    Input edge of(i,j): 3,6↙
                    Input edge of(i,j): 3,5↙
        输出         Top Sort:
                    1,4,0,7,8,2,3,6,5,
                    Press any key to continue
```

5. 思考题

还可以采用哪些方法实现拓扑排序？

实验 12　关键路径

1. 概述

根据关键路径的确定方法可知，求关键路径算法的步骤如下。

（1）输入 e 条弧 $<j,k>$，建立 AOE 网的存储结构。

（2）从源点 v_0 出发并令 ve[0]=0，按拓扑有序求其余各顶点的最早发生时间 ve[i]（$0 \leq i < n$）。如果得到的拓扑有序序列中的顶点个数小于网中的顶点个数 n，则说明网中存在回路而无法求出关键路径，即算法终止；否则执行步骤（3）。

（3）从终点 v_{n-1} 出发，令 vl[n-1]=ve[n-1]，按逆拓扑有序求其余各顶点的最迟发生时间 vl[i]（$0 < i \leq n-2$）。

（4）根据各顶点的 ve 和 vl 值，求每条弧 s 的最早开始时间 $e[s]$ 和最晚开始时间 $l[s]$。若某条弧 s 满足 $e[s]=l[s]$，则其为关键活动。

为了实现关键路径算法，对 AOE 网采用邻接表存储结构，邻接表中的顶点结构不变，而邻接边节点结构表现为如下形式：

```
typedef struct node
{
    int adjvex;                    //邻接点域
    int info;                      //邻接边权值域
    struct node *next;             //指向下一个邻接边节点的指针域
}EdgeNode;                         //邻接表节点类型
```

2. 实验目的

了解关键路径与 AOE 网的有关概念，掌握求关键路径的方法。

3. 实验内容

建立一个由邻接表存储的 AOE 网，然后求该 AOE 网的关键路径。

4. 参考程序

```c
#include<stdio.h>
#include<stdlib.h>
#define MAXSIZE 30
typedef struct node                           //邻接表节点
{
   int adjvex;                                //邻接点域
   int info;
   struct node *next;                         //指向下一个邻接边节点的指针域
}EdgeNode;                                    //邻接表节点类型
typedef struct vnode                          //顶点表节点
{
   int indegree;                              //顶点入度
   int vertex;                                //顶点域
   EdgeNode *firstedge;                       //指向邻接表第一个邻接边节点的指针域
}VertexNode;                                  //顶点表节点类型
typedef struct
{
   char data[MAXSIZE];                        //栈中元素存储空间
   int top;                                   //栈顶指针
}SeqStack;                                    //顺序栈类型
void Init_SeqStack(SeqStack **s)              //顺序栈初始化
{            //如果采用形参**s，则无须将指向顺序栈的指针值返回给主调函数
   *s=(SeqStack*)malloc(sizeof(SeqStack));    //在主调函数中申请栈空间
   (*s)->top=-1;                              //置栈空标志
}
int Empty_SeqStack(SeqStack *s)               //判断栈是否为空
{
   if(s->top==-1)
      return 1;                               //当栈为空时，返回1
   else
      return 0;                               //当栈不空时，返回0
}
void Push_SeqStack(SeqStack *s,int x)         //顺序栈元素入栈
{
   if(s->top==MAXSIZE-1)
      printf("Stack is full!\n");             //栈已满
   else
   {
      s->top++;
      s->data[s->top]=x;                      //将元素x压入栈*s中
   }
```

```c
    }
    void Pop_SeqStack(SeqStack *s,int *x)     //顺序栈元素出栈
    {                                          //栈*s中的栈顶元素出栈,并通过参数x返回给主调函数
        if(s->top==-1)
            printf("Stack is empty!\n");       //当栈顶指针s->top值为-1时,栈为空
        else                                    //栈不空时
        {
            *x=s->data[s->top];                 //栈顶元素出栈
            s->top--;
        }
    }
    void print(VertexNode g[],int ve[],int vl[],int n)
    {
        int i, j, e, l, dut;
        char tag;
        EdgeNode *p;
        printf("(vi,vj) dut 最早开始时间 最晚开始时间 关键活动\n");
        for(i=0;  i<n;  i++)
            for(p=g[i].firstedge;p!=NULL;p=p->next)
            {
                j=p->adjvex;
                dut=p->info;
                e=ve[i];
                l=vl[j]-dut;
                tag=(e==l)?'*':' ';
                printf("(%d,%d)",g[i].vertex,g[j].vertex);
                printf("%4d%11d%11d%8c\n",dut,e,l,tag);
            }
        for(i=0;  i<n;  i++)
        {
            printf("顶点%d 的最早发生时间和最迟发生时间:",i);
            printf("%5d%5d\n",ve[i],vl[i]);
        }
    }
    void CreatAdjlist(VertexNode g[],int e,int n)    //建立有向图的邻接表
    {                                //n为顶点个数,e为边数,g[]存储n个顶点表节点
        EdgeNode *p;
        int i, j, k, w;
        printf("Input data of vertexs(0~n-1):\n");
        for(i=0;  i<n;  i++)                        //建立包含n个顶点的顶点表
        {
            g[i].vertex=i;                          //以编号方式为每个顶点读入顶点信息
            g[i].firstedge=NULL;                    //初始化指向顶点i的邻接表头指针
            g[i].indegree=0;                        //初始时每个顶点的入度为0
        }
        for(k=1;  k<=e;  k++)                       //输入e条边
```

```c
    {
        printf("Input edge of (i,j): ");
        scanf("%d,%d",&i,&j);
        printf("Input weight of (%d,%d): ",i,j);
        scanf("%d",&w);
        p=(EdgeNode *)malloc(sizeof(EdgeNode));
        p->adjvex=j;                    //在顶点 i 的邻接表中添加邻接点为 j 的邻接表节点
        p->info=w;
        p->next=g[i].firstedge;         //插入是在邻接表表头进行的
        g[i].firstedge=p;
        g[j].indegree=g[j].indegree+1;
    }
}
void Toplogicalorder(VertexNode g[],int n)
{           //AOE 网用邻接表存储，求各顶点事件的最早发生时间 ve（为全局变量数组）
    int i,j,k,dut,count,*x=&j;
    int ve[MAXSIZE],vl[MAXSIZE];
    EdgeNode *p;
    SeqStack *s, *t;
    Init_SeqStack(&s);                  //创建零入度顶点栈 s
    Init_SeqStack(&t);                  //创建拓扑序列顶点栈 t
    count=0;                            //顶点个数计数器，初值为 0
    for(i=0; i<n; i++)                  //初始化数组 ve
        ve[i]=0;
    for(i=0; i<n; i++)                  //初始时入度为 0 的顶点入栈
        if(g[i].indegree==0)
            Push_SeqStack(s, i);
    while(!Empty_SeqStack(s))           //零入度顶点栈 s 不为空时
    {
        Pop_SeqStack(s, x);             //弹出零入度顶点（暂记为 j）
        Push_SeqStack(t, j);            //将顶点 j 压入拓扑序列顶点栈 t
        count++;                        //对进入栈 t 的顶点计数
        p=g[j].firstedge;
                    //根据顶点 j 的 firstedge 指针查其邻接表中的第一个邻接边节点
        while(p!=NULL)                  //删除顶点 j 的所有出边
        {
            k=p->adjvex;
            g[k].indegree--;            //顶点 j 的邻接边节点 k 的入度减 1
            if(g[k].indegree==0)
                Push_SeqStack(s, k);
                    //顶点 k 的入度减 1 之后，若其值为 0，则压入零入度顶点栈 s
            if(ve[j]+p->info>ve[k])
                ve[k]=ve[j]+p->info;    //计算顶点事件的最早发生时间 ve[k]
            p=p->next;                  //查找顶点 j 的下一个邻接边节点
        }
    }
```

```
        if(count<n)                    //如果拓扑序列的顶点个数未达到 n，则 AOE 网有回路
        {
           printf("The AOE network has a cycle!\n");
           goto L1;
        }
        for(i=0;  i<n;  i++)                   //初始化数组 vl
           vl[i]=ve[n-1];
        while(!Empty_SeqStack(t))              //按拓扑排序的逆序求各顶点的 vl 值
        {
           Pop_SeqStack(t,  x);                //弹出拓扑序列顶点栈 t 中的顶点经*x 赋给 j
           for(p=g[j].firstedge;p!=NULL;p=p->next)
           {                                   //计算顶点事件的最迟发生时间 vl[j]
              k=p->adjvex;
              dut=p->info;
              if(vl[k]-dut<vl[j])
                 vl[j]=vl[k]-dut;
           }
        }
        print(g,  ve,  vl,  n);
    L1:  ;
    }
    void main()
    {
        int e,  n;
        VertexNode g[MAXSIZE];                 //定义顶点表节点类型数组 g
        printf("Input number of node:\n");
        scanf("%d",&n);                        //输入图中节点的个数
        printf("Input number of edge:\n");
        scanf("%d",&e);                        //输入图中边的条数
        printf("Make adjlist:\n");
        CreatAdjlist(g,  e,  n);               //建立无向图的邻接表
        Toplogicalorder(g,  n);                //拓扑排序并求出关键路径
        printf("\n");
    }
```

【说明】

AOE 网如图 6-23 所示。

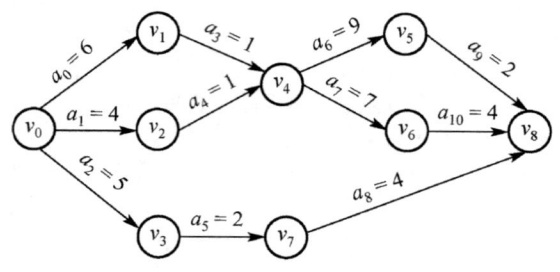

图 6-23　AOE 网

对于如图 6-23 所示的 AOE 网，程序执行过程如下：

输入：
```
Input number of node:
9√
Input number of edge:
11√
Make adjlist:
Input data of vertexs(0~n-1);
Input edge of(i,j): 0,1√
Input weight of (0,1): 6√
Input edge of(i,j): 0,2√
Input weight of (0,2): 4√
Input edge of(i,j): 0,3√
Input weight of (0,3): 5√
Input edge of(i,j): 1,4√
Input weight of (1,4): 1√
Input edge of(i,j): 2,4√
Input weight of (2,4): 1√
Input edge of(i,j): 3,7√
Input weight of (3,7): 2√
Input edge of(i,j): 4,5√
Input weight of (4,5): 9√
Input edge of(i,j): 4,6√
Input weight of (4,6): 7√
Input edge of(i,j): 7,8√
Input weight of (7,8): 4√
Input edge of(i,j): 5,8√
Input weight of (5,8): 2√
Input edge of(i,j): 6,8√
Input weight of (6,8): 4√
```

输出：

(vi,vj)	dut	最早开始时间	最晚开始时间	关键活动
(0,3)	5	0	7	
(0,2)	4	0	2	
(0,1)	6	0	0	*
(1,4)	1	6	6	*
(2,4)	1	4	6	
(3,7)	2	5	12	
(4,6)	7	7	7	*
(4,5)	9	7	7	*
(5,8)	2	16	16	*
(6,8)	4	14	14	*
(7,8)	4	7	14	

顶点 0 的最早发生时间和最迟发生时间：　0　　0
顶点 1 的最早发生时间和最迟发生时间：　6　　6
顶点 2 的最早发生时间和最迟发生时间：　4　　6
顶点 3 的最早发生时间和最迟发生时间：　5　　12

```
顶点 4 的最早发生时间和最迟发生时间：      7     7
顶点 5 的最早发生时间和最迟发生时间：     16    16
顶点 6 的最早发生时间和最迟发生时间：     14    14
顶点 7 的最早发生时间和最迟发生时间：      7    14
顶点 8 的最早发生时间和最迟发生时间：     18    18

Press any key to continue
```

第 7 章 查找

查找的定义如下：给定一个值 k，在含有 n 个记录的表中找出关键字等于 k 的记录。若找到则查找成功，返回该记录的信息或该记录在表中的位置；否则，查找失败，返回相关的指示信息。

用于查找的表和文件统称为查找表，是以集合为其逻辑结构、以查找为目的的数据结构。由于集合中的记录之间没有任何"关系"，因此查找表的实现也不受"关系"约束，而是根据实际应用中对查找的具体要求来组织查找表，以便高效率地实现查找。查找表又可分为如下两种类型。

（1）静态查找表：对查找表的查找仅以查询为目的，不改动查找表中的记录。

（2）动态查找表：在查找过程中同时伴随着插入不存在的记录或删除某个已存在的记录这类变更查找表的操作。

7.1 顺序查找

顺序查找又称为线性查找。顺序查找是指从表的一端开始，向另一端逐个按给定值 k 与表中记录的关键字 key 值进行比较。若找到则查找成功，并给出记录在表中的位置；若整个表扫描完仍未找到与 k 值相同的记录关键字 key 值，则查找失败，给出失败的信息。

查找与数据的存储结构有关。下面以顺序表作为存储结构来实现顺序查找，即定义顺序表类型如下：

```
typedef struct
{
    KeyType key;                //KeyType为关键字key的数据类型
    InfoType otherdata;         //其他数据
}SeqList;                       //顺序表元素类型
```

其中，KeyType 为虚拟的数据类型，在实际实现中可以是 int、char 等类型；InfoType 也是其他数据的虚拟类型；而 otherdata 则代表虚拟的其他数据，在实际实现中可以根据需要设置为一个或多个真实的类型和真实的数据。

7.2 有序表的查找

1. 折半查找

折半查找也称为二分查找，要求查找表必须是顺序存储结构，并且表中的记录按关键字有序排列（为有序表）。

折半查找的方法如下：在有序表中，取中间记录作为比较对象，若给定值与中间记录的关键字相等，则查找成功；否则，由这个中间记录位置把有序表划分为两个子表（都不包含该中间记录）。若给定值小于中间记录的关键字，则在中间记录左半区的子表中继续查找；若给定值大于中间记录的关键字，则在中间记录右半区的子表中继续查找。不断重复上述查找及划分为两个子表的过程，直到查找成功，或者所查找的子表区域已无记录则查找失败。

2. 分块查找

分块查找又称为索引顺序查找，是将顺序查找与折半查找相结合的一种查找方法，在一定程度上解决了顺序查找速度慢及折半查找要求元素有序排列的问题。

在分块查找中，将表分为若干块，并且每块中关键字不要求有序，但块与块之间的关键字是有序的，即后一块中所有记录的关键字均大于前一块中的最大关键字。此外，还为这些块建立了一个索引表，并且索引表项按关键字有序（为递增有序表），它存放各块记录的起始存放位置及该块所有记录中的最大关键字值。

7.3 二叉排序树与平衡二叉树

二叉排序树（Binary Sort Tree，BTS）又称为二叉查找树，它或者是一棵空树，或者是具有如下性质的二叉树。

（1）若它的左子树非空，则左子树上所有节点（记录）的值均小于根节点的值。
（2）若它的右子树非空，则右子树上所有节点的值均大于或等于根节点的值。
（3）左子树和右子树本身又是一棵二叉排序树。

图 7-1 所示是一棵二叉排序树。

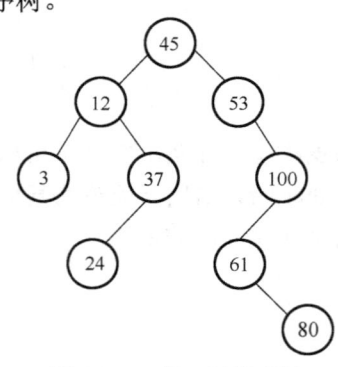

图 7-1　一棵二叉排序树

由二叉排序树的性质可知，可以将二叉排序树看作一个有序表，即在二叉排序树中，左子树上所有节点的关键字均小于根节点的关键字，而右子树上所有节点的关键字均大于或等于根节点的关键字。因此，二叉排序树上的查找与折半查找类似。

二叉排序树的查找过程如下：若二叉排序树非空，则将给定的 k 值与根节点关键字值比较，若相等，则查找成功；若不相等，则当 k 值小于根节点关键字值时，到根的左子树继续查找，否则到根的右子树继续查找。二叉排序树的这种查找显然是一个递归过程。

通常采用二叉链表作为二叉排序树的存储结构，二叉链表节点的类型定义如下：

```
typedef struct node
{
   KeyType key;                          //记录简化为仅含关键字项
   struct node *lchild,*rchild;          //左、右孩子指针
}BSTree;                                 //二叉排序树节点类型
```

平衡二叉树又称为 AVL 树，它或者是一棵空树，或者是具有下列性质的二叉排序树：左子树和右子树都是平衡二叉树，并且左子树和右子树高度之差的绝对值不超过 1。

7.4 哈希表与哈希方法

哈希表查找方法的基本思想如下：在记录的关键字（记为 key）和记录的存储位置（记为 address）之间找出关系函数 f，使每个关键字能够被映射到一个存储位置上，即 address=f(key)。当存储一个记录时，按照记录的关键字 key 通过函数 f 计算其存储位置 address，并将该记录存入这个位置。这样，当查找这个记录时，就可以根据给定值 key 及函数 f，通过计算 f(key)求得该记录的存储位置，即可以直接由该存储位置访问这个记录。这种方法避免了查找中需要进行的大量关键字比较操作，因此查找效率比前面介绍的各种查找方法的查找效率都高。

在上述方法中，函数 f 被称为哈希函数或散列函数，通常记为 Hash(key)，由哈希函数及关键字值计算出来的哈希函数值（即存储地址）称为哈希地址，通过构造哈希函数的过程得到的一张关键字与哈希地址之间的关系表则称为哈希表或散列表。因此，哈希表可以用一维数组实现，数组元素用于存储包含关键字的记录；数组元素的下标就是该记录的哈希地址，当需要查找某个关键字时，只要它在哈希表中，就可以通过哈希函数确定它在表中（数组中）的存储位置。

7.5 哈希函数的构造方法

1. 直接定址法

$$\text{Hash(key)}=a\times\text{key}+b \qquad (a,b \text{ 为常数})$$

也就是说，取关键字 key 的某个线性函数值作为哈希地址。这类函数计算简单，并且函数值与哈希地址一一对应，因此不会产生冲突。但由于各关键字在其集合中的分布是离

散的，因此计算出来的哈希地址也是离散的，这常常造成存储空间的浪费。只能通过调整 a 和 b 的值使浪费尽可能减小。

2. 除留余数法

$$\text{Hash(key)}=\text{key}\%p \quad (p \text{ 为整数})$$

也就是说，取关键字 key 除以 p 之后的余数作为哈希地址，该方法用求余运算符"%"实现。使用除留余数法的关键是选取合适的 p，因为它决定了所生成哈希表的优劣。若哈希表的表长为 m，则要求 $p \leq m$ 且接近 m 或等于 m。选取的 p 通常为质数，以便尽可能减少冲突的发生。

3. 数字分析法

如果所有关键字都是以 d 为基（即进制）的数，各关键字的位数又较多，并且事先知道所有关键字在各位的分布情况，则可以通过对这些关键字进行分析，选取其中几个数字分布较为均匀的位来构造哈希函数。使用该方法的前提是必须事先知道关键字的集合。

4. 平方取中法

如果事先无法知道所有关键字在各权值位上的分布情况，就无法利用数字分析法来求哈希函数，这时可以采用平方取中法来构造哈希函数。采用平方取中法构造哈希函数的原则如下：先计算关键字值的平方，然后有目的地选取平方结果中的中间若干位来作为哈希地址，具体选取几位及选取哪几位应根据实际需要来定。

5. 折叠法

当关键字的位数过长时，采用平方取中法就会花费过多的计算时间，在这种情况下可以采用折叠法，即根据哈希表地址空间的大小，将关键字分割成相等的几个部分（最后一部分位数可能短一些），然后将这几部分进行叠加并舍弃最高进位，叠加的结果就作为该关键字的哈希地址。叠加法又分为移位叠加和折叠叠加两种方法。移位叠加是把分割后的每个部分进行右对齐，然后相加，而折叠叠加法则是把分割后的每个部分像"折纸"一样来回折叠相加。

7.6 处理冲突的方法

1. 闭散列表结构处理冲突的方法

闭散列表是一个一维数组，其解决冲突的基本思想如下：对表长为 m 的散列表，在需要时为关键字 key 生成一个散列地址序列 $d_0, d_1, \cdots, d_{m-1}$，其中，$d_0=\text{Hash(key)}$ 是 key 的散列地址，但所有的 d_i（$0<i<m$）是 key 的后继散列地址。当向散列表中插入关键字为 key 的记录时，若存储位置 d_0 已被具有其他关键字的记录占用，则按 $d_1, d_2, \cdots, d_{m-1}$ 的序列依次探测，并将找到的第一个空闲地址作为关键字 key 的记录存放位置；若 key 的所有后继散列地址都被占用，则表明该散列表已满（溢出）。因此，对闭散列表来说，构造后继散列

地址序列的方法就是处理冲突的方法。常见的构造后继散列地址序列的方法有如下几种。

1）开放定址法

$$H_i=(Hash(key)+d_i)\%m \quad (1\leqslant i<m)$$

其中，Hash(key)为哈希函数；m 为散列表的长度；d_i 为增量序列。增量序列有 3 种取法：一是线性探测法，即 $d_i=1,2,\cdots,m-1$；二是二次探测法，即 $d_i=1^2,-1^2,2^2,-2^2,\cdots,q^2,-q^2$，并且 $q\leqslant m/2$；三是随机探测法，即 $d_i=$伪随机序列。

2）再散列（哈希）法

再散列法的思想很简单，即在发生冲突时用不同的哈希函数求得新的散列地址，直到不发生冲突为止，即散列地址序列 $d_0,d_1,\cdots,d_i$ 的计算公式为

$$d_i=Hash_i(key) \quad i=1,2,\cdots$$

其中，$Hash_i(key)$表示不同的哈希函数。

2. **开散列表结构处理冲突的方法**

开散列表结构处理冲突的方法称为拉链法，即将所有关键字为同义词的记录（节点）链接在同一个单链表中。若散列表长度为 m，则可以将散列表定义为一个由 m 个头指针组成的指针数组 ht，其下标为 0～$m-1$（若哈希函数采用除留余数法，则指针数组长度为"key%p 中的 p"）。凡是散列地址为 i 的节点，均插入以 ht[i]为头指针的单链表中，数组 ht 中各数组元素的指针值初始时均为空。

实验 1　顺序查找

1. **概述**

顺序表中的 n 个数据存放于一维数组 R[1]～R[n]中。先将 k 值存放于 R[0].key 中（称为监视哨），然后在数组 R 中由后向前查找关键字（R[i].key）值为 k 的记录，若找到，则返回该记录在数组 R 中的下标；若找不到则必定查找到 R[0]处，由于事先已将 k 值存放于 R[0].key 中，因此 R[0].key 的值必然等于 k，而这是在 R[1]～R[n]中找不到关键字值为 k 的结果，即查找不成功的位置。设置监视哨 R[0]的目的是简化算法，即无论成功与否都通过同一个 return 语句返回结果值。此外，也避免了在 while 循环中每次都要对条件"i>0"进行判断，防止查找中出现数组下标越界的情况。

2. **实验目的**

了解顺序查找的概念，掌握顺序查找的方法。

3. **实验内容**

在一维数组中实现顺序查找。

4. **参考程序**

```
#include<stdio.h>
#define MAXSIZE 30
typedef struct
```

```
{
    int key;                              //int 为关键字 key 的数据类型
    char data;                            //其他数据
}SeqList;                                 //顺序表元素类型
int SeqSearch(SeqList R[],int n,int k)    //顺序查找
{
    int i=n;
    R[0].key=k;                           //R[0].key 为查找不成功的监视哨
    while(R[i].key!=k)                    //由表尾向表头方向查找
        i--;
    return i;               //如果查找成功,则返回找到的位置值;否则,返回0
}
void main()
{
    int i=1, j, k, x;
    SeqList R[MAXSIZE];                   //建立存放顺序表元素的数组R
    printf("Input data of list (-1 stop):\n");
                                          //生成顺序表中的数据(-1结束)
    scanf("%d",&x);
    while(x!=-1)
    {
        R[i].key=x;
        scanf("%d",&x);
        i++;
    }
    printf("Input data of list (-1 stop):\n");   //输出顺序表中的数据
    for(j=1; j<i; j++)            //顺序表中的数据由R[1]开始(R[0]为监视哨)
        printf("%4d",R[j].key);
    printf("\nSearch data in Seqlist,Input data(-1 stop):\n");
                                          //输入要查找的数据(-1结束)
    scanf("%d",&x);
    while(x!=-1)
    {
        k=SeqSearch(R, i, x);             //在顺序表中按顺序查找
        if(k>0)              //如果找到要查找的数据,则输出该数据在顺序表中的位置
            printf("Position of %d in Seqlist is %d\n",x,k);
        else                 //如果未找到要查找的数据,则输出未找到信息
            printf("NO found %d in Seqlist!\n",x);
        printf("\nSearch data in Seqlist,Input data (-1 stop):\n");
        scanf("%d",&x);      //如果输入-1,则结束在顺序表中的查找;否则,继续查找
    }
}
```

5. 思考题

如果不采用设置监视哨的方法,那么顺序查找程序又应如何设计?

实验 2 折半（二分）查找

1. 概述

顺序表中的 n 个记录按关键字升序的方式存放于一维数组 R[0]~R[n-1]中。整型变量 low、high 和 mid 分别用来标识查找区间最左记录、最右记录和中间记录的位置。折半查找的过程如下：取中间记录作为比较对象，若给定值与中间记录的关键字相等，则查找成功。否则，由这个中间记录位置把有序表划分为两个子集（不包括该中间记录），若给定值小于中间记录的关键字，则在中间记录左半区的子表中继续查找；若给定值大于中间记录的关键字，则在中间记录右半区的子表中继续查找。不断重复上述查找过程，直到查找成功，或者所查找的子表区域无记录而查找失败。

2. 实验目的

了解折半查找的概念及所限制的条件，掌握折半查找的方法。

3. 实验内容

在一维数组中实现折半查找。

4. 参考程序

```c
#include<stdio.h>
#define MAXSIZE 30
typedef struct
{
    int key;                        //int 为关键字 key 的数据类型
    char data;                      //其他数据
}SeqList;                           //顺序表元素类型
int BinSearch(SeqList R[],int n,int k)   //折半查找
{
    int low=0, high=n-1, mid;
    while(low<=high)
    {                               //当查找区间最左记录位置low小于或等于区间最右记录位置high时
        mid=(low+high)/2;           //mid 取该查找区间的中间记录位置
        if(R[mid].key==k)           //当中间记录的关键字与k相等时
            return mid;             //查找成功
        else
            if(R[mid].key>k)
                high=mid-1;         //继续在 R[low]~R[mid-1]中查找
            else
                low=mid+1;          //继续在 R[mid+1]~R[high]中查找
    }
    return -1;                      //查找失败
}
void main()
{
```

```
        int i;
        SeqList R[MAXSIZE];              //建立存放顺序表的数组R
        for(i=1; i<=12; i++)              //自动生成顺序表中的数据2,4,6,…,24
            R[i].key=i*2;
        printf("Search 20 in Seqlist:\n");
        i=BinSearch(R, 12, 20);           //在顺序表中查找关键字为20的记录
        if(i!=-1)
            printf("Position of 20 in Seqlist is %d\n",i);//如果找到, 则输出其位置值
        else
            printf("NO found 20 in Seqlist!:\n"); //如果未找到, 则输出未找到信息
        printf("Search 21 in Seqlist:\n");
        i=BinSearch(R, 12, 21);           //在顺序表中查找关键字为21的记录
        if(i!=-1)
            printf("Position of 21 in Seqlist is %d\n",i);//如果找到, 则输出其位置值
        else
            printf("NO found 21 in Seqlist!\n");  //如果未找到, 则输出未找到信息
    }
```

5. 思考题

能否用递归方法实现折半查找？若可以，则设计程序来实现。

实验 3 分块查找

1. 概述

在折半查找过程中，由于无论查找是否成功，low 都指向大于或等于给定值 k 的最接近的那个数组元素位置，这恰好是折半查找索引表时所需要的结果。对索引表进行折半查找无非是两种情况：一是给定的 k 值恰好等于索引表中的某一块最大关键字值，此时 low、mid 都指向索引表中存放该关键字所对应的块起始地址所指的数组元素下标。为了使算法简捷，我们并不立即取得这个位置值，而是合并到关键字值大于 k 一起处理（即算法中的条件变为 "I[mid].key>=k"，也就是继续执行 "high=mid-1;"）；这样，由于此时 high 已小于 low，即不满足 while 循环条件 "low<=high" 而终止 while 循环，而此时的 low 仍为索引表中存放该块起始位置的数组元素下标。二是查找不成功，此时需要的是与给定值 k 最接近且大于 k 的关键字所对应块的起始位置，而这时的 low 存放的正是索引表中有该起始位置的那个数组元素下标。另外，还要考虑给出的 k 值大于索引表中最大关键字的情况，在这种情况下，折半查找索引表的结果是 low 定位于并不存在的第 m 个数组元素，这也是判断是否找到所求块的条件 "low<m"。当索引表查找到块时，该块第一个记录在数组 R 中的下标即可由 I[low].link 得到，而该块最后一个记录在数组 R 中的下标则可由下一块的起始位置减 1 得到，即 I[low+1].link-1。

2. 实验目的

了解分块查找的概念及所限制的条件，掌握分块查找的方法。

3. 实验内容

建立索引表和顺序表，然后实现分块查找。

4. 参考程序

```c
#include<stdio.h>
#define MAXSIZE 30
typedef struct
{
   int key;                    //int 为关键字 key 的数据类型
   char data;                  //其他数据
}SeqList;                      //顺序表元素类型
typedef struct
{
   int key;                    //用于存放块内的最大关键字
   int link;                   //用于指向块的起始位置
}IdxType;                      //索引表元素类型
int IdxSearch(IdxType I[],int m,SeqList R[],int k)
{                              //索引表 I 的长度为 m（数组元素分别为 I[0]～I[m-1]）
   int low=0,high=m-1,mid,i,j;
   while(low<=high)            //在索引表中折半查找
   {
      mid=(low+high)/2;
      if(I[mid].key>=k)
         high=mid-1;
      else
         low=mid+1;
   }
   if(low<m)                   //在索引表中已找到待查记录关键字值所属的块
   {                           //在属于该块范围内的顺序表（即数组 R）中进行顺序查找
      i=I[low+1].link-1;       //i 为该块最后一个数组元素的下标
      j=I[low].link;           //j 为该块第一个数组元素的下标
      while(R[i].key!=k&&i>=j)
         i--;                  //在块内由后向前查找关键字等于 k 的数组元素下标
      if(i>=j)
         return i;             //当 i>=j 时查找成功，返回 i 值
   }
   return -1;                  //当 i<j 时查找失败（已查完该块范围的顺序表但未找到）
}
void main()
{
   int i;
   IdxType I[4]={18,0,38,4,71,9,90,11};                    //建立索引表 I
   SeqList R[16]={18,' ',6,' ',10,' ',11,' ',21,' ',31,' ',20,' ',
                  38,' ',19,' ',60,' ',71,' ',75,' ',88,' ',
                  73,' ',79,' ',90,' '};                   //建立顺序表 R
```

```
        i=IdxSearch(I, 4, R, 38);     //查找关键字为38的记录在顺序表中的存放位置
        if(i>-1)
            printf("Site of 38 is %d\n",i);    //输出关键字为38的存放位置
        else
            printf("Not find 38!\n");          //输出没有找到关键字为38的信息
        i=IdxSearch(I, 4, R, 26);     //查找关键字为26的记录在顺序表中的存放位置
        if(i>-1)
            printf("Site of 26 is %d\n",i);    //输出关键字为26的存放位置
        else
            printf("Not find 26!\n");          //输出没有找到关键字为26的信息
    }
```

【说明】

图 7-2 所示是分块查找存储结构。

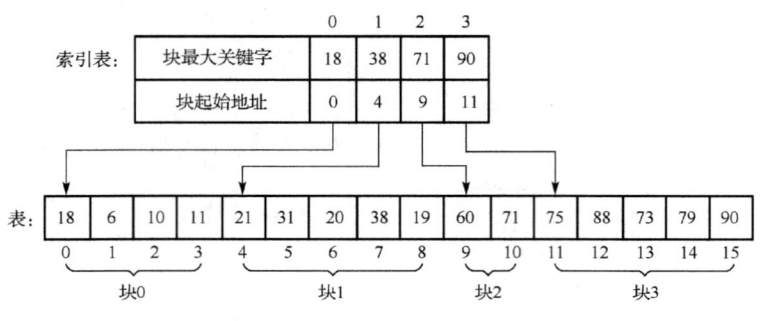

图 7-2 分块查找存储结构

对于如图 7-2 所示的存储结构，主函数 main() 给出了要查找的关键字 38 和 26，程序执行结果如下：

```
输出：    Site of 38 is 7
          Not find 26!
          Press any key to continue
```

实验 4 二叉排序树

1. 概述

二叉排序树的查找过程如下：若二叉排序树非空，则将给定值 k 与根节点关键字值比较，若相等则查找成功；若不相等，则当 k 值小于根节点关键字时到根的左子树继续查找，否则到根的右子树继续查找。二叉排序树的这种查找是一个递归过程。

在二叉排序树中，删除一个节点比插入一个节点困难，因为不能把以该节点为根的这棵子树全都删除，即只能删除该节点并且仍保持二叉排序树的特性；按中序遍历删除节点之后的二叉排序树时，所得到的节点序列仍然有序。也就是说，删除二叉排序树中的一个节点相当于删除有序序列中的一个节点。

假定待删节点由指针 q 指示，待删节点的双亲节点由指针 p 指示，则删除指针 q 所指向的待删节点可分为下面 4 种情况。

第一种情况：若待删节点为叶子节点，则可以直接删除，即将其双亲节点指向待删节点的指针置为空即可。

第二种情况：若待删节点有右子树但无左子树，则可以用该右子树的根节点取代待删节点的位置。这是因为在二叉排序树中序遍历的序列中，无左子树的待删节点其直接后继就是待删节点的右子树根节点。用待删节点右子树根节点取代待删节点，相当于在该有序序列中，直接删除待删节点，而序列中的其他节点排列次序并没有改变。

第三种情况：若待删节点有左子树但无右子树，则可以用该左子树的根节点取代待删节点的位置。这种删除同样没有改变其他节点在该二叉排序树中序遍历中的排列次序。

第四种情况：若待删节点左子树和右子树均存在，则需要用待删节点在二叉排序树中序遍历序列中的直接后继节点来取代该待删节点。这个直接后继节点就是待删节点右子树中的"最左下节点"（即右子树中关键字值最小的节点，并假定找到的"最左下节点"由指针 r 指示），找到"最左下节点"之后则用其替换待删节点（即只是将"最左下节点"的关键字值赋给待删节点，这相当于将"最左下节点"移到待删节点位置）。需要注意的是，"最左下节点"必然没有左子树（也可能没有右子树），否则就不是待删节点右子树中关键字值最小的节点。这时，删除待删节点的操作就转化为删除这个"最左下节点"。如果"最左下节点"没有左子树，则转化为上面的第二种情况；如果既没有左子树又没有右子树（即"最左下节点"为叶子节点），则转化为上面的第一种情况。

在二叉排序树中删除节点*q 的不同情况如图 7-3 所示。

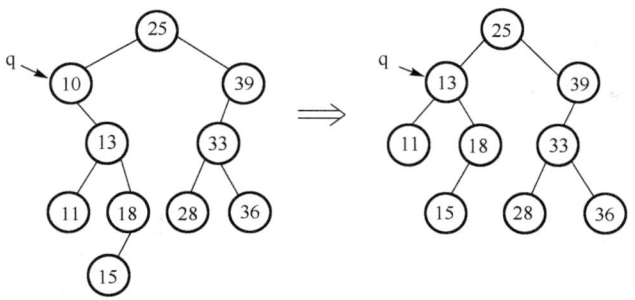

（a）节点*q 无左子树时删除节点*q

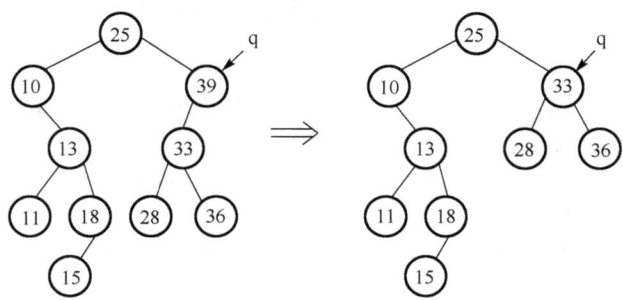

（b）节点*q 无右子树时删除节点*q

图 7-3　在二叉排序树中删除节点*q 的不同情况

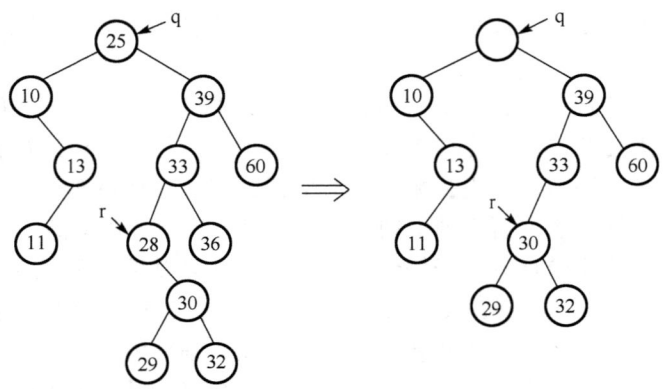

（c）节点*q的左子树和右子树均存在时删除节点*q

图 7-3　在二叉排序树中删除节点*q 的不同情况（续）

2. 实验目的

了解二叉排序树的有关概念，掌握二叉排序树的构造方法。

3. 实验内容

建立一棵二叉排序树并实现二叉排序树的插入、查找和删除功能。

4. 参考程序

```c
#include<stdio.h>
#include<stdlib.h>
typedef struct node
{
   int key;                          //记录简化为仅含关键字项
   struct node *lchild, *rchild;     //左、右孩子指针
}BSTree;                             //二叉树节点类型
void BSTCreat(BSTree *t, int k)
{                                    //在非空二叉排序树中插入关键字值为 k 的节点
   BSTree *p, *q;
   q=t;
   while (q!=NULL)                   //当二叉排序树非空时
      if(k==q->key)
         goto L1;                    //查找成功，不插入新节点
      else
   if(k<q->key)   //如果 k 小于节点*q 的关键字值，则到二叉排序树*t 的左子树查找
   {
      p=q;
      q=q->lchild;
   }
   else           //如果 k 大于节点*q 的关键字值，则到二叉排序树*t 的右子树查找
   {
```

```
            p=q;
            q=p->rchild;
        }
        q=(BSTree *)malloc(sizeof(BSTree));      //查找不成功时创建一个新节点
        q->key=k;                                //新节点的关键字值为 k
        q->lchild=NULL;              //新节点作为叶子节点插入,故左、右指针均为空
        q->rchild=NULL;
        if(p->key>k)
            p->lchild=q;                         //作为原叶子节点*p 的左孩子插入
        else
            p->rchild=q;                         //作为原叶子节点*p 的右孩子插入
L1: ;
}
BSTree *BSTSearch(BSTree *t,int k)    //二叉排序树查找
{                             //在指针 t 所指的二叉排序树中查找关键字值为 k 的节点
    while(t!=NULL)
       if(k==t->key)
           return t;          //如果 k 等于根节点*t 的关键字值,则查找成功,返回指针 t 值
       else
          if(k<t->key )
             t=t->lchild;    //如果 k 小于根节点*t 的关键字值,则到*t 的左子树查找
          else
             t=t->rchild;    //如果 k 大于根节点*t 的关键字值,则到*t 的右子树查找
    return NULL;                                 //查找失败,返回空指针值
}
void Inorder(BSTree *p)                 //中序遍历二叉树
{
    if(p!=NULL)
    {
       Inorder(p->lchild);                       //中序遍历左子树
       printf("%4d",p->key);                     //访问根节点
       Inorder(p->rchild);                       //中序遍历右子树
    }
}
void BSTDelete(BSTree **t, int k)    //在二叉排序树中删除关键字值为 k 的节点
{
    BSTree *p, *q, *r;
    q=*t; p=*t;
    if(q==NULL) goto L2;                         //树*t 为空
    if(q->lchild==NULL&&q->rchild==NULL&&q->key==k)
    { *t=NULL; goto L2; }     //树*t 仅有一个节点(即待删节点*q)时置树*t 为空
    while(q!=NULL)                               //查找待删节点
       if(k==q->key)
           goto L1;                              //q->key 等于 k 时找到待删节点*q
       else                                      //*q 不是待删节点时则继续查找
          if(k<q->key)                           //q->key 大于 k 时
```

```
              { p=q; q=q->lchild; }          //在*q 的左子树查找待删节点
            else                              //q->key 小于 k 时
              { p=q; q=q->rchild; }          //在*q 的右子树查找待删节点
       if(q==NULL)                            //树*t 中无待删节点
       {
          printf("Not found delete node!\n");
          goto L2;
       }
   L1:if(q->lchild==NULL&&q->rchild==NULL)
                                              //待删节点*q 为叶子节点，即第一种情况
         if(p->lchild==q)                    //删除待删节点*q
            p->lchild=NULL;
         else
            p->rchild=NULL;
      else                                    //待删节点*q 不为叶子节点的处理
         if(q->lchild==NULL)                 //待删节点*q 无左子树，即第二种情况
            if(q==*t) *t= q->rchild;         //待删节点*q 为根节点的处理
            else                              //待删节点*q 不为根节点
               if(p->lchild==q)              //用待删节点*q 的右子树根取代待删节点*q
                  p->lchild=q->rchild;
               else
                  p->rchild=q->rchild;
         else
            if(q->rchild==NULL)              //待删节点*q 无右子树，即第三种情况
               if(q==*t) *t= q->lchild;      //待删节点*q 为根节点的处理
               else                           //待删节点*q 不为根节点
                  if(p->lchild==q)           //用待删节点*q 的左子树根取代待删节点*q
                     p->lchild=q->lchild;
                  else
                     p->rchild=q->lchild;
            else                              //待删节点*q 有左子树和右子树，即第四种情况
            {
               r=q->rchild;
               if(r->lchild==NULL&&r->rchild==NULL)
               {                              //待删节点*q 的右子树仅有一个（根）节点
                  q->key=r->key;             //将右子树这个根节点取代待删节点*q
                  q->rchild=NULL;
               }
               else                           //待删节点*q 的右子树上有多个节点时
               {                              //查找待删节点*q 右子树的"最左下节点"
                  p=q;            //用指针 p 查找，p 最终指向"最左下节点"的双亲节点
                  while(r->lchild!=NULL)     //查找"最左下节点"
                  { p=r; r=r->lchild; }
                  q->key=r->key;             //将找到的"最左下节点"*r 复制到待删节点*q
                                              //即用"最左下节点"*r 覆盖删除待删节点*q
                  if(p->lchild==r)           //然后删除重复存在的这个"最左下节点"
```

```
                    p->lchild=r->rchild;
                else
                    p->rchild=r->rchild;
            }
        }
L2: ;
}
void main()
{
    BSTree *p, *root;
    int i, n, x;
    printf("Input number of BSTree keys\n");
    scanf("%d",&n);                     //输入二叉排序树的节点总数 n
    printf("Input key of BSTree :\n");
    for(i=0; i<n; i++)                  //为 n 个节点建立一棵二叉排序树
    {
        scanf("%d",&x);
        if(i==0)                        //生成二叉排序树的根节点
        {
            root=(BSTree *)malloc(sizeof(BSTree));
            root->lchild=NULL;
            root->rchild=NULL;
            root->key=x;
        }
        else
            BSTCreat(root, x);          //在非空二叉排序树中插入一个节点
    }
    printf("Output keys of BSTree by inorder:\n");
    Inorder(root);                      //中序遍历输出二叉排序树
    printf("\nInput key for search:\n");
    scanf("%d",&x);                     //输入要查找的关键字
    p=BSTSearch(root, x);               //在二叉排序树中进行查找
    if(p!=NULL)
        printf("found,key is %d!\n",p->key);  //如果找到,则输出树中的关键字
    else
        printf("No found!\n");          //如果未找到,输出未找到信息
    printf("\nInput key for delete:\n");
    scanf("%d",&x);                     //输入要删除的关键字
    BSTDelete(&root, x);                //在二叉排序树中删除该关键字的记录
    printf("Output keys of BSTree by deleted:\n");
    Inorder(root);                      //中序遍历输出删除后的二叉排序树
    printf("\n");
}
```

5. 思考题

(1) 二叉排序树是否可以用递归方法构造?

（2）在任意一棵非空二叉排序树中，如果删除某个节点之后又将其插入，则所得到的二叉排序树与删除之前的原二叉排序树是否相同？

实验 5　平衡二叉树

1．概述

假定在二叉排序树中因插入新节点而失去平衡的最小子树的根节点指针为 p，则失去平衡后进行调整的规律如下。

（1）LL 型平衡旋转：由于在节点*p 的左孩子的左子树上插入新节点，节点*p 的平衡因子由 1 变为 2 而失去平衡，因此需要进行平衡旋转操作，如图 7-4（a）所示。

（2）LR 型平衡旋转：由于在节点*p 的右孩子的右子树上插入新节点，节点*p 的平衡因子由-1 变为-2 而失去平衡，因此需要进行平衡旋转操作，如图 7-4（b）所示。

（3）RR 型平衡旋转：由于在节点*p 的左孩子的右子树上插入新节点，节点*p 的平衡因子由 1 变为 2 而失去平衡，因此需要进行平衡旋转操作，如图 7-4（c）所示。

（4）RL 型平衡旋转：由于在节点*p 的右孩子的左子树上插入新节点，节点*p 的平衡因子由-1 变为-2 而失去平衡，因此需要进行平衡旋转操作，如图 7-4（d）所示。

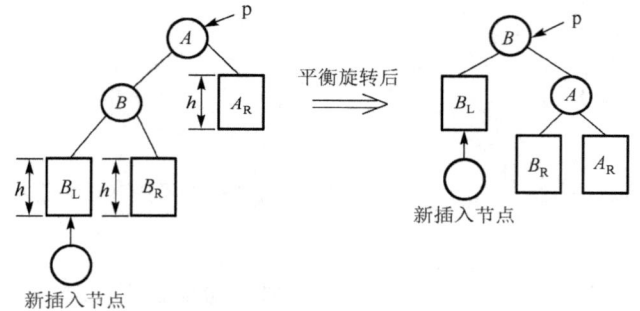

（a）LL型平衡旋转

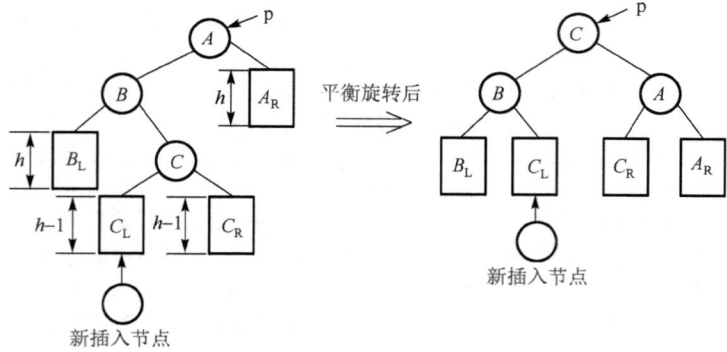

（b）LR型平衡旋转

图 7-4　二叉排序树的 4 种平衡旋转

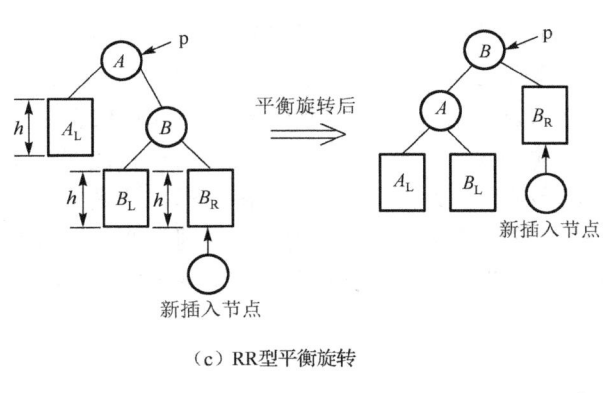

（c）RR型平衡旋转

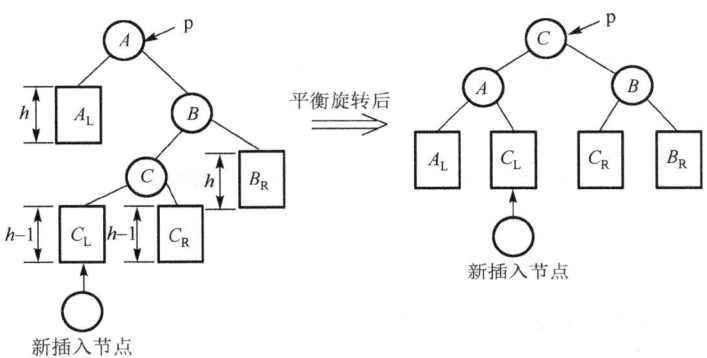

（d）RL型平衡旋转

图7-4 二叉排序树的4种平衡旋转（续）

由图 7-4 可知，在 4 种平衡旋转中，各子树（如果有）A_L、A_R、B_L、B_R、C_L、C_R 从左到右的排列顺序并没有发生变化，只是双亲节点可能会发生变化，即可能对节点 A、B、C 的位置进行调整。因此，我们只参考平衡旋转前和平衡旋转后的二叉树形态，并以平衡旋转后的二叉树为标准，由底层开始逐层向上修改相应的指针值即可。

例如，对于 LR 型平衡旋转：如图 7-4（b）所示，已知指针 p 指向不平衡树的根节点 A，增设指针 q 和 r，则平衡调整如下：

```
q=p->lchild;              //q 指向节点 B
r=q->rchild;              //r 指向节点 C
p->lchild=r->rchild;      //节点 A 的左指针改为指向节点 C 的右子树 CR
q->rchild=r->lchild;      //节点 B 的右指针改为指向节点 C 的左子树 CL
r->lchild=q;              //节点 C 的左指针改为指向节点 B
r->rchild=p;              //节点 C 的右指针改为指向节点 A
p=r;                      //使指针 p 指向平衡后的根节点 C
```

由于节点 B 的子树没有发生改变，因此无须调整节点 B 的左、右指针值。

在不改变二叉树链式存储结构的情况下，可以通过判断某个节点左子树和右子树的深度差值是否为 2 或-2 来得知该子树是否平衡。在平衡二叉树中插入一个节点时，即调用先序遍历二叉树非递归函数 Preorder()，函数 Preorder()在遍历每个节点时检查其左子树和右子树的深度差值是否为 2 或-2，若是则调用函数 AVL_Revolve()进行平衡处理后结束函数 Preorder()的执行并返回 1，而只要返回 1，函数 Preorder()就继续执行（即函数 AVL_TreeCreat()中的"while(Preorder_AVL(t));"语句）遍历二叉树的每个节点进行平衡处理，直至返回 0 为止。也就是说，每调用一次 Preorder()只能对一个不平衡的节点进行平衡处理，而不能对树中所有不平衡的节点进行平衡处理，这是因为对一个不平衡的节点进行平衡处理之后，其树的形态已经发生了变化，即不同于变化前暂存在栈 stack 中二叉树的节点指针顺序，故只能对变化后的二叉树重新调用函数 Preorder()继续遍历每个节点进行平衡处理。

2. 实验目的

了解平衡二叉树的有关概念，掌握平衡二叉树的构造方法。

3. 实验内容

建立一棵平衡二叉树，并实现平衡二叉树的插入、查找和删除功能。

4. 参考程序

```c
#include<stdio.h>
#include<stdlib.h>
#define MAXSIZE 30
typedef struct node
{
   int key;                              //记录简化为仅含关键字项
   struct node *lchild, *rchild;         //左、右孩子指针
}BSTree;                                 //二叉树节点类型
int Depth(BSTree *p)                     //后序遍历求二叉树的深度
{
   int lchild, rchild;
   if(p==NULL) return 0;                 //树的深度为0
   else
   {
      lchild=Depth(p->lchild);           //递归调用求左子树高度
      rchild=Depth(p->rchild);           //递归调用求右子树高度
      return lchild>rchild ? (lchild+1) : (rchild+1);
                        //返回最终求得左子树高度和右子树高度中的较大值
   }
}
void AVL_Revolve(BSTree **p,int k)       //对节点**p为根的二叉树进行平衡处理
{
   BSTree *q, *r;
   switch(k)
   {
      case 1:   r=(*p)->lchild;          //LL型平衡旋转处理
                (*p)->lchild=r->rchild;
```

```
                r->rchild=*p;
                break;
        case 2:  q=(*p)->lchild;              //LR 型平衡旋转处理
                r=q->rchild;
                (*p)->lchild=r->rchild;
                q->rchild=r->lchild;
                r->lchild=q;
                r->rchild=*p;
                break;
        case 3:  q=(*p)->rchild;              //RL 型平衡旋转处理
                r=q->lchild;
                (*p)->rchild=r->lchild;
                q->lchild=r->rchild;
                r->rchild=q;
                r->lchild=*p;
                break;
        case 4:  r=(*p)->rchild;              //RR 型平衡旋转处理
                (*p)->rchild=r->lchild;
                r->lchild=*p;
    }
    *p=r;                                     //保存平衡旋转处理后的子树根节点指针
}
int Preorder_AVL(BSTree **t)                  //先序遍历二叉树进行平衡处理
{
    BSTree *p=*t,*r=p,*stack[MAXSIZE];
    int i=0, k, m=0, b=0;
    stack[0]=NULL;                            //栈初始化
    while(p!=NULL||i>0)                       //当指针 p 不空或栈 stack 不空（i>0）
        if(p!=NULL)                           //指针 p 不空
        {
            k=0;                              //先假定无平衡旋转发生
            if(Depth(p->lchild)-Depth(p->rchild)==2)//左子树和右子树深度差值为 2
                if(Depth(p->lchild->lchild)>Depth(p->lchild->rchild))
                    k=1;                      //需要进行 LL 型平衡旋转
                else
                    k=2;                      //需要进行 LR 型平衡旋转
            if(Depth(p->lchild)-Depth(p->rchild)==-2)//左子树和右子树深度差值为-2
                if(Depth(p->rchild->lchild)>Depth(p->rchild->rchild))
                    k=3;                      //需要进行 RL 型平衡旋转
                else
                    k=4;                      //需要进行 RR 型平衡旋转
            if(k>0)                           //进行平衡旋转处理
            {
                if(*t==p)  m=1;
                     //待平衡处理的子树根节点是平衡二叉树的根节点时置 m 值为 1
                AVL_Revolve(&p,  k);          //对子树 p 进行平衡处理
```

```
              if(m) *t=p;      //如果m值为1,则将平衡后子树根节点作为平衡二叉树的根节点
              if(b&&p!=*t) r->rchild=p;
                              //如果子树根节点不为根节点,则将其作为父节点的右孩子
              if(!b&&p!=*t) r->lchild=p;
                              //如果子树根节点不为根节点,则将其作为父节点的左孩子
              return 1;                           //返回有平衡处理发生标志
          }
          else                                    //无平衡旋转发生
          {
              stack[++i]=p;                       //将指向节点的指针p压栈
              p=p->lchild;                        //沿*p的左子树向下遍历
          }
      }
      else                                        //指针p为空
      {
        p=stack[i--];         //将指向这个无左子树的父节点指针由栈中弹出给p
        r=p;                  //p赋给r,从*r的右子树根开始沿左子树继续向下遍历
        p=p->rchild;          //p指向*r右子树的根节点
        b=1;                  //b赋1表示*p是*r的右孩子
      }
    return 0;                                     //返回无平衡处理发生标志
}
void AVL_TreeCreat(BSTree **t,int k)
{                             //在平衡二叉树中插入一个关键字值为k的节点
    BSTree *p, *q;
    q=*t;                                         //插入查找由根节点**t开始
    while(q!=NULL)                                //当查找指针q不为空时,查找插入位置
      if(k==q->key) goto L1;
                      //如果平衡二叉树中已有关键字值为k的节点,则不插入新节点
      else
          if(k<q->key) //如果k小于节点*q的关键字值,则到**t的左子树查找
          { p=q; q=q->lchild; }
          else        //如果k大于节点*q的关键字值,则到**t的右子树查找
          { p=q; q=p->rchild; }
    q=(BSTree *)malloc(sizeof(BSTree));
                      //如果树中没有关键字值为k的节点,则创建一个新节点
    q->key=k;                                     //新节点的关键字值为k
    q->lchild=NULL;                               //因为作为叶子节点插入,故左、右指针均为空
    q->rchild=NULL;
    if(p->key>k) p->lchild=q;                     //作为原叶子节点*p的左孩子插入
    else p->rchild=q;                             //作为原叶子节点*p的右孩子插入
    while(Preorder_AVL(t));
                //插入新节点之后可能破坏了二叉排序树的平衡,故需要进行平衡处理
L1: ;
}
BSTree *BSTSearch(BSTree *t,int k)       //平衡二叉树查找
```

```c
{                                    //在指针 t 所指的平衡二叉树中查找关键字值为 k 的节点
    while(t!=NULL)
        if(k==t->key)
            return t;                //如果 k 等于根节点*t 的关键字值则查找成功,返回指针 t 值
        else
            if(k<t->key )
                t=t->lchild;         //如果 k 小于根节点*t 的关键字值,则到*t 的左子树查找
            else
                t=t->rchild;         //如果 k 大于根节点*t 的关键字值,则到*t 的右子树查找
    return NULL;                     //查找失败,返回空指针值
}
void Preorder(BSTree *p)             //先序遍历二叉树
{
    if(p!=NULL)
    {
        printf("%4d",p->key);        //访问根节点
        Preorder(p->lchild);         //先序遍历左子树
        Preorder(p->rchild);         //先序遍历右子树
    }
}
void Inorder(BSTree *p)              //中序遍历二叉树
{
    if(p!=NULL)
    {
        Inorder(p->lchild);          //中序遍历左子树
        printf("%4d",p->key);        //访问根节点
        Inorder(p->rchild);          //中序遍历右子树
    }
}
void BSTDelete(BSTree **t,int k)     //在平衡二叉树中删除关键字值为 k 的节点
{
    BSTree *p, *q, *r;
    q=*t; p=*t;
    if(q==NULL) goto L2;             //树*t 为空
    if(q->lchild==NULL&&q->rchild==NULL&&q->key==k)
    { *t=NULL; goto L2; }            //树*t 仅有一个节点(即待删节点*q)时置树*t 为空
    while(q!=NULL)                   //查找待删节点
        if(k==q->key)
            goto L1;                 //当 q->key 等于 k 时找到待删节点*q
        else                         //如果*q 不是待删节点,则继续查找
            if(k<q->key)             //当 q->key 大于 k 时
            { p=q; q=q->lchild; }    //在*q 的左子树查找待删节点
            else                     //当 q->key 小于 k 时
            { p=q; q=q->rchild; }    //在*q 的右子树查找待删节点
    if(q==NULL)                      //树*t 中无待删节点
    {
```

```
            printf("Not found delete node!\n");
            goto L2;
        }
    L1:if(q->lchild==NULL&&q->rchild==NULL)
                                        //待删节点*q为叶子节点,即第一种情况
            if(p->lchild==q)            //删除待删节点*q
                p->lchild=NULL;
            else
                p->rchild=NULL;
        else                            //待删节点*q不为叶子节点的处理
            if(q->lchild==NULL)         //待删节点*q无左子树,即第二种情况
                if(q==*t) *t= q->rchild;//待删节点*q为根节点的处理
                else                    //当待删节点*q不为根节点时
                    if(p->lchild==q)    //用待删节点*q的右子树根来取代待删节点*q
                        p->lchild=q->rchild;
                    else
                        p->rchild=q->rchild;
            else
                if(q->rchild==NULL)     //待删节点*q无右子树,即第三种情况
                    if(q==*t) *t= q->lchild;//待删节点*q为根节点的处理
                    else                //待删节点*q不为根节点
                        if(p->lchild==q)//用待删节点*q的左子树根取代待删节点*q
                            p->lchild=q->lchild;
                        else
                            p->rchild=q->lchild;
                else                    //待删节点*q有左子树和右子树,即第四种情况
                {
                    r=q->rchild;
                    if(r->lchild==NULL&&r->rchild==NULL)
                    {                   //待删节点*q的右子树仅有一个根节点
                        q->key=r->key;  //将右子树这个根节点取代待删节点*q
                        q->rchild=NULL;
                    }
                    else
                    {
                        p=q;            //用p指向"最左下节点"的双亲节点
                        while(r->lchild!=NULL)//查找"最左下节点"
                        { p=r; r=r->lchild; }
                        q->key=r->key;  //将"最左下节点"*r复制到待删节点*q
                                        //即用"最左下节点"*r覆盖删除待删节点*q
                        if(p->lchild==r)//然后删除重复存在的"最左下节点"
                            p->lchild=r->rchild;
                        else
                            p->rchild=r->rchild;
                    }
                }
```

```c
            while(Preorder AVL(t));
                           //删除节点之后可能破坏了二叉排序树的平衡,故需要平衡处理
L2: ;
}
void main()
{
   BSTree *p, *root;
   int i, n, x;
   printf("Input number of BSTree keys\n");
   scanf("%d",&n);                          //输入待生成的平衡二叉树节点总数 n
   printf("Input key of BSTree :\n");
   for(i=0; i<n; i++)                       //为 n 个节点建立一棵平衡二叉树
   {                                        //输入待生成的平衡二叉树各节点的关键字值
      scanf("%d",&x);
      if(i==0)                              //生成平衡二叉树的根节点
      {
         root=(BSTree *)malloc(sizeof(BSTree));
         root->lchild=NULL;
         root->rchild=NULL;
         root->key=x;
      }
      else
      AVLTreeCreat(&root, x);          //在非空平衡二叉树中插入一个节点
   }
   printf("Output keys of BSTree by Preorder:\n");
   Preorder(root);                          //先序遍历输出平衡二叉树
   printf("\nOutput keys of BSTree by inorder:\n");
   Inorder(root);                           //中序遍历输出平衡二叉树
   printf("\nDepth=%d\n",Depth(root));      //输出平衡二叉树的深度
   printf("Input key for search:\n");
   scanf("%d",&x);                          //输入要查找的关键字
   p=BSTSearch(root, x);                    //在平衡二叉树中进行查找
   if(p!=NULL)
      printf("found,key is %d!\n",p->key);  //如果找到,则输出树中的关键字
   else
      printf("No found!\n");                //输出未找到信息
   do{
       printf("Input key for delete(-1 stop):\n");
       scanf("%d",&x);                      //输入要删除的关键字
       if(x==-1) break;
       BSTDelete(&root, x);                 //在平衡二叉树中删除该关键字的记录
       printf("Output keys of BSTree by Preorder:\n");
       Preorder(root);                      //先序遍历输出删除后的平衡二叉树
       printf("\nOutput keys of BSTree by deleted:\n");
       Inorder(root);                       //中序遍历输出删除后的平衡二叉树
       printf("\nDepth=%d\n",Depth(root));      //输出平衡二叉树的深度
```

```
        }while(x!=-1);
}
```

【说明】

程序执行过程如下：

```
Input number of BSTree keys
7✓
Input key of BSTree :
1 2 3 4 5 6 7✓
Output keys of BSTree by Preorder:
   3   2   1   5   4   6   7
Output keys of BSTree by inorder:
   1   2   3   4   5   6   7
Depth=4
Input key for search:
5
found,key is 5!
Input key for delete(-1 stop):
3
Output keys of BSTree by Preorder:
   4   2   1   6   5   7
Output keys of BSTree by deleted:
   1   2   4   5   6   7
Depth=3
Input key for delete(-1 stop):
6
Output keys of BSTree by Preorder:
   4   2   1   7   5
Output keys of BSTree by deleted:
   1   2   4   5   7
Depth=3
Input key for delete(-1 stop):
7
Output keys of BSTree by Preorder:
   4   2   1   5
Output keys of BSTree by deleted:
   1   2   4   5
Depth=3
Input key for delete(-1 stop):
4
Output keys of BSTree by Preorder:
   2   1   5
Output keys of BSTree by deleted:
   1   2   5
Depth=2
Input key for delete(-1 stop):
```

```
-1
Press any key to continue
```

程序执行过程中先输入的关键字为 1、2、3、4、5、6、7，即建立的二叉排序树是一棵单枝树，经过平衡处理之后由先序序列可以看出已变成根节点关键字为 3 的平衡二叉树，其树的深度为 4。在删除关键字为 3 的根节点之后，经过平衡处理之后由先序序列可以看出已变成根节点关键字为 4 的平衡二叉树，其树的深度变为 3。其余操作不再赘述。平衡处理也可以采用后序遍历方法，后序平衡处理函数 Postorder_AVL()如下：

```
int Postorder_AVL(BSTree **t)              //后序遍历二叉树进行平衡处理
{
   BSTree *stack[MAXSIZE],*p=*t,*r=p;
   int b[MAXSIZE],i=0,k,m=0,n=0; //数组b标识每个节点是否遍历过其左子树和右子树
   stack[0]=NULL;                          //栈初始化
   do                                      //后序遍历二叉树
   {
      if(p!=NULL)                          //当指针p不空时
      {
         k=0;
         if(Depth(p->lchild)-Depth(p->rchild)==2)//左子树和右子树深度差值为2
            if(Depth(p->lchild->lchild)>Depth(p->lchild->rchild))
               k=1;                        //LL 型
            else
               k=2;                        //LR 型
         if(Depth(p->lchild)-Depth(p->rchild)==-2)//左子树和右子树深度差值为-2
            if(Depth(p->rchild->lchild)>Depth(p->rchild->rchild))
               k=3;                        //RL 型
            else
               k=4;                        //RR 型
         if(k>0)                           //进行旋转处理
         {
            if(*t==p) m=1;//待平衡处理的子树根节点是平衡二叉树的根节点时置m=1
            AVL_Revolve(&p,k);             //对子树p进行平衡处理
            if(m) *t=p;    //m=1,应将平衡后的子树根节点作为平衡二叉树的根节点
            if(n&&p!=*t)
               r->rchild=p;                //子树根节点不为根节点时将其作为父节点的右孩子
            if(!n&&p!=*t)
               r->lchild=p;                //子树根节点不为根节点时将其作为父节点的左孩子
            return 1;                      //有平衡处理发生
         }
         else
         {
            stack[++i]=p;                  //将该节点指针p压栈
            b[i]=0;                        //置当前节点右子树未访问过的标志
            p=p->lchild;                   //沿左子树向下遍历
         }
```

```
        }
        else                            //当指针 p 为空时
        {
          p=stack[i--];                 //将这个无左子树的节点由栈中弹出
          r=p;n=1;                      //r 指向*p 的父节点，n=1 表示*p 是*r 的右孩子
          if(!b[i+1])
          {
            stack[++i]=p;               //将当前节点重新压栈
            b[i]=1;                     //置当前节点右子树已访问过的标志
            p=p->rchild;                //从该节点右子树的根开始继续沿左子树向下遍历
          }
          else
            p=NULL;                     //将指向当前节点的指针置为空
        }
    }while(p!=NULL||i>0);               //当指针 p 不空或栈 stack 不空（i>0）时继续遍历
    return 0;                           //无平衡处理发生
}
```

5. 思考题

（1）先序遍历二叉树进行平衡处理的函数 Preorder_AVL()是否可以用递归方法实现？

（2）当插入一个节点使二叉树失去平衡之后，该二叉树中是否会有多个不平衡的节点？

实验 6 哈希查找

1. 概述

哈希表的查找过程与构造哈希表的过程基本一致，即给定关键字 key 值并根据构造哈希表时设定的哈希函数求得其存储地址。若哈希表的存储地址中没有记录，则查找失败；否则，将该地址中的关键字与 key 比较，若相等则查找成功，若不相等则根据构造哈希表时设定的解决冲突的方法寻找下一个哈希地址，直到查找成功或查找到的哈希地址中无记录（即查找失败）为止。

我们约定，对于哈希表 Hash 中未存放记录的数组元素 Hash[i]，其标志是 Hash[i]的值为-1，并且对冲突的处理采用线性探测法；Hash[i]的值为-2 表示存放于 Hash[i]的关键字已被删除，但查找到该项时不应终止查找。下面以长度为 11 的闭散列（哈希）表为例介绍在哈希表中的插入、查找和删除算法。初始时哈希表中的关键字全部置为-1，表示该哈希表为空。

2. 实验目的

了解哈希函数和哈希表的有关概念，掌握哈希表的建立与查找方法。

3. 实验内容

用除留余数法建立一个哈希表，然后在哈希表中实现查找和删除功能。

4. 参考程序

```c
#include<stdio.h>
#define MAXSIZE 11
#define key 11                          //哈希查找采用除留余数法（x%key）
void Hash_Insert(int Hash[],int x)      //哈希表的插入
{
   int i=0, t;                          //i 为哈希表中已存放的关键字个数计数器
   t=x%key;                             //求哈希地址
   while(i<MAXSIZE)
   {
      if(Hash[t]<=-1)
      {              //若该哈希地址 t 无关键字存放（-1 为空；-2 为已删除，即也为空）
         Hash[t]=x;                     //将关键字 x 放入该哈希地址 t
         break;
      }
      else           //如果该哈希地址 t 已被占用，则继续探查下一个存放位置
         t=(t+1)%key;                   //在线性探测中形成后继探测地址
      i++;                              //哈希表中已存放的关键字个数计数加 1
   }
   if(i==MAXSIZE)          //计数 i 达到哈希表长度时，哈希表已放满关键字
      printf("Hashlist is full!\n");
}
void Hash_search(int Hash[],int x)      //哈希表的查找
{                                       //在哈希表中查找关键字值为 x 的记录
   int i=0, t;                          //i 记录查找次数，初始值为 0
   t=x%key;                             //根据关键字 x 映射出哈希地址 t
   while(Hash[t]!=-1&&i<MAXSIZE)
   {       //该哈希地址 t 不为空（-1）且关键字个数计数 i 未达到哈希表长度时
      if(Hash[t]==x)
      {       //该哈希地址 t 存放的关键字就是 x，找到则输出该关键字及其存放位置
         printf("Hash position of %d is %d\n",x,t);
         break;
      }
      else                              //该哈希地址 t 存放的关键字不是 x
         t=(t+1)%key;                   //用开放定址法确定下一个要查找的位置
      i++;                              //哈希表中已存放的关键字个数计数加 1
   }
   if(Hash[t]==-1||i==MAXSIZE)   //一直查到标记-1 的空位置出现或已查完哈希表
      printf("No found!\n");            //输出在哈希表中找不到关键字 x 信息
}
void Hash_Delete(int Hash[],int x)      //哈希表的删除
{
   int i=0, t;                          //i 记录查找次数，初始值为 0
   t=x%key;
   while(Hash[t]!=-1&&i<MAXSIZE)        //当查找位置标记不为-1 且未查完哈希表时
   {
```

```c
            if(Hash[t]==x)                          //该哈希地址 t 存放的关键字就是 x
            {
              Hash[t]=-2;                           //在找到的删除位置上用-2 作为删除标记
              printf("%d in Hashlist is deleteded!\n",x);  //输出已删除信息
              break;                                //终止查找
            }
            else                                    //该哈希地址 t 存放的关键字不是 x
              t=(t+1)%key;                          //如果未找到,则用开放定址法查找下一个位置
            i++;                                    //查找次数计数加 1
         }
         if(i==MAXSIZE)           //查找次数 i 计数达到哈希表长度时已查完整个哈希表
            printf("Delete fail!\n");               //未找到待删除记录的位置,删除操作失败
}
void main()
{
   int i,  x,  Hash[MAXSIZE];
   for(i=0;  i<MAXSIZE-1;  i++)                    //将哈希表初始化为空表
      Hash[i]=-1;
   i=0;
   printf("Make Hashlist, Input data(-1 stop):\n");
                                                   //生成哈希表(遇到-1 结束)
   scanf("%d",&x);
   while(x!=-1  &&   i<MAXSIZE)
   {
      Hash_Insert(Hash,x);
      scanf("%d",&x);
   }
   printf("Output Hashlist:\n");
   for(i=0;  i<MAXSIZE;  i++)                      //输出哈希表
      printf("%4d",Hash[i]);
   printf("\nInput search data:\n");
   scanf("%d",&x);                                 //输入要查找的记录关键字
   Hash_search(Hash,  x);                          //在哈希表中查找
   printf("\nDelete record in Hashlist,Input key:\n");
   scanf("%d",&x);                                 //输入待删记录的关键字
   Hash_Delete(Hash,  x);                          //在哈希表中删除
   printf("Output Hashlist after record deleted:\n");
   for(i=0;  i<MAXSIZE;  i++)                      //输出删除记录后的哈希表
      printf("%4d",Hash[i]);
   printf("\nInsert key of record in Hashlist:\n");
   scanf("%d",&x);                                 //输入要插入的记录关键字
   Hash_Insert(Hash,  x);                          //在哈希表中插入该关键字的记录
   printf("Output Hashlist after record inserted:\n");
   for(i=0;  i<MAXSIZE;  i++)                      //输出插入记录后的哈希表
      printf("%4d",Hash[i]);
   printf("\n");
}
```

【说明】

程序执行过程如下：

```
Make Hashlist, Input data(-1 stop):
  24 20 36 22 48 12 32 38 -1↙
Output Hashlist:
  22 12 24 36 48 38 -1 -1 -1 20 32
Input search data:
36↙
Hash position of 36 is 3

Delete data in Hashlist,Input data:
48↙
48 in Hashlist is deleteded!
Input Hashlist after Delete:
  22 12 24 36 -2 38 -1 -1 -1 20 32
Insert a data in Hashlist,:
56↙
Input Hashlist after Delete:
  22 12 24 36 56 38 -1 -1 -1 20 32
Press any key to continue
```

程序执行之后首先建立了如表 7-1 所示的哈希表。

表 7-1　哈希表

地址	0	1	2	3	4	5	6	7	8	9	10
关键字	22	12	24	36	48	38				20	32

然后分别查找、删除和插入关键字为 36、48 与 56 的记录。

5. 思考题

如何用拉链法建立一个哈希表并实现在哈希表中的查找和删除功能？

第 8 章

排序

排序是计算机程序设计中的一种重要操作,其功能是按照记录集合中每个记录的关键字之间所存在的递增或递减关系将该集合中的记录次序重新排列。在介绍排序方法之前,需要先定义记录的存储结构及类型:

```
typedef struct
{
    KeyType key;                    //关键字项
    OtherType data;                 //其他数据项
}RecordType;                        //记录类型
```

8.1 插入排序

插入排序的基本思想如下:将记录集合分为有序和无序两种序列。从无序序列中任意取一个记录,然后根据该记录的关键字大小在有序序列中查找一个合适的插入位置,使该记录放入这个位置之后,这个有序序列仍然保持有序。每插入一个记录就称为一趟插入排序,经过多趟插入排序,使无序序列中的记录全部插入有序序列中,则排序完成。

1. 直接插入排序

直接插入排序是一种最简单的排序方法,其做法如下:在插入第 i 个记录 R[i]时,R[1],R[2],…,R[i-1]已经排好序,这时将待插入记录 R[i]的关键字 R[i].key 由后向前依次与关键字 R[i-1].key,R[i-2].key,…,R[1].key 进行比较,从而找到 R[i]应该插入的位置 j,并且由后向前依次将 R[i-1],R[i-2],…,R[j+1],R[j]按顺序后移一个位置(这样移动可以保证每个被移动的记录信息不被破坏),然后将 R[i]放入刚刚让出其位置的原 R[j]处,这种插入使前 i 个位置上的所有记录 R[1],R[2],…,R[i]继续保持有序。

2. 折半插入排序

在直接插入排序中,记录集合被分为有序序列集合{R[1],R[2],…,R[i-1]}和无序序列集合{R[i],R[i+1],…,R[n]},其中排序的基本操作是向有序序列 R[1]~R[i-1]中插入一个R[i]。由于是在有序序列中插入,因此可以采用折半查找来确定 R[i]在有序序列 R[1]~R[i-1]中应该插入的位置,从而减少查找的次数。实现这种方法的排序称为折半插入排序。

3. 希尔（Shell）排序

希尔排序又称为缩小增量排序，是根据直接插入排序的特点而改进的分组插入方法。先将整个待排序列中的记录按给定的下标增量进行分组，并对每个组内的记录采用直接插入法排序（因为初始时组内记录较少而排序效率高），然后减少下标增量，使每组包含的记录增多，再继续对每组组内的记录采用直接插入法排序。以此类推，当下标增量减少到 1 时，整个待排序记录序列已成为一组，但由于此前已经做过直接插入排序工作，因此整个待排序记录序列已经基本有序。这时，对全体待排序记录再进行一次直接插入排序即可完成排序工作。

8.2 交换排序

交换排序是通过交换记录在表中的位置来实现排序的。交换排序的思想如下：两两比较待排记录的关键字，一旦发现两个记录的次序与排序要求相逆，则交换这两个记录的位置，直到表中没有逆序的记录存在为止。

1. 冒泡排序

对 R[1]～R[n]这 n 个记录进行冒泡排序的过程如下：第 1 趟从第 1 个记录 R[1] 开始到第 n 个记录 R[n]为止，对 n-1 对相邻的两个记录进行两两比较，若其关键字与排序要求相逆则交换两者的位置。这样，经过一趟比较和交换之后，具有最大关键字的记录就被交换到 R[n]位置。第 2 趟从第 1 个记录 R[1]开始到第 n-1 个记录 R[n-1]为止，继续重复上述两两比较与交换，这样具有次大关键字的记录就被交换到 R[n-1]位置。如此重复，在经过 n-1 趟这样的比较和交换之后，R[1]～R[n]这 n 个记录已按关键字有序。这个排序过程就像一个个往上（往右）冒泡的气泡，最轻的气泡先冒上来（到达 R[n]位置），较重的气泡后冒上来，因此形象地称为冒泡排序。

冒泡排序最多进行 n-1 趟，在某趟两两比较关键字的过程中，若一次交换都未发生，则表明 R[1]～R[n]中的记录已经有序，这时可以结束排序过程。

2. 快速排序

快速排序是基于冒泡排序的交换思想所改进的一种交换排序方法，又称为分区交换排序。快速排序的基本思想如下：在待排序记录序列中，任取其中一个记录（通常是第一个记录）作为基准记录，即以该记录的关键字作为基准，经过一趟交换之后，所有关键字比它小的记录都交换到它的左边，而所有关键字比它大的记录都交换到它的右边（只是交换而并不排序）。此时，该基准记录在有序序列中的最终位置就已确定。然后分别对划分到基准记录左、右两部分区间的记录序列重复上述过程，直到每部分最终划分为一个记录为止，即最终确定了所有记录各自在有序序列中应该放置的位置，这也意味着完成了排序。因此，快速排序的核心操作是划分。

8.3 选择排序

选择排序的基本思想如下：每趟从待排序的无序记录序列中选出关键字最小的记录，并按顺序放在已排好序记录序列的最后，直至全部记录排序完成为止。由于选择排序算法每趟总是从无序记录中挑选关键字最小的记录，因此适合从大量记录中选择一部分记录的场合。

1. 直接选择排序

直接选择排序又称为简单选择排序，其实现方法如下：在 n 个无序记录序列中，第 1 趟从这 n 个记录中找出关键字最小的记录与第 1 个记录交换（此时第 1 个记录为有序）；第 2 趟从第 2 个记录开始的 $n-1$ 个无序记录中再选出关键字最小的记录与第 2 个记录交换（此时第 1 个和第 2 个记录已有序）；如此下去，第 i 趟则从第 i 个记录开始的 $n-i+1$ 个无序记录中选出关键字最小的记录与第 i 个记录交换（此时前 i 个记录已有序），这样经过 $n-1$ 趟排序之后，前 $n-1$ 个记录已有序，无序记录只剩 1 个（第 n 个记录），因为关键字小的前 $n-1$ 个记录都已进入有序序列，第 n 个记录必为关键字最大的记录，所以无须交换，即记录序列中的 n 个记录已全部有序。

2. 堆排序

堆的定义如下：对 n 个关键字序列 $k_1,k_2,k_3,\cdots,k_n$，当且仅当满足下述关系之一时就称为堆。

$$k_i \leq \begin{cases} k_{2i} \\ k_{2i+1} \end{cases} \quad \text{或} \quad k_i \geq \begin{cases} k_{2i} \\ k_{2i+1} \end{cases}$$

其中，$i = 1,2,\cdots,\left\lfloor\dfrac{n}{2}\right\rfloor$。

若将此关键字序列对应的一维数组（以一维数组作为此序列的存储结构）看作一棵完全二叉树，则堆的含义表明：完全二叉树中所有非终端节点（非叶子节点）的关键字均不大于（或不小于）其左、右孩子节点的关键字。因此，在一个堆中，堆顶关键字（完全二叉树的根节点）必是 n 个关键字序列中的最小值（或最大值），并且堆中任意一棵子树也同样是堆。我们将堆顶关键字为最小值的堆称为小根堆，将堆顶关键字为最大值的堆称为大根堆。例如，关键字序列 12,36,24,85,47,30,53,91 是一个小根堆，而关键字序列 91,47,85,24,36,53,30,16 则是一个大根堆，这两个堆的完全二叉树表示和一维数组存储表示如图 8-1 所示。

堆排序是一种树形选择排序，更确切地说是二叉树形选择排序。下面以小根堆为例介绍堆排序的思想：对 n 个待排序的记录，首先根据各记录的关键字按堆的定义排成一个序列（即建立初始堆），从而由堆顶得到最小关键字的记录，然后将剩余的 $n-1$ 个记录再调整成一个新堆，即又由堆顶得到这 $n-1$ 个记录中最小关键字的记录，如此反复进行出堆和将剩余记录调整为堆的处理，当堆仅剩下一个记录出堆时，则 n 个记录已按出堆次序排成有序序列。因此，堆排序的过程分为两步（以小根堆为例，大根堆可做类似处理）。

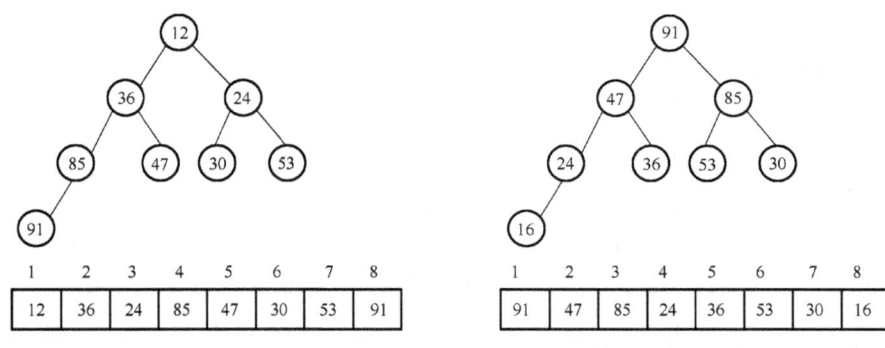

图 8-1 堆的完全二叉树表示和一维数组存储表示

1）建立初始堆

为了简单起见，下面以记录的关键字来代表记录。首先将待排序的 n 个关键字分别放到一棵完全二叉树（用一维数组存储）的各个节点中（此时完全二叉树中的各个节点并不一定具备堆的性质）。由二叉树性质可知，所有序号大于 $\left\lfloor\dfrac{n}{2}\right\rfloor$ 的叶子节点已经是堆（因为其无子节点），故初始建堆是以序号为 $\left\lfloor\dfrac{n}{2}\right\rfloor$ 的最后一个非终端节点开始的。通过调整，逐步使序号为 $\left\lfloor\dfrac{n}{2}\right\rfloor,\left\lfloor\dfrac{n}{2}\right\rfloor-1,\left\lfloor\dfrac{n}{2}\right\rfloor-2,\cdots$，为了使根节点的子树满足堆的定义，直到序号为 1 的根节点排成堆为止，则这 n 个关键字已构成了一个堆。在对根节点序号为 i 的子树建堆的过程中，可能需要对节点的位置进行调整，以满足堆的定义（必须与关键字小的子节点进行位置调整，否则不满足堆的定义）。但是这种调整可能会出现原先是堆的下一层子树不再满足堆的定义的情况，这就需要再对下一层进行调整。如此一层一层地调整下去，这种调整可能会持续到叶子节点。这种建堆方法就像过筛子一样，把最小关键字向上逐层筛选出来，直至到达完全二叉树的根节点（序号为 1）为止，此时即可输出堆顶节点（根节点）的关键字值。

2）调整成新堆

堆顶节点的关键字输出之后，将堆中剩余的 $n-1$ 个节点调整为堆的过程如下：将堆中序号为 n 的最后一个节点与待出堆的序号为 1 的堆顶节点（完全二叉树的根节点）进行交换（序号为 n 的节点此时用来保存出堆的节点，不再是堆中的节点），这时使序号为 1～$n-1$ 的节点满足堆的定义即可，即需要将剩余的 $n-1$ 个节点再构成堆。相对于原来的堆，此时仅堆顶节点发生了改变，而其余 $n-2$ 个节点的存放位置仍是原来堆中的位置，即这 $n-2$ 个节点仍满足堆的定义，只需要对这个新的堆顶节点（显然不满足堆的定义）进行调整。也就是说，在完全二叉树中，只对根节点进行自上而下的调整，调整的方法如下：将根节点与左、右孩子节点中关键字值较小的那个节点进行交换（否则交换后仍不满足堆的定义），若与左子树进行交换，则左子树堆被破坏，并且仅左子树的根节点不满足堆的定义；若与右子树进行交换，则右子树的堆被破坏，并且仅右子树的根节点不满足堆的定义。继续对不满足堆的定义的子树进行上述交换操作，这种调整需要持续到叶子节点或到某个节点已满足堆的定义时为止。

8.4 归并排序

归并排序是将两个或两个以上的有序序列合并成一个有序序列的过程。将两个有序序列合并（归并）成一个有序序列称为二路归并排序。二路归并的思想如下：只有一个记录的表总是有序的，故初始时将 n 个待排序记录看作 n 个有序表（每个有序表的长度为 1，即仅有一个记录），然后开始第 1 趟两两归并，即将第 1 个表与第 2 个表归并，第 3 个表与第 4 个表归并，以此类推，若最后仅剩一个表，则不参加归并。这样可以得到 $\lceil \frac{n}{2} \rceil$ 个长度为 2（最后一个表的长度可能为 1）的有序表。然后进行第 2 趟归并，即将第 1 趟得到的有序表继续进行两两归并，从而得到 $\lceil \frac{n}{4} \rceil$ 个长度为 4（最后一个表的长度可能小于 4）的有序表。以此类推，进行第 $\lceil \log_2 n \rceil$ 趟归并之后就可以得到长度为 n 的有序表。

8.5 基数排序

基数排序是一种借助于多关键字排序的思想，将单关键字按各权值位（基数）分成多关键字之后再进行排序。基数排序是分配排序中的一种。

1. 多关键字排序

前面讨论的排序中每个记录都只有一个关键字。但在有些情况下，排序过程中会用到一个记录中的多个关键字，这种排序称为多关键字排序。假定在 n 个记录的排序表中，每个记录包含 d 个关键字 $\{k^1, k^2, k^3, \cdots, k^d\}$，若记录序列对关键字 $\{k^1, k^2, k^3, \cdots, k^d\}$ 有序则意味着：对于记录序列中的任意两个记录 $R[i]$ 和 $R[j]$（$1 \leq i < j \leq n$）都满足下列有序关系

$$(k_i^1, k_i^2, k_i^3, \cdots, k_i^d) \leq (k_j^1, k_j^2, k_j^3, \cdots, k_j^d)$$

其中，k^1 称为最主位关键字，k^d 称为最次位关键字。

多关键字排序按照从最次位关键字到最主位关键字或从最主位关键字到最次位关键字的顺序逐次进行排序，即分为如下两种排序方法。

（1）最次位优先（LSD）法：先从最次位关键字 k^d 开始分组，同一组中的记录其关键字 k^d 相等，然后将各组连接（收集）起来，再按 k^{d-1} 进行分组和收集。此后，对后面的关键字也继续这样的分组和收集，直到按最主位关键字 k^1 进行分组和收集后便得到一个有序序列。

（2）最主位优先（MSD）法：先按 k^1 进行分组和收集，再按 k^2 进行分组和收集，直到按最次位关键字 k^d 进行分组和收集之后便得到一个有序序列。

若排序的结果要求以最主位关键字为主关键字，则采用最次位优先法；若排序的结果要求以最次位关键字为主关键字，则采用最主位优先法。

2. 链式基数排序

若将关键字拆分为若干项，每项作为一个"关键字"，则对单关键字的排序可按多关键字排序方法进行。例如，关键字为 3 位的整数，以每位对应一项拆分为 3 个关键字；又如，关键字由 5 个字符组成的串，以每个字符对应一项拆分为 5 个关键字。这样拆分后，每个关键字都在相同的权值范围内（数字是 0～9，字符则是'a'～'z'），我们称这样的关键字可能出现的权值范围为"基"，并记作 r。上述取数字为关键字的"基"为 10，取字符为关键字的"基"，为 26。根据这个特性，采用最主位优先法排序较为方便。

链式基数排序的思想如下：根据基 r 的大小设立 r 个队列，队列的编号分别为 0, 1, 2, …, r–1。对于无序的 n 个记录，首先从最低位关键字开始，将这 n 个记录"分配"到 r 个队列中，然后由小到大将各队列中的记录再依次"收集"起来，这称为一趟排序。第 1 趟排序之后，n 个记录已按最低位关键字有序。然后按次低位关键字把刚收集起来的 n 个记录再"分配"到 r 个队列中，重复上述"分配"与"收集"过程，直到对最高位关键字再进行一趟"分配"和"收集"之后，则 n 个记录已按关键字有序。

为了减少记录移动的次数，链式基数排序中的队列可以采用链表作为存储结构，并用 r 个链队列作为分配队列，链队列设有两个指针，分别指向链队列的队头和队尾，关键字相同的记录放入同一个链队列中，而收集总是将各链队列按关键字大小顺序链接起来。这种结构下的排序称为链式基数排序。

实验 1 插入排序

1. 概述

直接插入排序是一种最简单的排序方法，其做法如下：在插入第 i 个记录 R[i]时，R[1],R[2],…,R[i-1]已经排好序，这时将待插入记录 R[i]的关键字 R[i].key 由后向前依次与关键字 R[i-1].key,R[i-2].key,…,R[1].key 进行比较，从而找到 R[i]应该插入的位置 j，并且由后向前依次将 R[i-1],R[i-2],…,R[j+1],R[j]按顺序后移一个位置（这样移动可以保证每个被移动的记录信息不被破坏），然后将 R[i]放入刚刚让出其位置的原 R[j]处。这种插入使前 i 个位置上的所有记录 R[1],R[2],…,R[i]继续保持有序。

在程序中，i 从 2 变化到 n 是因为仅有一个记录的表是有序的，因此，对 n 个记录的表（数组），可以从第 2 个记录开始直到第 n 个记录逐个向有序表中进行插入操作，从而得到 n 个记录按关键字有序的表。引入 R[0]有如下两方面作用：一是保存记录 R[i]的值，即不至于在记录后移的操作中失去待插记录 R[i]的值；二是在 while 循环中取代检查 j 是否小于 1 的功能，即防止下标越界，也就是说，当 j 为 0 时，while 循环的判断条件就变成"R[0].key> R[0].key"，即终止 while 循环，因此，R[0]起到了监视哨的作用。图 8-2 给出了直接插入排序的排序过程。在图 8-2 中，i 从 2 变化到 n（n=8）；同时 i-1 也表示插入的次数（即排序的趟数），方括号"[ ]"中的记录为有序序列。由图 8-2 也可以看出：排序前 <u>48</u> 在 48 之后，排序后 <u>48</u> 仍在 48 之后，故直接插入排序是稳定的排序方法。

	监视哨								
	R[0]	R[1]	R[2]	R[3]	R[4]	R[5]	R[6]	R[7]	R[8]
初始关键字	[48]	33	61	96	72	11	25	<u>48</u>
i = 2	[33	48]	61	96	72	11	25	<u>48</u>
i = 3	[33	48	61]	96	72	11	25	<u>48</u>
i = 4	[33	48	61	96]	72	11	25	<u>48</u>
i = 5	[33	48	61	72	96]	11	25	<u>48</u>
i = 6	[11	33	48	61	72	96]	25	<u>48</u>
i = 7	[11	25	33	48	61	72	96]	<u>48</u>
i = 8	[11	25	33	48	<u>48</u>	61	72	96]

图 8-2 直接插入的排序过程

2. 实验目的

了解插入排序的基本思想，掌握插入排序的实现方法。

3. 实验内容

用一维数组存储待排序记录，然后实现插入排序。

4. 参考程序

```c
#include<stdio.h>
#define MAXSIZE 30
typedef struct
{
    int key;                    //关键字项
    char data;                  //其他数据项
}RecordType;                    //记录类型
void D_Insert(RecordType R[],int n)
{                               //对 n 个记录序列 R[1]~R[n]进行直接插入排序
    int i, j;
    for(i=2;  i<=n;  i++)       //进行 n-1 趟排序
        if(R[i].key<R[i-1].key)
        {   //R[i].key 小于 R[i-1].key 时需要将 R[i]插入有序序列 R[1]~R[i-1]中
            R[0]=R[i];          //将 R[0]设置为查找监视哨并保存待插入记录 R[i]的值
            j=i-1;
            while(R[j].key>R[0].key)
            {                   //将关键字值大于 R[i].key（即此时 R[0].key）的
                                //所有 R[j](j=i-1,i-2,…)顺序后移一个记录位置
                R[j+1]=R[j];
                j--;
            }
            R[j+1]=R[0];        //将 R[i]的值（在 R[0]中）放入找到的插入位置上
        }
}
void main()
```

```
{
    int i=1,  j,  x;
    RecordType R[MAXSIZE];                          //定义记录类型数组 R
    printf("Input data of list (-1 stop):\n");
                                                    //给每个记录输入关键字,直至-1 结束
    scanf("%d",&x);
    while(x!=-1)
    {
       R[i].key=x;
       scanf("%d",&x);
       i++;
    }
    printf("Output data in list:\n");               //输出表中各记录的关键字
    for(j=1;  j<i;  j++)
       printf("%4d",R[j].key);
    D_Insert(R,  i-1);                              //进行直接插入排序
    printf("\nOutput data in list after Sort:\n");
                                                    //输出直接插入排序之后的结果
    for(j=1;  j<i;  j++)
       printf("%4d",R[j].key);
    printf("\n");
}
```

5. 思考题

插入排序是否是稳定的排序方法?

实验 2 折半插入排序

1. 概述

在直接插入排序中,记录集合被分为有序序列集合{R[1],R[2],…,R[i-1]}和无序序列集合{R[i],R[i+1],…,R[n]},并且排序的基本操作是在有序序列 R[1]～R[i-1]中插入一个R[i]。由于是在有序序列中插入,因此可以采用折半查找来确定 R[i]在有序序列 R[1]～R[i-1]中应插入的位置,从而减少查找的次数。

2. 实验目的

了解折半插入排序的基本思想,掌握折半插入排序的实现方法。

3. 实验内容

用一维数组存储待排序记录,然后实现折半插入排序。

4. 参考程序

```
#include<stdio.h>
#define MAXSIZE 30
```

```c
typedef struct
{
    int key;                                //关键字项
    char data;                              //其他数据项
}RecordType;                                //记录类型
void B_InsertSort(RecordType R[],int n)
{                                           //对 n 个记录序列 R[1]~R[n]进行折半插入排序
    int i, j, low, high, mid;
    for(i=2; i<=n; i++)                     //进行 n-1 趟排序
    {
        R[0]=R[i];              //将R[0]设置为查找监视哨，并保存待插入记录R[i]值
        low=1; high=i-1;                    //设置初始查找区间
        while(low<=high)                    //寻找插入位置
        {
            mid=(low+high)/2;
            if(R[0].key>R[mid].key)
                low=mid+1;                  //插入位置在右半区
            else
                high=mid-1;                 //插入位置在左半区
        }
        for(j=i-1; j>=high+1; j--)          //high+1 为插入位置
            R[j+1]=R[j];        //将R[i-1],R[i-2],…,R[high+1]顺序后移一个位置
        R[high+1]=R[0];         //将R[i]值（在R[0]中）放入找到的插入位置high+1
    }
}
void main()
{
    int i=1, j, x;
    RecordType R[MAXSIZE];                          //定义记录类型数组 R
    printf("Input data of list (-1 stop):\n");
                                            //给每个记录输入关键字，直至-1 结束
    scanf("%d",&x);
    while(x!=-1)
    {
        R[i].key=x;
        scanf("%d",&x);
        i++;
    }
    printf("Output data in list:\n");       //输出表中各记录的关键字
    for(j=1; j<i; j++)
        printf("%4d",R[j].key);
    B_InsertSort(R, i-1);                   //进行折半插入排序
    printf("\nOutput data in list after Sort:\n");
                                            //输出折半插入排序之后的结果
    for(j=1; j<i; j++)
        printf("%4d",R[j].key);
```

```
        printf("\n");
    }
```

5. 思考题

折半插入排序与插入排序有何异同点？

实验 3　希尔排序

1. 概述

在希尔（Shell）排序中，先将整个待排序列中的记录按给定的下标增量进行分组，并对每个组内的记录采用直接插入法排序；然后减少下标增量，使每组包含的记录增多，再继续对每组组内的记录采用直接插入法排序；以此类推，当下标增量减少到 1 时，对全体待排序记录再进行一次直接插入排序即可完成排序工作。

在函数 ShellInsert() 中，实现希尔排序的次序稍微做了一点改动，即并不是先将同一增量步长的一组记录全部排好之后再进行下一组记录的排序，而是由 R[d] 开始依次扫描到 R[n] 为止，即对每个扫描到的 R[i] 先与位于其前面的关键字 R[i-d] 进行比较，如果 R[i].key 小于 R[i-d].key，则将 R[i] 暂存于 R[0]，然后执行内层的 for 循环。而内层的 for 循环是将 R[i].key（即现在的 R[0].key）依次与相差一个增量步长的 R[i-d].key、R[i-2d].key 等逐一进行比较。若小于，则依次将 R[i-d],R[i-2d],…按顺序后移一个增量步长位置；若大于，则此时的 j+d 位置就是待插入记录 R[i]（此时的 R[0]）的插入位置，这时通过语句"R[j+d] =R[0];"将待插入记录 R[i] 的值放入这个位置。图 8-3 给出了希尔排序过程，所取增量顺序依次为 d=5、d=3 和 d=1。

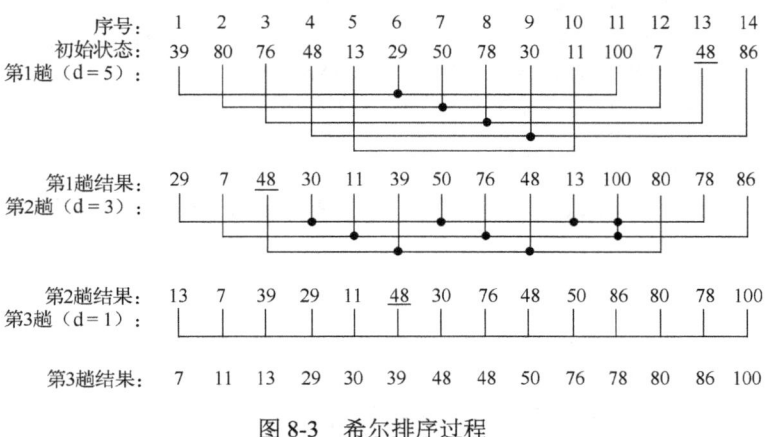

图 8-3　希尔排序过程

2. 实验目的

了解希尔排序的基本思想，掌握希尔排序的实现方法。

3. 实验内容

用一维数组存储待排序记录，然后实现希尔排序。

4. 参考程序

```c
#include<stdio.h>
#define MAXSIZE 30
typedef struct
{
   int key;                                               //关键字项
   char data;                                             //其他数据项
}RecordType;                                              //记录类型
void ShellInsert(RecordType R[],int n,int d)              //希尔排序
{                    //对R[1]~R[n]中的记录进行希尔排序，d为增量（步长）因子
   int i, j;
   for(i=d+1;  i<=n;  i++)
      if(R[i].key<R[i-d].key)
      {         //当R[i].key小于前一步长d的R[i-d].key时，应向前寻找其插入位置
         R[0]=R[i];                                       //暂存待插入记录R[i]的值
         for(j=i-d;j>0&&R[0].key<R[j].key;j=j-d)
            R[j+d]=R[j];       //将位于R[i]之前下标差值为增量步长的倍数且关键字大于
                               //R[0].key（原R[i].key）的所有R[j]都顺序后移一个增量步长位置
         R[j+d]= R[0];         //将R[i]的值（在R[0]中）放入找到的插入位置上
      }
}
void ShellSort(RecordType R[],int n)
{              //按递增序列d[0],d[1],…,d[t-1]对顺序表R[1]~R[n]做希尔排序
   int d[10],  t,  k;
   printf("\n输入增量因子的个数:\n");
   scanf("%d",&t);                                        //输入增量因子的个数
   printf("由大到小输入每一个增量因子:\n");
   for(k=0;  k<t;  k++)
      scanf("%d",&d[k]);                                  //由大到小输入每个增量因子
   for(k=0;  k<t;  k++)
      ShellInsert(R,  n,  d[k]);  //按增量因子d[k]对顺序表R进行一趟希尔排序
}
void main()
{
   int i=1,  j,  x;
   RecordType R[MAXSIZE];                                 //定义记录类型数组R
   printf("Input data of list (-1 stop):\n");
                                                          //为每个记录输入关键字，直至-1结束
   scanf("%d",&x);
   while(x!=-1)
   {
      R[i].key=x;
      scanf("%d",&x);
      i++;
   }
   printf("Output data in list:\n");                      //输出表中各记录的关键字
```

```
        for(j=1;  j<i;  j++)
           printf("%4d",R[j].key);
        ShellSort(R,  i-1);                              //进行希尔排序
        printf("\nOutput data in list after Sort:\n");//输出希尔排序之后的结果
        for(j=1;  j<i;  j++)
           printf("%4d",R[j].key);
        printf("\n");
     }
```

【说明】

顺序表中的记录关键字排列为 39 80 76 48 13 29 50 78 30 11 100 7 48 86，程序执行过程如下：

```
输入：  Input data of list (-1 stop):
        39 80 76 48 13 29 50 78 30 11 100 7 48 86 -1↙

输出：  Output data in list:
           39  80  76  48  13  29  50  78  30  11 100   7  48  86

输入增量因子的个数：
3↙
由大到小输入每一个增量因子：
5 3 1↙

输出：  Output data in list after Sort:
            7  11  13  29  30  39  48  48  50  76  78  80  86 100
        Press any key to continue
```

5. 思考题

增量步长对希尔排序有何影响？

实验 4 冒泡排序

1. 概述

冒泡排序的排序过程如下：第 1 趟从第 1 个记录 R[1]开始到第 n 个记录 R[n]为止，对 n-1 对相邻的两个记录进行两两比较，若与排序要求相逆则交换两者的位置。这样，经过一趟的比较和交换之后，具有最大关键字的记录就被交换到 R[n]位置。第 2 趟从第 1 个记录 R[1]开始到第 n-1 个记录 R[n-1]为止，继续重复上述比较和交换，具有次大关键字的记录就被交换到 R[n-1]位置。如此重复，在经过 n-1 趟这样的比较和交换之后，R[1]~R[n]这 n 个记录已按关键字有序。图 8-4 给出了冒泡排序的排序过程。

初始序列	48	33	61	82	72	11	25	48
第1趟	33	48	61	72	11	25	<u>48</u>	82
第2趟	33	48	61	11	25	<u>48</u>	72	82
第3趟	33	48	11	25	<u>48</u>	61	72	82
第4趟	33	11	25	48	<u>48</u>	61	72	82
第5趟	11	25	33	48	<u>48</u>	61	72	82
第6趟	11	25	33	48	<u>48</u>	61	72	82

图 8-4　冒泡排序的排序过程

2. 实验目的

了解冒泡排序的基本思想，掌握冒泡排序的实现方法。

3. 实验内容

用一维数组存储待排序记录，然后实现冒泡排序。

4. 参考程序

```c
#include<stdio.h>
#define MAXSIZE 30
typedef struct
{
   int key;                                   //关键字项
   char data;                                 //其他数据项
}RecordType;                                  //记录类型
void BubbleSort(RecordType R[],int n)
{                                             //对R[1]~R[n]这n个记录进行冒泡排序
   int i, j, swap;
   for(i=1; i<n; i++)                         //进行n-1趟排序
   {
      swap=0;                                 //设置未发生交换标志
      for(j=1; j<=n-i; j++)                   //对R[1]~R[n-i]进行两两比较
         if(R[j].key>R[j+1].key)
         {            //如果R[j].key大于R[j+1].key,则交换R[j]和R[j+1]
            R[0]=R[j];
            R[j]=R[j+1];
            R[j+1]=R[0];
            swap=1;                           //有交换发生
         }
      if(swap==0) break;    //如果本趟比较中未出现交换，则结束排序（已排好序）
   }
}
void main()
{
   int i=1, j, x;
```

```
    RecordType R[MAXSIZE];                              //定义记录类型数组 R
    printf("Input data of list (-1 stop):\n");
                                                        //为每个记录输入关键字，直至-1 结束
    scanf("%d",&x);
    while(x!=-1)
    {
       R[i].key=x;
       scanf("%d",&x);
       i++;
    }
    printf("Output data in list:\n");                   //输出表中各记录的关键字
    for(j=1;  j<i;  j++)
       printf("%4d",R[j].key);
    BubbleSort(R,  i-1);                                //进行冒泡排序
    printf("\nOutput data in list after Sort:\n");      //输出冒泡排序之后的结果
    for(j=1;  j<i;  j++)
       printf("%4d",R[j].key);
    printf("\n");
}
```

5. 思考题

冒泡排序执行的趟数和待排序记录的初始排列有何关系？

实验 5　快速排序

1. 概述

划分函数 Partition()完成在给定区间 R[i]~R[j]中一趟快速排序的划分，具体做法如下：设置两个搜索指针 i 和 j，分别指向给定区间的第一个记录和最后一个记录，并将第一个记录作为基准记录。首先从指针 j 开始自右向左搜索关键字比基准记录关键字小的记录（即该记录应位于基准记录的左侧），找到后将其交换到指针 i 处（此时已位于基准记录的左侧）；然后将指针 i 右移一个位置，并由此开始自左向右搜索关键字比基准记录关键字大的记录（即该记录应位于基准记录的右侧），找到后将其交换到指针 j 处（此时已位于基准记录的右侧）；最后将指针 j 左移一个位置并继续上述自右向左搜索、交换的过程。如此，由两端交替向中间搜索、交换，直到 i 与 j 相等，这表明位置 i 左侧的记录其关键字比基准记录的关键字小，而 j 右侧的记录其关键字比基准记录的关键字大，i 和 j 所指向的这同一个位置就是基准记录最终要放置的位置。在实际搜索中，为了减少数据的移动，可以先将基准记录暂存于 R[0]，待最后确定了基准记录的放置位置之后，再将暂存于 R[0]的基准记录放置于此。图 8-5 给出了快速排序一趟划分的示意图，方框表示基准记录的关键字，它只是表明应交换的位置，实际上，只有当一趟划分完成时才真正将基准记录放入最终确定的位置。

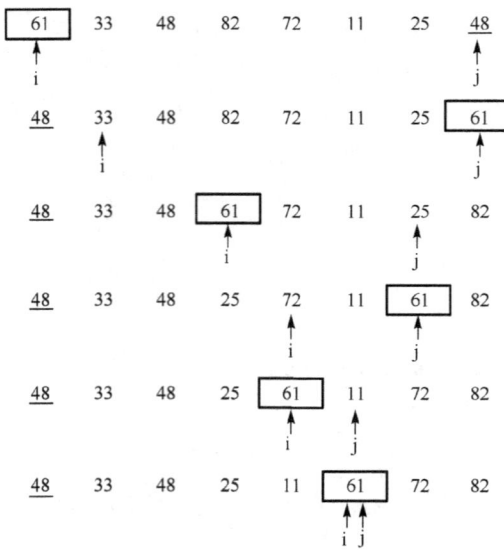

图 8-5 快速排序一趟划分的示意图

2. 实验目的

了解快速排序的基本思想，掌握快速排序的实现方法。

3. 实验内容

用一维数组存储待排序记录，然后实现快速排序。

4. 参考程序

1）快速排序的递归程序

```
#include<stdio.h>
#define MAXSIZE 30
typedef struct
{
   int key;                              //关键字项
   char data;                            //其他数据项
}RecordType;                             //记录类型
int Partition(RecordType R[],int i,int j)    //划分算法
{   //对于R[i]~R[j]，以R[i]为基准记录进行划分，并返回R[i]在划分后的放置位置
   R[0]=R[i];                            //用R[0]暂存基准记录R[i]
   while(i< j)
   {        //从表（即序列R[i]~R[j]）的两端交替向中间扫描，i，j为扫描指针
      while(i<j&&R[j].key>=R[0].key)
         j--;         //从右向左扫描查找第一个关键字小于R[0].key的记录R[j]
      if(i< j)    //当i<j时R[j].key小于R[0].key，将R[j]交换到表的左端
      {
         R[i]=R[j];
```

```
            i++;
         }
      while(i<j&&R[i].key<=R[0].key)
         i++;              //从左向右扫描查找第一个关键字大于R[0].key的记录R[i]
      if(i<j)              //当i<j时R[i].key大于R[0].key，将R[i]交换到表的右端
         {
            R[j]=R[i];
            j--;
         }
   }
   R[i]=R[0];              //将基准记录R[0]送入最终（指排好序时）应放置的位置
   return i;                              //返回基准记录R[0]最终放置的位置
}
void QuickSort(RecordType R[],int s,int t)   //快速排序
{
   int i;
   if(s<t)
   {
      i=Partition(R,s,t);
            //i为基准记录位置，并由此将表分为子表R[s]~R[i-1]和R[i+1]~R[t]
      QuickSort(R,s,i-1);                //对子表R[s]~R[i-1]进行快速排序
      QuickSort(R,i+1,t);                //对子表R[i+1]~R[t]进行快速排序
   }
}
void main()
{
   int i=1,  j,  x;
   RecordType R[MAXSIZE];                //定义记录类型数组R
   printf("Input data of list (-1 stop):\n");
                                         //为每个记录输入关键字，直至-1结束
   scanf("%d",&x);
   while(x!=-1)
   {
      R[i].key=x;
      scanf("%d",&x);
      i++;
   }
   printf("Output data in list:\n");     //输出表中各记录的关键字
   for(j=1;  j<i;  j++)
      printf("%4d",R[j].key);
   QuickSort(R, 1, i-1);                 //进行快速排序
   printf("\nOutput data in list after Sort:\n");//输出快速排序之后的结果
   for(j=1;  j<i;  j++)
      printf("%4d",R[j].key);
   printf("\n");
}
```

2) 快速排序的非递归程序

用栈实现的快速排序的非递归程序如下:

```c
#include<stdio.h>
#include<stdlib.h>
#define MAXSIZE 30
typedef struct
{
   int key;                                    //关键字项
   char data;                                  //其他数据项
}RecordType;                                   //记录类型
typedef struct
{
   int left;                                   //用于保存待排序区间的左边界
   int right;                                  //用于保存待排序区间的右边界
}Stacknode;                                    //栈节点类型
typedef struct
{
   Stacknode data[MAXSIZE];
   int top;
}SeqStack;                                     //顺序栈类型
void Init_SeqStack(SeqStack **s)               //初始化顺序栈
{
   *s=(SeqStack*)malloc(sizeof(SeqStack));     //在主调函数中申请栈空间
   (*s)->top=-1;                               //置栈空标志
}
int Empty_SeqStack(SeqStack *s)                //判栈空
{
   if(s->top==-1)
      return 1;                                //栈为空时返回1
   else
      return 0;                                //栈不空时返回0
}
void Push_SeqStack(SeqStack *s,Stacknode x)    //入栈
{
   if(s->top==MAXSIZE-1)
      printf("Stack is full!\n");              //栈已满
   else
   {
      s->top++;
      s->data[s->top]=x;                       //将元素x压入栈*s中
   }
}
void Pop_SeqStack(SeqStack *s,Stacknode *x)    //出栈
{                            //栈*s中的栈顶元素出栈,并通过参数x返回给主调函数
   if(s->top==-1)
```

```c
            printf("Stack is empty!\n");                    //栈为空
        else
        {
            *x=s->data[s->top];                             //栈顶元素出栈
            s->top--;
        }
}
void QuickSort(RecordType R[],int left,int right)    //快速排序
{
    int i,j;
    SeqStack *s;
    Stacknode node,*x=&node;
    RecordType temp,pivot;
    Init_SeqStack(&s);                                //栈 s 初始化
    node.left=left;                            //node 的 left 保存区间的左边界值
    node.right=right;                          //node 的 right 保存区间的右边界值
    Push_SeqStack(s,node);                            //将 node 压栈
    while(!Empty_SeqStack(s))                         //栈 s 非空
    {
        Pop_SeqStack(s,x);                      //出栈值经指针 x 赋给节点 node
        left=node.left;                         //node 的 left 值传给 left
        right=node.right;                       //node 的 right 值传给 right
        while(left<right)       //当待排序区间的左边界 left 小于右边界 right 时
        {
            pivot.key=R[right].key;             //该区间最大位置上的记录为基准记录
            i=left;
            j=right-1;
            while(1)                            //寻找基准记录在区间内的最终存放位置
            {
                while(i<j&&R[i].key<=pivot.key)
                    i++;       //从左向右扫描查找第一个关键字大于 pivot.key 的记录 R[i]
                while(i<j&&R[j].key>=pivot.key)
                    j--;       //从右向左扫描查找第一个关键字小于 pivot.key 的记录 R[j]
                if(i<j)                         //还未找到基准记录的最终存放位置
                {             //将关键字大于基准记录的 R[i]和小于基准记录的 R[j]进行交换
                    temp=R[i];
                    R[i]=R[j];
                    R[j]=temp;
                    i++;                //指针 i 移至交换后 R[i]的后一个记录位置
                    j--;                //指针 j 移至交换后 R[j]的前一个记录位置
                }
                else                    //i 等于 j 时找到基准记录的最终存放位置
                    break;              //结束寻找基准记录最终存放位置的 while 循环
            }
            if(R[i].key>pivot.key)   //当最终存放位置不是基准记录原先的存放位置时
            {
```

```
                temp=R[i];
                R[i]=R[right];
                R[right]=temp;              //基准记录放在最终存放位置上
            }
            else                            //最终存放位置仍是基准记录原先存放位置时无须存放
                i++;    //因为i=j,所以i应调至基准记录原先存放的位置（即此时的j+1位置）
            node.left=i+1;                  //node 的 left 保存新划分的右区间左边界值
            node.right=right;               //node 的 right 保存新划分的右区间右边界值
            Push_SeqStack(s,node);          //新划分的右区间边界值入栈
            right=i-1;//将 right 改为新划分的左区间右边界值，而左边界值仍为 left
        }
    }
}
void main()
{
    int i=0,j,x;
    RecordType R[MAXSIZE];                  //定义记录类型数组 R
    printf("Input data of list (-1 stop):\n");
                                            //为每个记录输入关键字，直至-1 结束
    scanf("%d",&x);
    while(x!=-1)
    {
        R[i].key=x;
        scanf("%d",&x);
        i++;
    }
    printf("Output data in list:\n");       //输出刚输入的数据
    for(j=0;j<i;j++)
        printf("%4d",R[j].key);
    printf("\nSort:\n");
    QuickSort(R,0,i-1);                     //进行快速排序
    printf("\nOutput data in list after Sort:\n");  //输出排序后的数据
    for(j=0;j<i;j++)
        printf("%4d",R[j].key);
    printf("\n");
}
```

5. 思考题

为何待排序记录基本有序时快速排序的效率反而会降低？

实验 6 选择排序

1. 概述

如果使用选择排序，那么第一趟从 n 个无序记录中找出关键字最小的记录与记录 R[1] 交换（此时记录 R[1]已有序）；第二趟从记录 R[2]开始的 n-1 个无序记录中再选出关键字

最小的记录与记录 R[2]交换（此时 R[1]和 R[2]已有序），如此下去，第 i 趟则从第 i 个记录开始的 n-i+1 个无序记录中选出关键字最小的记录与记录 R[i]交换（此时记录 R[1]～R[i]已有序），这样经过 n-1 趟之后，记录 R[1]～R[n-1]已有序，无序记录只剩一个，即记录 R[n]，因为关键字小的前 n-1 个记录已进入有序序列，记录 R[n]必为关键字最大的记录，所以无须交换，即 n 个记录已全部有序。图 8-6 给出了直接选择排序过程，方括号"[ ]"括起来的序列为无序序列。

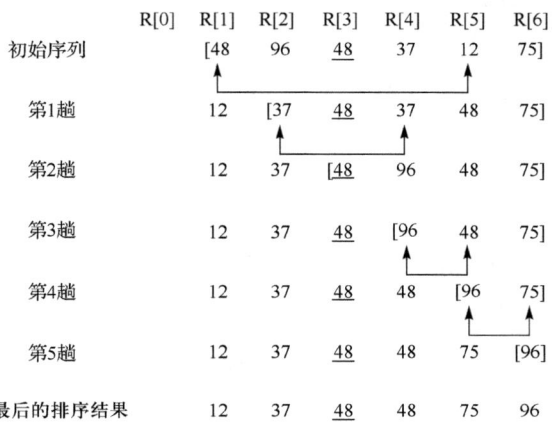

图 8-6 直接选择排序过程

2. 实验目的

了解选择排序的基本思想，掌握选择排序的实现方法。

3. 实验内容

用一维数组存储待排序记录，然后实现选择排序。

4. 参考程序

```
#include<stdio.h>
#define MAXSIZE 30
typedef struct
{
   int key;                           //关键字项
   char data;                         //其他数据项
}RecordType;                          //记录类型
void SelectSort(RecordType R[],int n)
{                                     //对 R[1]～R[n]这 n 个记录进行选择排序
   int i, j, k;
   for(i=1;  i<n;  i++)               //进行 n-1 趟选择
   {
      k=i;                            //假设关键字最小的记录为第 i 个记录
      for(j=i+1;  j<=n;  j++)
      {                //从第 i 个记录开始的 n-i+1 个无序记录中选出关键字最小的记录
```

```
                if(R[j].key<R[k].key)
                    k=j;                    //用 k 保存关键字最小的记录的存放位置
            }
            if(i!=k)                        //将找到的关键字最小的记录与第 i 个记录交换
            {
                R[0]=R[k];
                R[k]=R[i];
                R[i]=R[0];
            }
        }
    }
    void main()
    {
        int i=1, j, x;
        RecordType R[MAXSIZE];              //定义记录类型数组 R
        printf("Input data of list (-1 stop):\n");
        scanf("%d",&x);
        while(x!=-1)
        {                                   //为每个记录输入关键字, 直至-1 结束
            R[i].key=x;
            scanf("%d",&x);
            i++;
        }
        printf("Output data in list:\n");   //输出表中各记录的关键字
        for(j=1; j<i; j++)
            printf("%4d",R[j].key);
        SelectSort(R, i-1);                 //进行选择排序
        printf("\nOutput data in list after Sort:\n");//输出选择排序之后的结果
        for(j=1; j<i; j++)
            printf("%4d",R[j].key);
        printf("\n");
    }
```

5. 思考题

通常，简单的排序方法都是稳定的，如插入排序和冒泡排序，而选择排序虽然也是简单的排序方法，但是不稳定的，这是为什么？

实验 7 堆排序

1. 概述

堆排序的过程如下：对于 n 个关键字的序列，先将其建成堆（初始堆），然后进行 $n-1$ 趟堆排序。第 1 趟先将序号为 1 的根节点与序号为 n 的节点进行交换（此时第 n 个节点用于存储出堆节点），并将此时的前 $n-1$ 个节点调整为堆；第 2 趟先将序号为 1 的根节点与序号为 $n-1$ 的节点进行交换（此时第 $n-1$ 个节点用于存储出堆节点），并将此时的前 $n-$

2 个节点调整为堆；以此类推，第 n−1 趟将序号为 1 的根节点与序号为 2 的根节点进行交换（此时第 2 个节点用于存储出堆节点）。由于此时待调整的堆仅为序号为 1 的根节点，因此无须调整，整个堆排序过程结束。至此，在一维数组中的关键字已全部有序。下面以关键字 47,33,25,82,72,11 为例介绍堆排序，如图 8-7 和图 8-8 所示。

（a）对节点3进行调整　（b）节点2的子树已是堆，不进行调整　（c）对节点1进行调整　（d）初始堆建成

图 8-7　初始堆建立过程示意图

（a）初始堆　（b）第1趟排序后　（c）重新建堆　（d）第2趟排序后　（e）重新建堆　（f）第3趟排序后　（g）重新建堆　（h）第4趟排序后　（i）重新建堆　（j）第5趟排序后

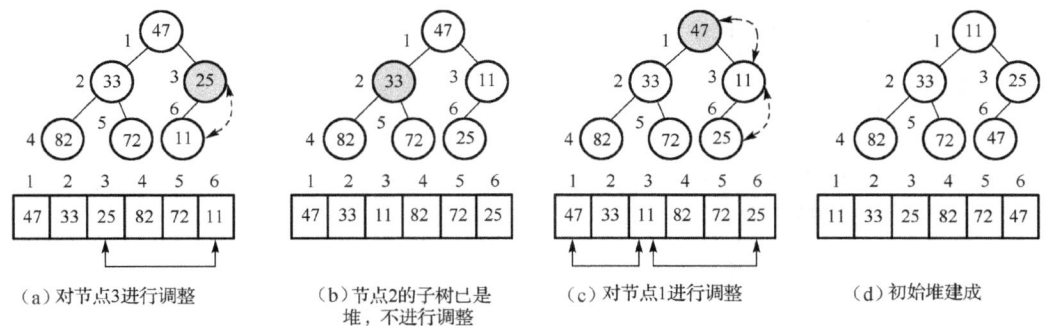

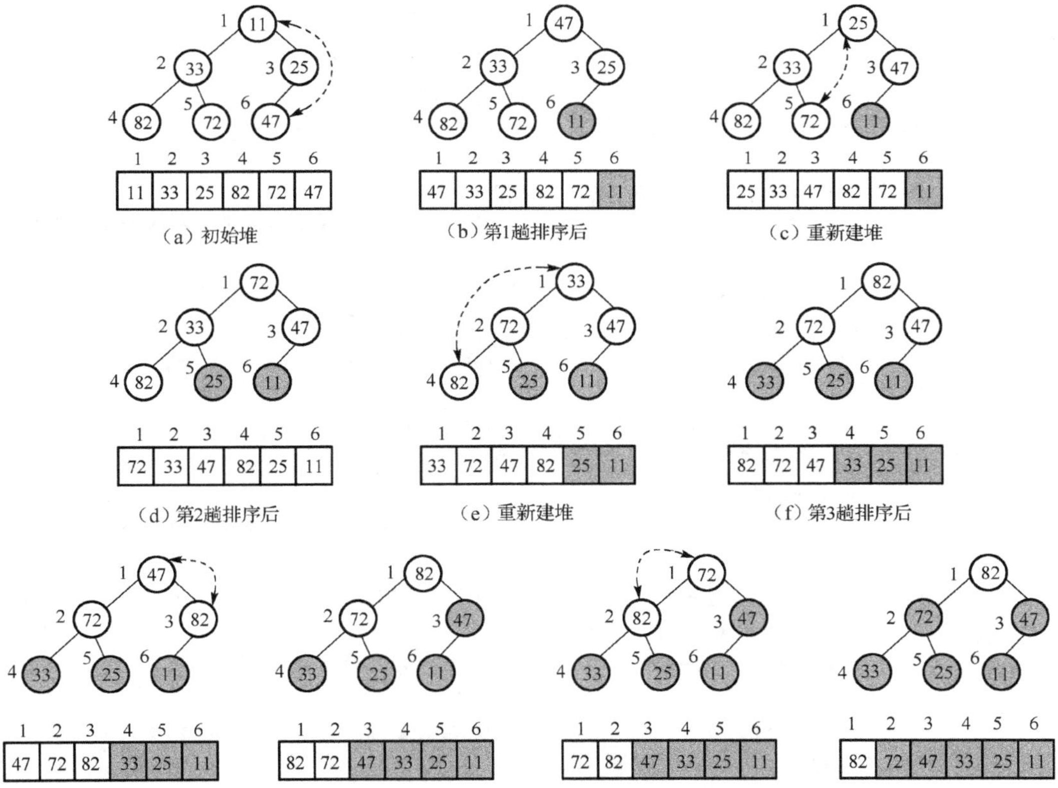

图 8-8　排序过程

2. 实验目的

了解堆排序的基本思想,掌握堆排序的实现方法。

3. 实验内容

用一维数组存储待排序记录,然后实现堆排序。

4. 参考程序

```c
#include<stdio.h>
#define MAXSIZE 30
typedef struct
{
    int key;                        //关键字项
    char data;                      //其他数据项
}RecordType;                        //记录类型
void HeapAdjust(RecordType R[],int s,int t)    //基于大根堆的堆排序
{       //R[s]~R[t],除了R[s],均满足堆定义,只将R[s]为根的完全二叉树调整为堆
    int i, j;
    R[0]=R[s];                      //R[s]暂存于R[0]中
    i=s;                            //记住根R[s]的位置
    for(j=2*i;  j<=t;  j=2*j)       //沿关键字较大的孩子向下调整,先假定为左孩子
    {
        if(j<t&&R[j].key<R[j+1].key)
            j=j+1;                  //右孩子节点的关键字大则沿右孩子向下调整
        if(R[0].key>R[j].key) break;
            //R[0](即R[s])关键字已大于R[j]关键字,满足堆的定义,故不再向下调整
        R[i]=R[j];                  //将关键字大的孩子节点R[j]调整至双亲节点R[i]
        i=j;                        //定位于孩子节点,继续向下调整
    }
    R[i]=R[0];      //找到满足堆定义的R[0](即R[s])放置位置i,将R[s]调整于此
}
void HeapSort(RecordType R[],int n)
{                                   //对R[1]~R[n]这n个记录进行堆排序
    int i;
    for(i=n/2;i>0;i--)              //按完全二叉树树枝节点R[n/2],…,R[1]建立初始堆
        HeapAdjust(R,  i,  n);
    for(i=n;  i>1;  i--)            //对初始堆进行n-1趟堆排序
    {
        R[0]=R[1];                  //将堆顶的R[1]与堆底的R[i]进行交换
        R[1]=R[i];
        R[i]=R[0];
        HeapAdjust(R,  1,  i-1);    //将未排序的前i-1个节点重新调整为堆
    }
}
void main()
{
```

```
        int i=1,  j,  x;
        RecordType R[MAXSIZE];                    //定义记录类型数组 R
        printf("Input data of list (-1 stop):\n");
                                                  //为每个记录输入关键字,直至-1 结束
        scanf("%d",&x);
        while(x!=-1)
        {
          R[i].key=x;
          scanf("%d",&x);
          i++;
        }
        printf("Output data in list:\n");         //输出表中各记录的关键字
        for(j=1;  j<i;  j++)
            printf("%4d",R[j].key);
        printf("\nSort:\n");
        HeapSort(R,  i-1);                        //进行堆排序
        printf("\nOutput data in list after Sort:\n"); //输出堆排序之后的结果
        for(j=1;  j<i;  j++)
            printf("%4d",R[j].key);
        printf("\n");
    }
```

5. **思考题**

由于堆本身是一棵完全二叉树,因此请试用二叉树的链式存储结构实现堆排序。

实验 8　归并排序

1. **概述**

二路归并排序递归算法实现的过程如下:像一棵二叉树一样,首先将无序表 R[1]~R[n]通过函数 MSort()中的两条 MSort 语句对半分为第二层的两个部分,由于是递归调用,因此在没有执行将两个有序子表归并为一个有序子表的函数调用语句 Merge 之前,递归调用函数 MSort()再次将第二层的每个部分继续对半拆分,以此类推,这种递归调用拆分的过程持续到每个部分只有一个记录时为止,然后逐层返回执行每层还未执行的 Merge()函数调用语句,而该语句则是将两个部分合二为一,并且在合并(归并)中使其成为有序表(每个部分只有一个记录时就是有序的,因此是将两个有序表合并为一个有序表的过程),由于每次将一个表对半分为两个子表操作的语句(即两个 MSort 函数调用语句)的后面都有一个将两个有序子表合并为一个有序子表的语句(即 Merge()函数调用语句),因此将两个表合二为一的归并恰好与前面的一分为二对应,即最终正好归并为一个长度为 n 的有序表。二路归并排序算法递归调用中将表一分为二的示意图如图 8-9 所示。

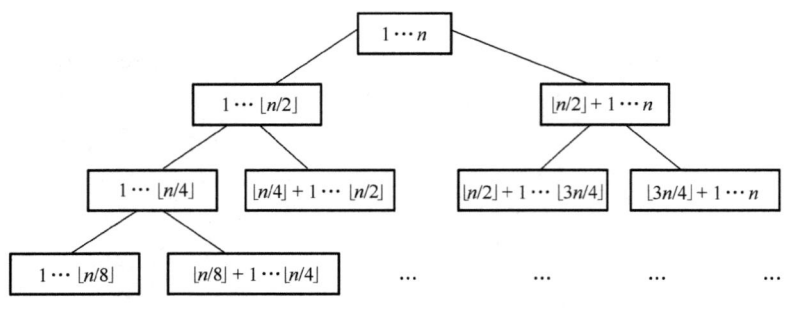

图 8-9　二路归并排序算法递归调用中将表一分为二的示意图

在二路归并排序的递归过程中，当一分为二到一个记录（可看成叶子节点）时，一分为二过程结束而合二为一的排序过程开始，故合二为一的过程由叶子节点开始逐层返回并进行两两归并，一直持续到根节点为止，即最终归并为一个有 n 个记录的有序表。这个合二为一的过程恰好是前面一分为二的逆过程。因此，拆分与合并工作均可以在一个递归函数中完成，即在递归的逐层调用中完成将一个子表拆分成两个子表的工作，而在递归的逐层返回中完成将两个有序子表合并成一个有序子表的工作。二路归并排序递归过程中合二为一的示意图如图 8-10 所示，方括号"[ ]"括起来的记录是一个有序表。

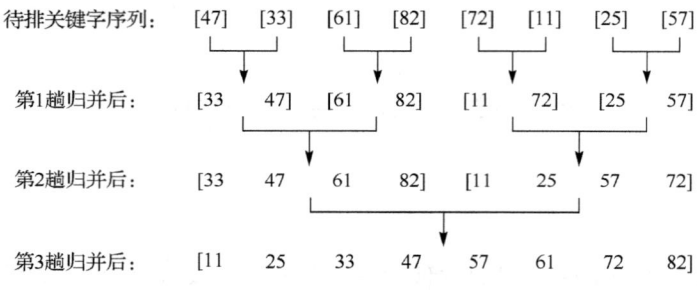

图 8-10　二路归并排序递归过程中合二为一的示意图

2. 实验目的

了解归并排序的基本思想，掌握归并排序的实现方法。

3. 实验内容

用一维数组存储待排序记录，然后实现归并排序。

4. 参考程序

（1）归并排序的递归程序如下：

```c
#include<stdio.h>
#define MAXSIZE 30
typedef struct
{
```

```c
    int key;                    //关键字项
    char data;                  //其他数据项
}RecordType;                    //记录类型
void Merge(RecordType R[],RecordType R1[],int s,int m,int t)
{ //一趟二路归并,将有序表R[s]~R[m]及R[m+1]~R[t]合并为有序表R1[s]~R1[t]
    int i, j, k;
    i=s; j=m+1; k=s;
    while(i<=m && j<=t)//将两个有序表的记录按关键字大小收集到R1,使R1有序
        if(R[i].key<=R[j].key)
            R1[k++]=R[i++];
        else
            R1[k++]=R[j++];
    while(i<=m)                 //将第一个有序表未收集完的记录收集到有序表R1
        R1[k++]=R[i++];
    while(j<=t)                 //将第二个有序表未收集完的记录收集到有序表R1
        R1[k++]=R[j++];
}
void MSort(RecordType R[],RecordType R1[],int s,int t)
{       //递归方式的归并排序,将无序表R[s]~R[t]归并为一个有序表R1[s]~R1[t]
    int m;
    RecordType R2[MAXSIZE];
    if(s==t)
        R1[s]=R[s];
    else
    {
        m=(s+t)/2;              //找到无序表R[s]~R[t]的中间位置
        MSort(R,R2,s,m);
                    //递归地将前半个无序表R[s]~R[m]归并为有序表R2[s]~R2[m]
        MSort(R,R2,m+1,t);
                    //递归地将后半个无序表R[m+1]~R[t]归并为有序表R2[m+1]~R2[t]
        Merge(R2,R1,s,m,t);     //进行一趟将有序表R2[s]~R2[m]和R2[m+1]~
                                //R2[t]归并到有序表R1[s]~R1[t]的操作
    }
}
void main()
{
    int i=1, j, x;
    RecordType R[MAXSIZE],R1[MAXSIZE];          //定义记录类型数组R和R1
    printf("Input data of list (-1 stop):\n");
                                //为每个记录输入关键字,直至-1结束
    scanf("%d",&x);
    while(x!=-1)
    {
        R[i].key=x;
        scanf("%d",&x);
        i++;
```

```
        }
        printf("Output data in list:\n");              //输出表中各记录的关键字
        for(j=1;  j<i;  j++)
            printf("%4d",R[j].key);
        MSort(R,  R1,  1,  i-1);                       //进行归并排序
        printf("\nOutput data in list after Sort:\n");//输出归并排序之后的结果
        for(j=1;  j<i;  j++)
            printf("%4d",R1[j].key);
        printf("\n");
}
```

(2) 归并排序的非递归程序如下：

```
#include<stdio.h>
#define MAXSIZE 30
typedef struct
{
    int key;                       //关键字项
    char data;                     //其他数据项
}RecordType;                       //记录类型
void Merge(RecordType R[],RecordType R1[],int k,int n)  //一趟二路归并
{                                  //R1 为归并过程中使用的暂存数组
    int i,j,l1,u1,l2,u2,m;//l1、l2 和 u1、u2 分别为两个待归并有序子表的上、下界
    l1=0;                          //初始时 l1 为第一个有序子表的下界值 0
    m=0;                           //m 为数组 R1 的存放指针
    while(l1+k<n)                  //两个有序子表归并中的第一个子表长度为 k 时
    {
        l2=l1+k;                   //l2 指向归并中第二个子表的开始处
        u1=l2-1;           //u1 指向归并中第一个子表的末端（与第二个子表相邻）
        if(l2+k-1<n)  u2=l2+k-1;   //u2 指向归并中第二个子表的末端
            else u2=n-1;           //归并中第二个子表为最后一个子表且长度小于 k
        for(i=l1,j=l2;i<=u1&&j<=u2;m++)//将两个有序子表归并为一个有序子表 R1
            if(R[i].key<=R[j].key)
                R1[m]=R[i++];
            else
                R1[m]=R[j++];
        while(i<=u1)       //第二个子表已归并完，将第一个子表的剩余记录复制到 R1
            R1[m++]=R[i++];
        while(j<=u2)       //第一个子表已归并完，将第二个子表的剩余记录复制到 R1
            R1[m++]=R[j++];
        l1=u2+1;           //将 l1 调整到两个未归并子表的开始处继续进行归并
    }
    for(i=l1;  i<n;  i++,m++)      //当归并到仅剩一个子表且表的长度小于 k 时
        R1[i]=R[i];                //直接将该子表中的记录复制到 R1
}
void MergeSort(RecordType R[],int n)       //非递归方式的归并排序
{                              //将无序表 R[s]~R[t]归并为一个有序表 R1[s]~R1[t]
```

```
   int i, k;
   RecordType R1[MAXSIZE];
   k=1;                             //初始时待归并的有序子表长度均为1
   while(k<n)         //整个表未归并为一个有序表时（子表长度k小于n）继续归并
   {
      Merge(R, R1, k, n);           //对所有子表进行一趟二路归并
      for(i=0; i<n; i++)            //将暂存于R1的一趟归并结果复制到R中
        R[i]=R1[i];
      k=2*k;                        //一趟归并之后有序子表长度是原子表长度的2倍
   }
}
void main()
{
   int i=1, j, x;
   RecordType R[MAXSIZE];                              //定义记录类型数组R
   printf("Input data of list (-1 stop):\n");
                                    //为每个记录输入关键字，直至-1结束
   scanf("%d",&x);
   while(x!=-1)
   {
      R[i].key=x;
      scanf("%d",&x);
      i++;
   }
   printf("Output data in list:\n");                   //输出表中各记录的关键字
   for(j=1; j<i; j++)
      printf("%4d",R[j].key);
   printf("\nSort:\n");
   MergeSort(R, i);                                    //进行归并排序
   printf("\nOutput data in list after Sort:\n");//输出归并排序之后的结果
   for(j=1; j<i; j++)
      printf("%4d",R[j].key);
   printf("\n");
}
```

5. 思考题

试比较归并排序递归程序和非递归程序的空间复杂度。

实验9 基数排序

1. 概述

采用静态链表（即一维数组）存放待排序的 n 个记录。根据基 r 的大小（在此为10）设立 r 个链队列，链队列的编号分别为 $0,1,2,\cdots,r-1$；链队列设有2个指针，分别指向链队列的队头和队尾；关键字相同的记录放入同一个链队列中，而收集总是将各链队列按关键字大小顺序链接起来。对于无序的 n 个记录，首先从最低位关键字开始，将这 n 个记录

"分配"到 r 个链队列中,然后由小到大将各队列中的记录再依次"收集"起来,这称为一趟排序。第一趟排序之后,n 个记录已按最低位关键字有序。再按次最低关键字把刚收集起来的 n 个记录再"分配"到 r 个队列中,重复上述"分配"与"收集"的过程,直到对最高位关键字再进行一趟"分配"和"收集"之后,则 n 个记录已按关键字有序。当记录的关键字为 3 位十进制数时,采用上述基数排序算法对关键字序列 288,371,260,531,287,235,056,699,018,023 的基数排序示意图如图 8-11 所示。

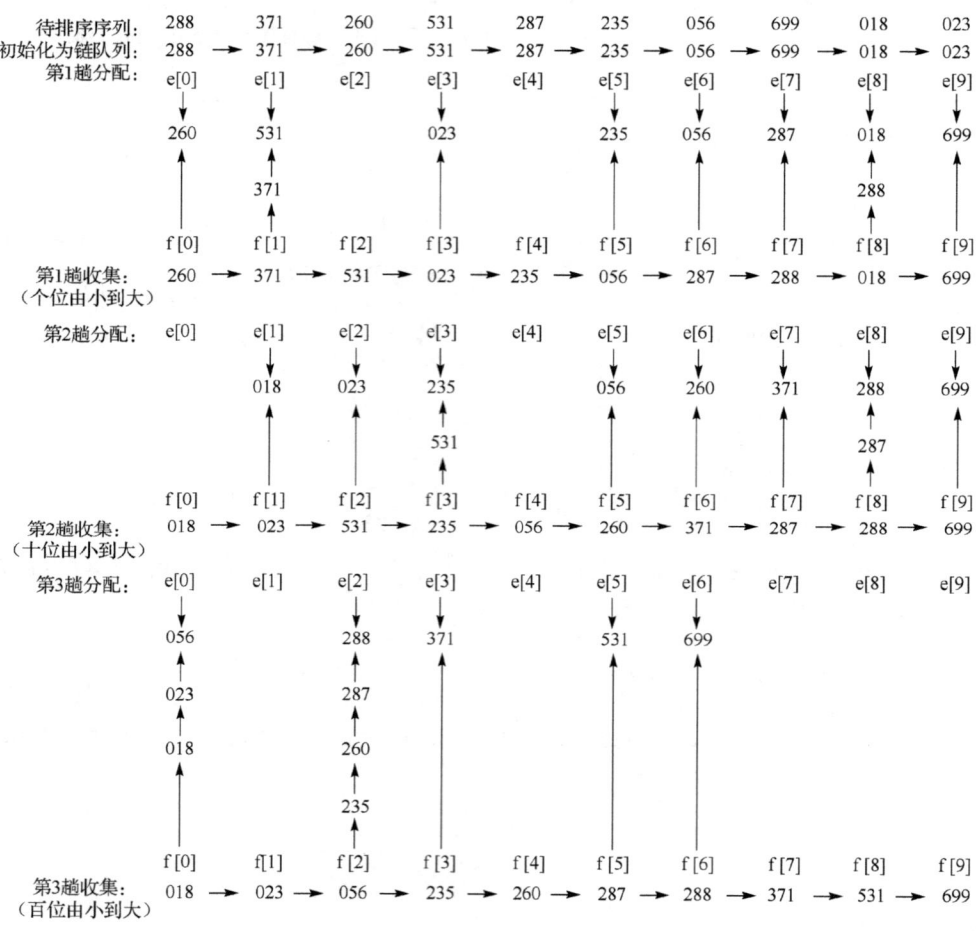

图 8-11 基数排序示意图

2. 实验目的

了解基数排序基于"分配"的排序思想,掌握基数排序"分配"与"收集"的排序实现方法。

3. 实验内容

用一维数组的静态链表存储待排序记录,然后实现基数排序。

4. 参考程序

```c
#include<stdio.h>
#define MAXSIZE 30
#define Radix_MAX 10
#define d_MAX 3
typedef struct
{
    int key;                        //单关键字
    int keys[d_MAX];  //存放拆分之后的各关键字项,d_MAX 为关键字项最大长度值
    int next;                       //指向下一记录的指针
    char data;
}RecType;                           //基数排序下的记录类型
void RadixSort(RecType R[],int d,int c1,int ct)
{   //对 R[1]~R[n]进行基数排序,d 为关键字项数,c1~ct 为基数(即权值)的范围
    int i, j, k, m, p, t;
    int f[Radix_MAX], e[Radix_MAX]; //Radix_MAX 为基数最大长度值
    p=1;                            //由 R[1]开始
    for(i=0;  i<d;  i++)            //进行 d 趟分配与收集
    {
        for(j=c1;  j<=ct;  j++)     //分配前清空队头指针
            f[j]=0;
        while(p!=0)    //未分配到最后一个记录 R[n](仅最后记录 R[n].next 等于 0)
        {
            k=R[p].keys[i];         //k 为 R[p]中第 i 项关键字值
            if(f[k]==0)             //第 k 个队列为空
                f[k]=p;             //R[p]作为第 k 个队列的队头节点插入
            else                    //第 k 个队列非空
                R[e[k]].next=p;     //将 R[p]链到第 k 个队列的队尾节点
            e[k]=p;                 //第 k 个队列的队尾指针 e[k]指向新队尾节点
            p=R[p].next;            //取出排在 R[p]之后的记录继续分配
        }
        j=c1;                       //收集 c1~ct 个队列上的记录
        while(f[j]==0)              //j 队列为空时继续查找下一个非空队列
            j++;
        p=f[j]; t=e[j];             //找到第一个非空队列使 p 指向队头而 t 指向队尾
        while(j<ct)                 //未收集完最后一个队列时继续收集
        {
            j++;                    //使 j 指向下一个队列
            if(f[j]!=0)             //j 所指队列不为空
            {
                R[t].next=f[j];     //将 j 所指队列的队头链到前一个队列的队尾
                t=e[j];        //使 t 指向 j 所指队列的队尾,继续进行下一个队列的收集
            }
        }
        R[t].next=0;           //收集完毕,置最后一个记录 R[t]为收集队列队尾标志
    }
    m=p;                            //以下输出本趟收集的链队列记录
```

```
              printf("%5d",R[m].key);
              do
              {
                 m=R[m].next;
                 printf("%5d",R[m].key);
              }while(R[m].next!=0);
              printf("\n");
           }
     }
     void DistKeys(RecType R[],int n,int d,int c1,int ct)
     {                                           //将R单关键字分离为多关键字之后进行基数排序
        int i, j, k;
        for(i=1; i<=n; i++)
        {
           R[i].next=i+1;//R[i].next指向R[i+1]，最终使R[1]~R[n]链成一个链队列
           k=R[i].key;                       //取出R[i]的单关键字
           for(j=0; j<d; j++)
           {//将R[i]的单关键字key分离为多关键字存于R[i].keys[0]~R[i].keys[d]中
              R[i].keys[j]=k%(ct+1);
              k=k/(ct+1);
           }
        }
        R[n].next=0;                          //置最后一个记录R[n]的队尾标志
        RadixSort(R, d, c1, ct);              //进行基数排序
     }
     void main()
     {
        int i=1, j, x;
        RecType R[MAXSIZE];                   //定义记录类型数组R
        printf("Input data of list (-1 stop):\n");
                                              //为每个记录输入关键字，直至-1结束
        scanf("%d",&x);
        while(x!=-1)
        {
           R[i].key=x;
           scanf("%d",&x);
           i++;
        }
        printf("Output data in list:\n");     //输出表中各记录的关键字
        for(j=1; j<i; j++)
           printf("%4d",R[j].key);
        printf("\nSort,Output data in list after Sort:\n");
        DistKeys(R,i-1,d_MAX,0,9);            //进行基数排序
     }
```

【说明】

当记录的关键字为 3 位十进制数时，对关键字序列 288,371,260,531,287,235,56,699,18,23 进行基数排序时，程序运行过程如下：

```
输入：   Input data of list (-1 stop):
         288 371 260 531 287 235 56 699 18 23 -1↙

输出：   Output data in list:
          288 371 260 531 287 235  56 699  18  23
         Sort,Output data in list after Sort:
          260 371 531  23 235  56 287 288  18 699
           18  23 531 235  56 260 371 287 288 699
           18  23  56 235 260 287 288 371 531 699
         Press any key to continue
```

5. 思考题

如何在单链表存储结构下实现基数排序？

第 9 章

数据结构算法应用

9.1 顺序表的应用

9.1.1 顺序表的逆置

已知顺序表 A 的长度为 n，顺序表逆置的程序实现如下：

```
#include<stdio.h>
#include<stdlib.h>
#define MAXSIZE 20
typedef struct
{
    int data[MAXSIZE];                          //存储顺序表中的元素
    int len;                                    //顺序表的表长
}SeqList ;                                      //顺序表类型
SeqList *Init_SeqList()                         //顺序表初始化
{
    SeqList *L;
    L=(SeqList*)malloc(sizeof(SeqList));        //生成顺序表存储空间
    L->len=0;                                   //初始顺序表长度为 0
    return L;                                   //返回指向顺序表表头的指针
}
void CreatList(SeqList *L)                      //建立顺序表
{
    int i;
    printf("Input length of List:");
    scanf("%d",&L->len);                        //输入顺序表长度值
    printf("Input int elements of List:\n");
    for(i=1; i<=L->len; i++)    //按顺序表的长度输入相应个数的顺序表元素
        scanf("%d",&L->data[i]);
}
void Coverts(SeqList *A)                        //将顺序表中的元素逆置
{
    int i, n, x;
    n=A->len;                                   //n 为线性表*A 的长度
```

```c
        for(i=1;  i<=n/2;  i++)                    //实现逆置
        {
           x=A->data[i];
           A->data[i]=A->data[n-i+1] ;
           A->data[n-i+1]=x ;
        }
    }
    void print(SeqList *L)                          //输出顺序表
    {
       int i;
       for(i=1;  i<=L->len;  i++)
          printf("%4d",L->data[i]);
       printf("\n");
    }
    void main()
    {
       SeqList *A;
       A=Init_SeqList();                            //顺序表初始化
       printf("Creat List A:\n");
       CreatList(A);                                //以整型数据生成顺序表
       printf("Output list A:\n");
       print(A);                                    //输出顺序表
       printf("Covert list A:\n");
       Coverts(A);                                  //将顺序表中的元素逆置
       printf("Output list A:\n");
       print(A);                                    //输出逆置之后的顺序表
    }
```

9.1.2 将两个升序的顺序表 A 和 B 合并为一个升序的顺序表 C

程序实现如下：

```c
    #include<stdio.h>
    #include<stdlib.h>
    #define MAXSIZE 20
    typedef struct
    {
       int data[MAXSIZE];                           //存储顺序表中的元素
       int len;                                     //顺序表的表长
    }SeqList ;                                      //顺序表类型
    SeqList *Init_SeqList()                         //顺序表初始化
    {
       SeqList *L;
       L=(SeqList*)malloc(sizeof(SeqList));         //生成顺序表存储空间
       L->len=0;                                    //初始顺序表长度为0
       return L;                                    //返回指向顺序表表头的指针
    }
```

```c
void CreatList(SeqList *L)                      //生成顺序表
{
   int i;
   printf("Input length of List:");
   scanf("%d",&L->len);                         //输入顺序表长度值
   printf("Input int elements of List:\n");
   for(i=1;  i<=L->len;  i++)                   //按顺序表长度输入相应个数的顺序表元素
      scanf("%d",&L->data[i]);
}
SeqList *Merge(SeqList *A,SeqList *B,SeqList *C)
{                       //将两个升序的顺序表A和B合并为一个升序的顺序表C
   int i=1,  j=1,  k=1;
   if(A->len+B->len>=MAXSIZE)//顺序表A和B的长度之和超过顺序表C的最大长度
   {
      printf("Error ! \n");                     //输出出错信息
      return NULL;      //因为无法将顺序表A和B合并到顺序表C,所以顺序表C为空
   }
   else
   {
      C=(SeqList *)malloc(sizeof(SeqList));        //生成顺序表C的存储空间
      while (i<=A->len&&j<=B->len)//按升序将顺序表A和B的元素复制到顺序表C
         if(A->data[i]<B->data[j])
            C->data[k++]=A->data[i++];
         else
            C->data[k++]=B->data[j++];
      while(i<=A->len)                          //当顺序表A未复制完
         C->data[k++]=A->data[i++];
      while(j<=B->len)                          //当顺序表B未复制完
         C->data[k++]=B->data[j++] ;
      C->len=k-1;                               //存储复制后顺序表C的长度值
      return C;
   }
}
void print(SeqList *L)                          //输出顺序表
{
   int i;
   for(i=1;  i<=L->len;  i++)
      printf("%4d",L->data[i]);
   printf("\n");
}
void main()
{
   SeqList *A,*B,*C;
   A=Init_SeqList();                            //顺序表A初始化
   printf("Creat List A:\n");
   CreatList(A);                                //以整型数据生成顺序表A
```

```c
    printf("Output list A:\n");
    print(A);                              //输出顺序表 A
    B=Init_SeqList();                      //顺序表 B 初始化
    printf("Creat List B:\n");
    CreatList(B);                          //以整型数据生成顺序表 B
    printf("Output list B:\n");
    print(B);                              //输出顺序表 B
    C=Init_SeqList();                      //顺序表 C 初始化
    printf("Merge list A and B TO C:\n");
    C=Merge(A, B, C);                      //将两个升序的顺序表 A 和 B 合并为一个升序顺序表 C
    printf("Output list C:\n");
    print(C);                              //输出合并之后的顺序表 C
}
```

9.1.3 单链表的逆置

单链表逆置的程序实现如下：

```c
#include<stdio.h>
#include<stdlib.h>
typedef struct node
{
    char data;                             //data 为节点的数据信息
    struct node *next;                     //next 为指向后继节点的指针
}LNode;                                    //单链表节点类型
LNode *CreateLinkList()                    //在表尾生成单链表
{
    LNode *head, *p, *q;
    char x;
    head=(LNode*)malloc(sizeof(LNode));    //申请一个链表头节点存储空间
    head->next=NULL;                       //初始时链表为空，即*head 既为头节点也为尾节点
    q=head;                                //指针 q 始终指向尾节点
    printf("Input any char string : \n");
    scanf("%c",&x);                        //节点数据域为 char 类型，读入节点数据
    while(x!='\n')                         //生成链表的其他节点（遇到回车符时结束）
    {
        p=(LNode*)malloc(sizeof(LNode));   //申请一个节点存储空间
        p->data=x;                         //将读入的数据赋给待插入节点*p
        p->next=NULL;                      //待插入节点*p 作为尾节点时其后继指针为空
        q->next=p;                         //在链尾插入新节点*p
        q=p;                               //指针 q 指向新的尾节点*p
        scanf("%c",&x);
    }
    return head;                           //返回单链表头指针
}
void Convert(LNode *H)                     //单链表逆置
{
```

```
        LNode *p, *q;
        p=H->next;                          //p 指向链表中的第一个未逆置节点
        H->next=NULL;                       //新链表 H 初始时为空
        while(p!=NULL)                      //对 p 所指的链表进行逆置
        {
            q=p;                            //取出由 p 所指未逆置节点链表中的第一个节点
            p=p->next;                      //p 继续指向未逆置节点链表中新的第一个节点
            q->next=H->next;                //将取出的节点*q 插入新链表 H 的链首
            H->next=q;
        }
    }
    void main()
    {
        LNode *A, *p;
        A=CreateLinkList();                 //生成单链表 A
        Convert(A);                         //单链表 A 逆置
        p=A->next;                          //输出逆置之后的单链表 A
        while(p!=NULL)
        {
            printf("%c,",p->data);
            p=p->next;
        }
        printf("\n");
    }
```

9.1.4 将递增有序的单链表 A 和 B 合并为递减有序的单链表 C

程序实现如下：

```
    #include<stdio.h>
    #include<stdlib.h>
    typedef struct node
    {
        char data;                                  //data 为节点的数据信息
        struct node *next;                          //next 为指向后继节点的指针
    }LNode;                                         //单链表节点类型
    LNode *CreateLinkList()                         //生成单链表
    {
        LNode *head, *p, *q;
        int i, n;
        head=(LNode*)malloc(sizeof(LNode));         //申请一个链表头节点存储空间
        head->next=NULL;            //初始时链表为空，即*head 既为头节点也为尾节点
        q=head;                                     //指针 q 始终指向尾节点
        printf("Input length of list: \n");
        scanf("%d", &n);                            //节点数据为整型，读入节点数据
        printf("Input int data of list: \n");
        for(i=1;  i<=n;  i++)                       //生成链表的节点
```

```c
        {
            p=(LNode *)malloc(sizeof(LNode));        //申请一个节点空间
            scanf("%d",&p->data);
            p->next=NULL;
            q->next=p;                                //在链尾插入
            q=p;
        }
        return head;                                  //返回指向单链表的头指针 head
}
void Merge(LNode *A,LNode *B,LNode **C)  //将增序链表 A、B 合并成降序链表*C
{
    LNode *p,  *q,  *s;
    p=A->next;                        //p 始终指向链表 A 第一个未比较的节点
    q=B->next;                        //q 始终指向链表 B 第一个未比较的节点
    *C=A;                             //生成链表*C 的头节点
    (*C)->next=NULL;
    free(B);                          //回收链表 B 的头节点空间
    while(p!=NULL&&q!=NULL)           //将 A、B 两个链表中当前比较节点中值小者赋给*s
    {
        if(p->data<q->data)
        { s=p; p=p->next; }
        else
        { s=q; q=q->next; }
        s->next=(*C)->next;           //用头插法将节点*s 插到链表*C 的头节点之后
        (*C)->next=s;
    }
    if(p==NULL) p=q;                  //如果指向链表 A 的指针 p 为空,则使 p 指向链表 B
    while(p!=NULL)                    //p 所指链表中剩余节点依次摘下,插入链表*C 的链首
    {
        s=p;
        p=p->next;
        s->next=(*C)->next;
        (*C)->next=s;
    }
}
void print(LNode *p)                  //输出单链表
{
    p=p->next;
    while(p!=NULL)
    {
        printf("%d,",p->data);
        p=p->next;
    }
    printf("\n");
}
void main()
```

```c
{
    LNode *A, *B, *C;
    printf("Input data of list A:\n");
    A=CreateLinkList();                    //以整型数据生成单链表A
    printf("Output list A:\n");
    print(A);                              //输出单链表A
    printf("Input data of list B:\n");
    B=CreateLinkList();                    //以整型数据生成单链表B
    printf("Output list B:\n");
    print(B);                              //输出单链表B
    printf("Make list C:\n");
    Merge(A, B, &C);                       //将升序链表A、B合并成降序链表C
    printf("Output list C:\n");
    print(C);                              //输出单链表C
}
```

9.1.5 删除单链表中值相同的节点

对于有头节点的单链表L，在单链表L中的任意值只保留一个节点，删除其余值相同的节点。程序实现如下：

```c
#include<stdio.h>
#include<stdlib.h>
typedef struct node
{
    char data;                             //data为节点的数据信息
    struct node *next;                     //next为指向后继节点的指针
}LNode;                                    //单链表节点类型
void CreateLinkList(LNode **head)
{                   //将主调函数中指向待生成单链表的指针地址（如&p）传给**head
    char x;
    LNode *p;
    *head=(LNode *)malloc(sizeof(LNode));  //生成链表头节点
    (*head)->next=NULL;                    //*head为链表头指针
    printf("Input any char string : \n");
    scanf("%c", &x);                       //节点的数据域为char类型，读入节点数据
    while(x!='\n')                         //生成链表的其他节点
    {
        p=(LNode *)malloc(sizeof(LNode));  //申请一个节点空间
        p->data=x ;
        p->next=(*head)->next;             //将头节点的next值赋给新节点*p的next
        (*head)->next=p;                   //头节点的next指针指向新节点*p，实现在表头插入
        scanf("%c",&x);                    //继续生成下一个新节点
    }
}
void Del_Element(LNode *L)                 //删除链表中值相同的节点
{
```

```c
    LNode *p,*t,*pre;
    p=L->next;                                    //p 指向链表中的第一个节点
    t=p;                                          //t 指向链表中的第一个节点
    while(p!=NULL)         //由指针 p 开始搜索整个链表,以寻找值相同的节点并删除
    {
      pre=t;                                      //指针 pre 指向 t 所指节点的前驱节点
      t=t->next;                                  //t 从*p 的后继节点开始扫描链表
      do{
          while(t!=NULL&&t->data!=p->data)
          {            //用指针 t 搜索整个链表,以寻找值与*p 相同的节点,直至链尾
            pre=t;
            t=t->next;
          }
          if(t!=NULL)                             //找到与*p 相同的节点
          {
            pre->next=t->next;                    //删除 t 所指的节点
            free(t);
            t=pre->next;
          }
      }while(t!=NULL);                            //未扫描到链尾
      p=p->next;                     //p 指向下一个节点,继续扫描链表
      t=p;
    }
}
void print(LNode *p)                              //输出单链表中的节点数据
{
   p=p->next;
   while(p!=NULL)
   {
     printf("%c,",p->data);
     p=p->next;
   }
   printf("\n");
}
void main()
{
    LNode *h;
    CreateLinkList(&h);                           //生成一个单链表
    print(h);                                     //输出单链表中的数据
    Del_Element(h);                               //删除单链表中值相同的节点
    printf("After delete element:\n");//输出删除相同节点之后单链表中的节点数据
    print(h);
}
```

9.1.6 按递增次序输出单链表中各节点的数据值

给定(已生成)一个带头节点的单链表,设 head 为头指针,链表节点的 data 域为整

型数据，next 域为指向后继节点的指针。在程序中，按递增次序输出单链表中各节点的数据值，并释放节点所占用的存储空间。程序实现如下：

```c
#include<stdio.h>
#include<stdlib.h>
typedef struct node
{
   int data;                                //data 为节点的数据信息
   struct node *next;                       //next 为指向后继节点的指针
}LNode;                                     //单链表节点类型
void CreateLinkList(LNode **head)
{                //将主调函数中指向待生成单链表的指针地址（如&p）传给**head
   int x;
   LNode *p;
   *head=(LNode *)malloc(sizeof(LNode));    //生成链表头节点
   (*head)->next=NULL;                      //*head 为链表头指针
   printf("Input int data until -1 stop : \n");
   scanf("%d",&x);                          //节点的数据域为整型，读入节点数据
   while(x!=-1)                             //生成链表的其他节点
   {
      p=(LNode *)malloc(sizeof(LNode));     //申请一个节点空间
      p->data=x ;
      p->next=(*head)->next;                //将头节点的 next 值赋给新节点*p 的 next
      (*head)->next=p;                      //头节点的 next 指针指向新节点*p，实现在表头插入
      scanf("%d",&x);                       //继续生成下一个新节点
   }
}
void Out_Crease(LNode *head)                //按升序输出单链表中的节点数据
{
   LNode *p,*q,*r;
   int min;
   p=head->next;                            //p 指向链表中的第一个节点
   while(p!=NULL)                           //未到链尾时
   {
      q=NULL;                               //初始时置 q 为空
      min=p->data;                          //将*p 的 data 值先假定为最小值，并赋给 min
      r=p;                                  //指针 r 由节点*p 开始查找具有最小值的节点
      while(r->next!=NULL)
      {
         if(r->next->data<min)
         {
            q=r;                            //q 指向最小值节点的直接前驱
            min=r->next->data;              //将新找到的最小值赋给 min
         }
         r=r->next;                         //继续查找下一个节点
      }
```

```c
            printf("%4d",min);                //输出最小值
            if(q==NULL)                       //如果q为空则表示*p为最小值节点
            {
               r=p;                           //如果r指向最小值节点*p
               p=p->next;                     //如果p指向*p的后继节点(即要删除的*p节点)
            }
            else
            {
               r=q->next;                     //如果r指向最小值节点*(q->next)
               q->next=q->next->next;         //删除最小值节点*(q->next)
            }
            free(r);                          //释放最小值节点所占的空间
         }
}
void print(LNode *p)                          //输出单链表中的节点数据
{
   p=p->next;
   while(p!=NULL)
   {
      printf("%d,",p->data);
      p=p->next;
   }
   printf("\n");
}
void main()
{
   LNode *h;
   CreateLinkList(&h);                        //生成单链表
   print(h);                                  //输出单链表中的节点数据
   printf("OutCrease:\n");
   Out_Crease(h);                             //按升序输出单链表中的节点数据
   printf("\n");
}
```

9.1.7 用单链表实现约瑟夫（Josephus）问题

设有 n 个人围成一圈，并按顺序编号为 $1 \sim n$。由编号为 k 的人开始进行 1 到 m 的报数，数到 m 的人出圈，然后从他之后的下一个人重新开始 1 到 m 的报数，直到所有的人都出圈为止。请输出出圈人的出圈次序。

为了便于循环查找的统一性，可以采用不带头节点的循环链表，即每个人对应链表中的一个节点，某人出圈相当于从链表中删除此人所对应的节点。整个算法可以分为如下两个部分。

（1）建立一个具有 n 个节点而无头节点的循环链表。

（2）不断从循环链表中删除出圈人节点，直到循环链表中只剩下一个节点为止。

程序实现如下：

```c
#include<stdio.h>
#include<stdlib.h>
typedef struct node
{
    char data;                          //data 为节点的数据信息
    struct node *next;                  //next 为指向后继节点的指针
}LNode;                                 //单链表节点类型
void Josephus(int n,int m,int k)
{
    LNode *p, *q;
    int i;
    p=(LNode*)malloc(sizeof(LNode));
    q=p;
    for(i=1; i<n; i++)           //从编号 k 开始建立一个单链表
    {
        q->data=k;
        k=k%n+1;
        q->next=(LNode*)malloc(sizeof(LNode));
        q=q->next;
    }
    q->data=k;
    q->next=p;                   //链接成循环单链表，此时 p 指向编号为 k 的节点
    while(p->next!=p)            //当循环单链表中的节点个数不为 1 时
    {
        for(i=1; i<m; i++)       //p 指向报数为 m 的节点，q 指向报数为 m-1 的节点
        {
            q=p;
            p=p->next;
        }
        q->next=p->next;                 //删除报数为 m 的节点
        printf("%4d", p->data);          //输出出圈人的编号
        free(p);                         //释放被删节点的空间
        p=q->next;                       //p 指向新的开始报数的节点
    }
    printf("%4d",p->data);               //输出最后出圈人的编号
}
void main()
{
    int n,m,k;
    printf("Please input n,m,k:\n");
    scanf("%d,%d,%d",&n,&m,&k);
            //输入总人数 n、开始报数的编号 k，以及重复进行 1 到 m 报数的 m 值
    Josephus(n,m,k);                     //约瑟夫（Josephus）问题求解函数
    printf("\n");
}
```

9.2 栈和队列的应用

9.2.1 用栈判断给定的字符序列是否为回文

回文是指正读和反读均相同的字符序列，如"abba"和"abcba"均是回文，但"aabc"不是回文。用栈实现判断给定的字符序列是否为回文的程序如下：

```c
#include<stdio.h>
#include<string.h>
#include<stdlib.h>
#define MAXSIZE 30
typedef struct
{
   char data[MAXSIZE];
   int top;
}SeqStack;                                     //顺序栈类型
void Init_SeqStack(SeqStack **s)               //顺序栈初始化
{                        //采用形参**s则无须将指向顺序栈的指针值返回给主调函数
   *s=(SeqStack*)malloc(sizeof(SeqStack));     //在主调函数中申请栈空间
   (*s)->top=-1;                               //置栈空标志
}
void Push_SeqStack(SeqStack *s,char x)         //顺序栈元素入栈
{
   if(s->top==MAXSIZE-1)                       //栈已满
      printf("Stack is full!\n");              //输出栈满信息
   else
   {
      s->top++;
      s->data[s->top]=x;                       //将元素x压入栈*s中
   }
}
void Pop_SeqStack(SeqStack *s,char *x)         //顺序栈元素出栈
{                        //栈*s中的栈顶元素出栈，并通过参数x返回给主调函数
   if(s->top==-1)
      printf("Stack is empty!\n");             //栈顶指针s->top值为-1时栈为空
   else                                        //栈不空时
   {
      *x=s->data[s->top];                      //栈顶元素出栈
      s->top--;
   }
}
int Repent_Char(char a[])                      //回文字符的判定
{
   SeqStack *p;
   char x,*ch=&x;
```

```
            int i=0,n;
            Init_SeqStack(&p);                    //顺序栈p初始化为空栈
            n=strlen(a);                          //将串a的长度赋给n
            while(i<n/2)                          //将串a的前一半字符入栈
            {
               Push_SeqStack(p,a[i]);
               i++;
            }
            if(n%2!=0)              //若n为奇数则i加1（即跳过串中间位置上的字符）
               i++;
            while(i<n)
            {
               Pop_SeqStack(p,ch);                //将栈顶字符弹出并由指针ch赋给x
               if(a[i]==x)
                  i++;                            //如果比较的字符相等，则继续下一次比较
               else
                  return 0;                       //不是回文返回0
            }
            return 1;                             //是回文返回1
       }
       void main()
       {
          char a[40];
          printf("Input any char string to Stack:\n");
          gets(a);                                //给顺序栈输入字符数据
          printf("Output elements of Stack:\n");
          puts(a);                                //输出顺序栈中的字符数据
          if(Repent_Char(a))                      //对栈中的字符数据进行回文判断
             printf("Yes,It is repent char string!\n");//栈中存储的字符序列是回文
          else
             printf("No,It is not repent char string!\n");
                                                  //栈中存储的字符序列不是回文
       }
```

9.2.2 循环链表中只有队尾指针的入队和出队算法

假设用带头节点的循环链表表示队列，并且只设一个指向队尾节点的指针，而不设队头指针，如图9-1所示。

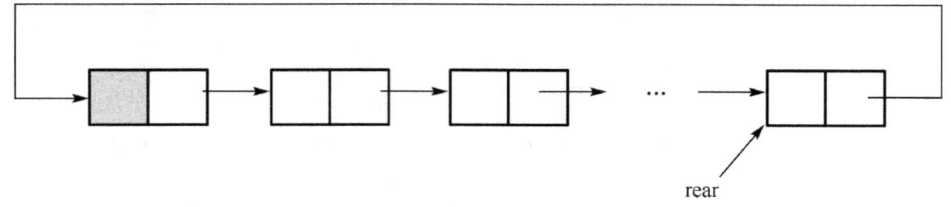

图9-1 循环队列示意图

相应的入队和出队程序实现如下：

```c
#include<stdio.h>
#include<stdlib.h>
#define MAXSIZE 30
typedef struct node
{
   char data;
   struct node *next;
}QNode;                                  //链队列节点类型
typedef struct
{
   QNode *rear;              //将指向链队列的队头指针和队尾指针纳入一个结构体中
}LQueue;                                 //仅含有链队列队尾指针的节点类型
void Init_LQueue(LQueue **q)             //创建一个带队头节点的空循环队列
{
   QNode *p;
   *q=(LQueue *)malloc(sizeof(LQueue));  //申请带队头指针和队尾指针的节点
   p=(QNode*)malloc(sizeof(QNode));      //申请链队列的队头节点
   p->next=p;                            //队头节点的next指针置为空
   (*q)->rear=p;             //此时队头节点又是队尾节点，故队尾指针指向队头节点
}
void In_Lqueue(QNode **rear,char x)      //入队
{
   QNode *h,*s;
   s=(QNode *)malloc(sizeof(QNode));     //生成一个新节点空间
   s->data=x;
   h=(*rear)->next;          //将队尾节点*rear中指向队头节点的指针next值赋给h
   (*rear)->next=s;                      //将*s节点插入*rear节点之后
   (*rear)=s;                            //rear指向新的队尾节点
   (*rear)->next=h;          //*rear中的指针next继续指向队头节点*h
}
void Del_Lqueue(QNode *rear,char *x)     //出队
{
   QNode *h,*p;
   if(rear->next==rear)
   {             //若队尾节点的next指针仍指向队尾节点，则链队列仅有队头节点
     printf("The queue is empty!\n");
   }
   else
   {
     h=rear->next;                       //h指向队头节点
     p=h->next;                          //p指向第一个节点
     *x=h->next->data;                   //将待删节点中的数据读到*x中
     h->next=h->next->next;              //删除队头的待删节点
     free(p);                            //回收被删节点所占的存储空间
     if(h->next==h)                      //删除后队已为空（仅剩头节点）
```

```
            rear=h;                              //使队尾指针 rear 指向队头节点
   }
}
void print(QNode *q)                             //输出循环队列中的各节点数据
{
   QNode *p;
   p=q->next;
   while(p!=q)
   {
      printf("%4c",p->data);
      p=p->next;
   }
   printf("\n");
}
void main()
{
   LQueue *q;
   char x,*y=&x;                                 //出栈节点数据经指针 y 传给 x
   Init_LQueue(&q);                              //循环队列初始化
   printf("Input any char string:\n");
   scanf("%c",&x);                               //输入一个字符
   while(x!='\n')                                //建立循环队列,直到遇到'\n'结束
   {
      In_Lqueue(&(q->rear),x);                   //将输入字符送入队尾
      scanf("%c",&x);                            //继续输入下一个字符
   }
   printf("Output elements of Queue:\n");
   print(q->rear->next);                         //输出循环队列中的各节点数据
   printf("Output Queue:\n");
   Del_Lqueue(q->rear,y);                        //循环队列中的队头节点出队
   printf("Element of Output Queue is %c\n",*y); //输出出队的队头节点数据
   printf("Output elements of Queue:\n");
   print(q->rear->next);                         //输出循环队列中的各节点数据
}
```

9.2.3 算术表达式中的括号匹配

算术表达式保存于字符数组 ex 中。可以用顺序栈实现对算术表达式中括号是否配对的检查。首先对字符数组 ex 中的算术表达式进行扫描，如果遇到 "("、"["、或 "{" 则将其入栈。如果遇到 ")"、"]" 或 "}" 则检查顺序栈的栈顶数据是否是对应的 "("、"[" 或 "{"，若是则出栈，否则表示不配对，给出出错信息。当整个算术表达式扫描完毕时，若栈为空则表示括号配对正确，否则不配对。程序实现如下：

```
#include<stdio.h>
#include<stdlib.h>
#define MAXSIZE 20
```

```c
typedef struct
{
   char data[MAXSIZE];                              //顺序栈存储空间
   int top;                                         //栈顶指针
}SeqStack;                                          //顺序栈类型
void Init_SeqStack(SeqStack **s)                    //顺序栈初始化
{
   *s=(SeqStack*)malloc(sizeof(SeqStack));          //在主调函数中申请栈空间
   (*s)->top=-1;                                    //置栈空标志
}
int Empty_SeqStack(SeqStack *s)                     //判断栈是否为空
{
   if(s->top==-1)
      return 1;                                     //栈为空时返回1
   else
      return 0;                                     //栈不空时返回0
}
void Push_SeqStack(SeqStack *s,char x)              //顺序栈元素入栈
{
   if(s->top==MAXSIZE-1)
      printf("Stack is full!\n");                   //栈已满
   else
   {
      s->top++;
      s->data[s->top]=x;                            //将元素x压入栈s中
   }
}
void Pop_SeqStack(SeqStack *s,char *x)              //顺序栈元素出栈
{                   //栈*s中的栈顶元素出栈,并通过参数x返回给主调函数
   if(s->top==-1)
      printf("Stack is empty!\n");            //栈顶指针s->top值为-1时栈为空
   else                                             //栈不空时
   {
      *x=s->data[s->top];                           //栈顶元素出栈
      s->top--;
   }
}
void Top_SeqStack(SeqStack *s,char *x)              //取顺序栈栈顶元素
{
   if(s->top==-1)
      printf("Stack is empty!\n");            //栈顶指针s->top值为-1时栈为空
   else
      *x=s->data[s->top];                           //栈不空时取栈顶元素值
}
void Correct(char ex[])                             //检查算术表达式中的括号是否匹配
{
```

```c
    SeqStack *p;
    char x, *ch=&x;
    int i=0;
    Init_SeqStack(&p);                              //顺序栈 p 初始化为空栈
    while(ex[i]!='\0')                              //扫描算术表达式未结束时
    {
       if(ex[i]=='('||ex[i]=='['||ex[i]=='{')
           Push_SeqStack(p, ex[i]);  //如果扫描字符为'('、'['或'{',则入栈
       if(ex[i]==')'||ex[i]==']'||ex[i]=='}')
           {                                //如果扫描字符为')'、']'或'}'则进行配对检查
          if(!Empty_SeqStack(p))                    //栈不空
             Top_SeqStack(p, ch);                   //读出栈顶字符
          else                    //若栈为空则出现多余的')'、']'或'}'字符
          {
             printf("Error!\n");                    //输出不配对错误
             goto l2;                               //转程序执行结束处
          }
          if(ex[i]==')'&&*ch=='(')   //栈顶字符'('与当前扫描字符')'配对则出栈
          {
             Pop_SeqStack(p, ch);
             goto l1;
          }
          if(ex[i]==']'&&*ch=='[')   //栈顶字符'['与当前扫描字符']'配对则出栈
          {
             Pop_SeqStack(p, ch);
             goto l1;
          }
          if(ex[i]=='}'&&*ch=='{')   //栈顶字符'{'与当前扫描字符'}'配对则出栈
          {
             Pop_SeqStack(p, ch);
             goto l1;
          }
          else
             break;                                 //不配对则终止扫描
       }
l1:    i++;
    }
    if(!Empty_SeqStack(p))                          //算术表达式已扫描结束
       printf("Error!\n");         //若栈不为空则出现多余的'('、'['或'{'字符
    else
       printf("Right!\n");                          //若栈为空则配对成功
l2: ;
}
void main()
{
    char x[30];
```

```
        printf("Input exp:\n");
        scanf("%s",x);                                      //输入一个算术表达式
        Correct(x);                                         //检查算术表达式中的括号是否匹配
    }
```

9.2.4 将队列中所有元素逆置

逆置的方法如下：按顺序取出队列中的元素并压入栈中，当所有元素均入栈之后再从栈中逐个弹出元素进入队列；由于栈的后进先出特性，此时进入队列中的元素已经实现了逆置。在算法中可以采用顺序栈和顺序队列（循环队列）来实现逆置。程序实现如下：

```
#include<stdio.h>
#include<stdlib.h>
#define MAXSIZE 30
typedef struct
{
    char data[MAXSIZE];                                     //顺序栈存储空间
    int top;                                                //栈顶指针
}SeqStack;                                                  //顺序栈类型
void Init_SeqStack(SeqStack **s)                            //顺序栈初始化
{
    *s=(SeqStack*)malloc(sizeof(SeqStack));   //在主调函数中申请栈存储空间
    (*s)->top=-1;                                           //置栈空标志
}
int Empty_SeqStack(SeqStack *s)                             //判断栈是否为空
{
    if(s->top==-1)
        return 1;                                           //栈为空时返回 1
    else
        return 0;                                           //栈不空时返回 0
}
void Push_SeqStack(SeqStack *s, char x)                     //顺序栈元素入栈
{
    if(s->top==MAXSIZE-1)
        printf("Stack is full!\n");                         //栈已满
    else
    {
        s->top++;
        s->data[s->top]=x;                                  //将元素 x 压入栈 s 中
    }
}
void Pop_SeqStack(SeqStack *s,char *x)                      //顺序栈元素出栈
{                                 //栈 s 中的栈顶元素出栈，并通过参数 x 返回给主调函数
    if(s->top==-1)
        printf("Stack is empty!\n");        //栈顶指针 s->top 值为-1 时栈为空
    else                                                    //栈不空时
    {
```

```c
        *x=s->data[s->top];                          //栈顶元素出栈
        s->top--;
    }
}
typedef struct
{
    char data[MAXSIZE];                              //队中元素存储空间
    int rear, front;                                 //队尾指针和队头指针
}SeQueue;                                            //顺序队类型
void Init_SeQueue(SeQueue **q)                       //循环队列初始化（置空队）
{
    *q=(SeQueue*)malloc(sizeof(SeQueue));            //申请循环队列的存储空间
    (*q)->front=0;                                   //队头指针与队尾指针相等则队为空
    (*q)->rear=0;
}
int Empty_SeQueue(SeQueue *q)                        //判队空
{
    if(q->front==q->rear)                            //队头指针等于队尾指针时队为空
        return 1;                                    //返回队空标志
    else                                             //队头指针不等于队尾指针时队不空
        return 0;                                    //返回队不空标志
}
void In_SeQueue(SeQueue *q, char x)                  //元素入队
{
    if((q->rear+1)%MAXSIZE==q->front)
        printf("Queue is full!\n");                  //队满，入队失败
    else
    {
        q->rear=(q->rear+1)%MAXSIZE;                 //队尾指针加1
        q->data[q->rear]=x;                          //元素x入队
    }
}
void Out_SeQueue(SeQueue *q, char *x)                //元素出队
{
    if(q->front==q->rear)                            //队头指针等于队尾指针时
        printf("Queue is empty");                    //队空，出队失败
    else                    //队头指针不等于队尾指针时队不空，进行出队操作
    {
        q->front=(q->front+1)%MAXSIZE;               //队头指针加1
        *x=q->data[q->front];         //队头元素出队，并由x返回队头元素值
    }
}
void print(SeQueue *q)                               //循环队列输出
{
    int i;
    i=(q->front+1)%MAXSIZE;
```

```c
        while(i!=q->rear)
        {
            printf("%4c",q->data[i]);
            i=(i+1)%MAXSIZE;
        }
        printf("%4c\n",q->data[i]);
}
void Revers_Queue(SeQueue *q,    SeqStack *s)          //用栈 s 逆置队列 q
{
    char x, *p=&x;
    Init_SeqStack(&s);                                 //栈 s 初始化为空栈
    while(!Empty_SeQueue(q))                           //当队列 q 非空时
    {
        Out_SeQueue(q, p);                             //取出队头元素*p
        Push_SeqStack(s, *p);                          //将队头元素*p 压入栈 s 中
    }
    while(!Empty_SeqStack(s))                          //当栈 s 非空时
    {
        Pop_SeqStack(s, p);                            //栈顶元素*p 出栈
        In_SeQueue(q, *p);                             //栈顶元素*p 入队
    }
}
void main()
{
    SeqStack *s;
    SeQueue *q;
    char x, *y=&x;
    Init_SeqStack(&s);                                 //顺序栈初始化
    Init_SeQueue(&q);                                  //循环队列初始化
    if(Empty_SeQueue(q))                               //判队空
        printf("Queue is empty!\n");
    printf("Input any char string:\n");
    scanf("%c",&x);                                    //以字符数据给队列输入元素
    while(x!='\n')
    {
        In_SeQueue(q,  x);                             //元素入队
        scanf("%c",&x);
    }
    printf("Output elements of Queue:\n");
    print(q);                                          //输出队列中的元素
    printf("Convert Queue:\n");
    Revers_Queue(q, s);                                //将队列中的元素逆置
    printf("Output elements of Queue:\n");
    print(q);                                          //输出逆置之后队列中的元素
}
```

9.2.5 用两个栈模拟一个队列

由于队列是先进先出，而栈是后进先出（先进后出），因此只有经过两个栈，即先在第一个栈中先进后出，再经过第二个栈后进先出来实现队列的先进先出。

因此，用两个栈模拟一个队列运算就是用一个栈作为队的输入，而用另一个栈来实现队的输出。当数据入队时，总是将数据压入作为输入的栈中；当数据出队时，如果作为输出的栈已空，则将输入栈的所有数据全部压入输出栈中，然后由输出栈输出数据。

下面用栈 s1 来实现元素的入队操作，而用栈 s2 来实现元素的出队操作，出队前应先将栈 s1 中的所有元素弹出并全部压入栈 s2 中，然后由栈 s2 弹出栈顶元素即可实现元素的出队。出队之后还需要将栈 s2 剩余的元素再弹出并重新压回到栈 s1 中，否则下一次出队将产生错误的出队顺序。程序实现如下：

```c
#include<stdio.h>
#include<stdlib.h>
#define MAXSIZE 30
typedef struct
{
   char data[MAXSIZE];                      //顺序栈存储空间
   int top;                                 //栈顶指针
}SeqStack;                                  //顺序栈类型
void Init_SeqStack(SeqStack **s)            //栈初始化
{
   *s=(SeqStack*)malloc(sizeof(SeqStack));  //在主调函数中申请栈存储空间
   (*s)->top=-1;                            //置栈空标志
}
int Empty_SeqStack(SeqStack *s)             //判栈空
{
   if(s->top==-1)
      return 1;                             //栈为空时返回1
   else
      return 0;                             //栈非空时返回0
}
void Push_SeqStack(SeqStack *s,char x)      //入栈
{
   if(s->top==MAXSIZE-1)
      printf("Stack is full!\n");           //栈已满
   else
   {
      s->top++;
      s->data[s->top]=x;                    //将元素 x 压入栈*s 中
   }
}
void Pop_SeqStack(SeqStack *s,char *x)      //出栈
{                           //栈*s 中的栈顶元素出栈，并通过参数 x 返回给主调函数
   if(s->top==-1)
```

```c
        printf("Stack is empty!\n");           //栈为空时输出栈为空的信息
    else                                        //栈非空时
    {
        *x=s->data[s->top];                     //栈顶元素出栈
        s->top--;
    }
}
void print(SeqStack *s)                         //输出栈中元素
{
    SeqStack *p=s;
    int i=0,m=p->top;
    while(i<=m)
        printf("%4c",p->data[i++]);
    printf("\n");
}
void In_Queue(SeqStack *s1,char x)              //入队
{
    if(s1->top==MAXSIZE-1)
        printf("队列上溢!\n");                  //队满时输出队列上溢信息
    else
        Push_SeqStack(s1,x);                    //队未满时元素 x 入队
}
void Del_Queue(SeqStack *s1,char *y)            //出队
{
    char x,*ch=&x;
    SeqStack *s2;
    Init_SeqStack(&s2);                         //栈 s2 初始化为空栈
    while(!Empty_SeqStack(s1))
    {                   //当栈 s1 不空时将栈 s1 中的所有元素弹出并压入栈 s2 中
        Pop_SeqStack(s1,ch);                    //从栈 s1 中弹出元素并经指针 ch 赋给 x
        Push_SeqStack(s2,x);                    //再将元素 x 压入栈 s2 中
    }
    Pop_SeqStack(s2,ch);                        //从栈 s2 中弹出元素并经指针 ch 赋给 x
    *y=x;                                       //出队元素 x 赋给*y
    while(!Empty_SeqStack(s2))
    {                   //当栈 s2 不空时将栈 s2 中的所有元素弹出并压入栈 s1 中
        Pop_SeqStack(s2,ch);                    //从栈 s2 中弹出元素并经指针 ch 赋给 x
        Push_SeqStack(s1,x);                    //再将元素 x 压入栈 s1 中
    }
}
void main()
{
    SeqStack *s;
    char x,*y=&x;
    Init_SeqStack(&s);                          //栈 s 初始化
    if(Empty_SeqStack(s))                       //判断栈 s 是否为空
```

```
            printf("Init stack is empty!\n");
        printf("Input any char string to Queue:\n");        //输入任意串入队
        scanf("%c",&x);                                     //输入一个字符
        while(x!='\n')                  //用栈模拟队列,给队输入字符直到遇到'\n'结束
        {
            Push_SeqStack(s,x);                             //输入字符入队(用栈实现)
            scanf("%c",&x);                                 //继续输入下一个字符
        }
        printf("Output elements of Queue:\n");
        print(s);                                           //输出队中的所有元素
        printf("Output Queue:\n");
        Del_Queue(s,y);                                     //队中元素出队
        printf("element of Output Queue is: %c\n",*y);      //输出出队的元素
        printf("Output elements of Queue:\n");
        print(s);                                           //输出出队之后的队中的所有元素
        printf("Input element of input Queue:\n");
        scanf("%c",&x);                                     //输入要入队的元素
        In_Queue(s,x);                                      //输入的元素入队
        printf("Output elements of Queue:\n");
        print(s);                                           //输出入队之后的队中的所有元素
    }
```

9.2.6 用栈实现汉诺塔(Tower of Hanoi)问题的非递归解法

有 3 根柱子(分别为 A、B、C)和 n 个大小都不一样且能套进柱子的圆盘(编号由小到大依次为 $1,2,\cdots,n$),这 n 个圆盘已按由大到小的顺序套在 A 柱上(见图 9-2)。要求将这些圆盘按如下规则由 A 柱移到 C 柱上。

(1)每次只允许移动柱子最上面的一个圆盘。

(2)任何圆盘都不得放在比它小的圆盘上。

(3)圆盘只能在 A、B、C 这 3 根柱子上放置。

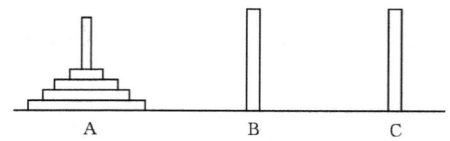

图 9-2 汉诺塔问题示意图

我们可以使用一个 stack 数组来实现汉诺塔问题的非递归解法,具体步骤如下。

(1)将初值 n、'A'、'B'、'C' 赋给 stack[1]中的成员 stack[1].id、stack[1].x、stack[1].y、stack[1].z。

(2)n 减 1(n 值保存在 id 中)并交换 y、z 值之后,将 n、x、y、z 值赋给 stack 数组元素对应的成员,这一过程直到 n 等于 1 时为止。

(3)当 n 等于 1 时输出 x 值指向 z 值。

(4)回退到 stack 的前一个数组元素,如果此时这个数组元素下标值 i≥1,则输出 x

值指向 z 值，当 i≤0 时，程序结束。

（5）对 n 减 1，如果 n≥1 则交换 x、y 值，并且：①如果此时 n 等于 1，则输出 x 值指向 z 值，并继续回退到 stack 的前一个数组元素处；如果 i≥1，则输出 x 值指向 z 值。②如果此时 n>1，则继续执行步骤（2）。

非递归程序只执行到 n 等于 1 时为止。汉诺塔非递归程序如下：

```c
#include<stdio.h>
struct hanoi
{
  int id;
  char x,y,z;
}stack[30];                                //stack 数组作为栈来使用
void main()
{
  int i=1,n;
  char ch;
  printf("Input number of diskes:\n");
  scanf("%d",&n);
  if(n==1)                                 //只有1个圆盘时
    printf("A(1)->C\n");
  else
  {
    stack[1].id=n;                         //步骤（1）
    stack[1].x='A';
    stack[1].y='B';
    stack[1].z='C';
    do
    {
      while(n>1)                           //步骤（2）
      {
        n--;
        i++;
        stack[i].id=n;
        stack[i].x=stack[i-1].x;
        stack[i].y=stack[i-1].z;
        stack[i].z=stack[i-1].y;
      }
      printf("%c(%d)->%c\n",stack[i].x,stack[i].id,stack[i].z);
                                           //步骤（3）
      i--;                                 //步骤（4）
      do
      {
        if(i>=1)
           printf("%c(%d)->%c\n",stack[i].x,
                      stack[i].id,stack[i].z);
        stack[i].id--;
```

```
                    n=stack[i].id;                      //步骤（5）
                    if(n>=1)
                    {
                       ch=stack[i].x;
                       stack[i].x=stack[i].y;
                       stack[i].y=ch;
                    }
                    if(n==1)                            //步骤（5）中的①
                    {
                       printf("%c(%d)->%c\n",stack[i].x,
                                    stack[i].id,stack[i].z);
                       i--;
                    }
                 }while(n<=1&&i>0);
            }while(i>0);
        }
    }
```

9.3 串的应用

9.3.1 将串 s1 中连续的字符用串 s2 替换

实现串的置换操作：即将串 s1 中第 i 个到第 j 个字符之间的串（不包括第 i 个和第 j 个字符）用串 s2 替换。在此采用顺序存储的方式来存储串，并且置换操作是将串 s1 中的第 i 个到第 j 个字符之间的所有字符（不包括第 i 个和第 j 个字符）用串 s2 中的串替换。具体的实现方法如下：先提取串 s1 中的第 0 个到第 i 个字符，然后附加上串 s2 中的全部字符，最后连接串 s1 中由第 i 个字符开始至结束的全部字符就可以实现串的置换。程序实现如下：

```c
#include<stdio.h>
#include<stdlib.h>
#define MAXSIZE 30
typedef struct
{
   char data[MAXSIZE];                        //存放顺序串串值
   int len;                                   //顺序串长度
}SeqString;                                   //顺序串类型
void Replace(SeqString *s1,int i,int j, SeqString *s2)
{                        //将串 s1 中第 i 个到第 j 个字符之间的串用串 s2 替换
   char s[100];
   int h,k;
   for(h=0,k=j;s1->data[k]!='\0';h++,k++)
      s[h]=s1->data[k];   //将串 s1 从第 j 个字符开始到串尾的所有字符复制到串 s
   s[h]='\0';                                 //给串 s 添加串结束标志
```

```
      for(h=i+1,k=0;s2->data[k]!='\0';h++,k++)
         s1->data[h]=s2->data[k];         //从串 s1 第 i+1 个字符位置开始复制串 s2
      for(k=0;s[k]!='\0';h++,k++)
         s1->data[h]=s[k];                //复制完串 s2 之后接着复制串 s
      s1->data[h]='\0';                   //给串 s1 添加串结束标志
      s1->len=h;                          //记录下此时串 s1 的长度
   }
   void gets1(SeqString *p)               //输入串
   {
      int i=0;
      char ch;
      p->len=0;
      scanf("%c",&ch);
      while(ch!='\n')
      {                    //将输入的串逐个字符（遇回车符结束）读入 data 数组中
         p->data[i++]=ch;
         p->len++;
         scanf("%c",&ch);
      }
      p->data[i++]='\0';                  //在 data 数组中添加串结束标志
   }
   void main()
   {
      int i,j;
      SeqString *s,*t;                    //定义串变量
      s=(SeqString *)malloc(sizeof(SeqString));
      t=(SeqString *)malloc(sizeof(SeqString));
      printf("Input main string S:\n");
      gets1(s);                           //输入的串赋给 s
      printf("Output main string S:\n");
      puts(s->data);                      //输出串 s
      printf("Input substring T:\n");
      gets1(t);                           //输入的串赋给 t
      printf("Output substring T:\n");
      puts(t->data);                      //输出串 t
      printf("Input i and j:\n");
      scanf("%d%d",&i,&j);                //输入串 s 要替换的区间左、右边界值 i 和 j
      Replace(s,i,j,t);                   //用串 t 替换串 s 从位置 i+1 到 j-1 之间的所有字符
      puts(s->data);                      //输出替换之后的串 s
   }
```

9.3.2 计算一个子串在串中出现的次数

计算一个子串在串中出现的次数，如果该子串未出现则为 0。本节是 BF 算法的扩展，即找到子串之后不是退出而是继续查找，直到整个串查找完毕。程序实现如下：

```
   #include<stdio.h>
```

```c
#include<stdlib.h>
#define MAXSIZE 30
typedef struct
{
   char data[MAXSIZE];                              //存放顺序串串值
   int len;                                         //顺序串长度
}SeqString;                                         //顺序串类型
int Str_Count(SeqString *S, SeqString *T)//计算子串 T 在主串 S 中出现的次数
{
   int i=0,j,k,count=0;
   for(i=0;i<S->len-T->len+1;i++)
   {
      for(j=i,k=0;S->data[j]==T->data[k];j++,k++);
                                                    //在主串 S 中寻找一个子串 T
      if(k==T->len)                                 //在主串 S 中找到一个子串 T
         count++;
   }
   return(count);                                   //返回子串个数
}
void gets1(SeqString *p)                            //输入串
{
   int i=0;
   char ch;
   p->len=0;
   scanf("%c",&ch);
   while(ch!='\n')//将输入的串逐个字符（遇回车符结束）地读入 data 数组中
   {
      p->data[i++]=ch;
      p->len++;
      scanf("%c",&ch);
   }
    p->data[i++]='\0';                              //在 data 数组中添加串结束标志
}
void main()
{
   SeqString *S,*T;                                 //定义串变量
   s=(SeqString *)malloc(sizeof(SeqString));
   t=(SeqString *)malloc(sizeof(SeqString));
   printf("Input main string S:\n");
   gets1(S);                                        //输入的串赋给 S
   printf("Output main string S:\n");
   puts(S->data);                                   //输出串 S
   printf("Input substring T:\n");
   gets1(T);                                        //输入的串赋给 T
   printf("Output substring T:\n");
   puts(T->data);                                   //输出串 T
```

```
      printf("Count of substring: %d\n",Str_Count(S,T));
                                       //输出子串 T 在主串 S 中出现的次数
}
```

9.3.3 输出长度最大的等值子串

如果串的一个子串（其长度大于 1）中的各个字符均相同，则称为等值子串。请尝试设计一个算法，将一个串输入一维数组 s 中，串以'\0'作为结束标志。如果串 s 中不存在等值子串，则输出"无等值子串"信息；否则，输出长度最大的等值子串。例如，若 s="abc123abc123"，则输出"无等值子串"；若 s="abceebccadddddaaadd"，则输出"ddddd"。

先从键盘上输入串并送入串数组 s，然后扫描串数组 s，并设变量 head 指向当前找到的最长等值子串的串头，max 记录此子串的长度。在扫描过程中，若发现新等值子串则用变量 count 记录其长度，如果它的长度大于此前保存于 max 的最长等值子串的长度，则对 head 和 max 进行更新，记录下这个新的最长等值子串的串头和串的长度，重复这一过程直至到达串 s 的末尾。最后根据扫描的结果输出最长等值子串，或者输出不存在等值子串的信息。程序实现如下：

```
#include <stdio.h>
void EquString(char s[])                //求出长度最大的等值子串并输出
{
  int i,j,k,head,max,count;
  printf("Input any char string:\n");
  gets(s);                              //输入串
  for(i=0,j=0,head=0,max=1; s[i]!='\0'&&s[j]!='\0'; i++)
  {
    count=0;
    while(s[i]==s[j])                   //统计当前等值子串的长度
    {
      j++;
      count++;
    }
    if(count>max)         //如果出现新的最长等值子串，则更新 head 和 max 的值
    {
      head=i;
      max=count;
    }
    i=j-1;                              //i 定位于当前等值子串的最后一个字符位置
  }
  if(max>1)
  {
    printf("The longest equivaluent substring in s is:\n");
    for(k=head;k<head+max;k++)          //输出长度最大的等值子串
      printf("%c",s[k]);
  }
}
```

```
        else
            printf("There is no equivaluent substring in s!\n");
        printf("\n");
    }
    void main()
    {
        char s[60];
        EquString(s);                              //求出长度最大的等值子串并输出
    }
```

9.3.4 将链串 s 中首次与链串 t 匹配的子串逆置

设串 s 与串 t 均由带头节点的单链表表示。首先在链串 s 中查找首次与链串 t 匹配的子串，若未找到则显示相应信息后结束，否则将该子串逆置。在链串 s 中出现子串 t 的示意图如图 9-3 所示。

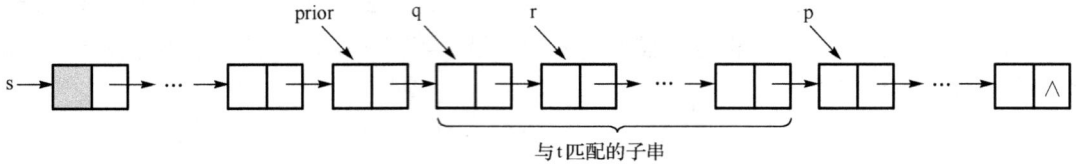

图 9-3　在链串 s 中出现子串 t 的示意图

程序实现如下：

```
#include<stdio.h>
#include<stdlib.h>
typedef struct snode
{
    char data;
    struct snode *next;
}LiString;
void StrAssingn(LiString **s, char str[])     //生成链串*s
{
    LiString *p,*r;
    int i;
    *s=(LiString*)malloc(sizeof(LiString));   //建立链串头节点
    r=*s;                                      //r 始终指向链串 s 的尾节点
    for(i=0;str[i]!='\0';i++)
    {                                          //将数组 str 中的字符逐个转化为链串 s 中的节点
        p=(LiString *)malloc(sizeof(LiString));
        p->data=str[i];
        r->next=p;
        r=p;
    }
    r->next=NULL;                              //将最终生成的链串 s 尾节点的指针域置空
}
```

```c
void Invert_Substring(LiString *s, LiString *t)
{                                           //将链串 s 中首次与链串 t 匹配的子串逆置
   LiString *prior,*p,*q,*r,*t1,*u;
   prior=s;                                 //prior 指向链表的头节点
   p=prior->next;                           //p 指向链表的第一个节点
   t1=t->next;                              //t1 指向链串 t 的第一个节点
   if(p==NULL||t1==NULL)
   {
      printf("Error!\n");
      goto L1;
   }
   while(p!=NULL&&t1!=NULL)                 //在链串 s 中寻找首次与链串 t 匹配的子串
      if(p->data==t1->data)
      {
         p=p->next;
         t1=t1->next;
      }
      else
      {
         prior=prior->next;                 //匹配不成功时 prior 后移一个节点继续匹配
         p=prior->next;                     //p 指向主串 s 中寻求与子串 t 匹配的第一个节点
         t1=t->next;                        //t1 重新指向链串 t 的第一个节点
      }
   if(t1!=NULL)             //如果 t1 不空,则在链串 s 中找不到与链串 t 匹配的子串
      printf("No match!\n");
   else                                     //将找到的子串逆置
   {
      q=prior->next;                        //q 指向主串 s 中已与子串 t 匹配的第一个节点
      r=q->next;                            //r 指向*q 的后继节点
      while(r!=p)
      {
         u=r->next;                         //u 指向*r 的后继节点,以免断链
         r->next=q;                         //使*r 的后继指针 next 改为指向*r 的前驱节点*q
         q=r;                               //指针 q 后移一个节点位置
         r=u;                               //指针 r 后移一个节点位置
      }
      prior->next->next=p;
               //*p 的前驱节点是原子串的第一个节点(现为子串的最后一个节点)
      prior->next=q;
               //*prior 的后继节点是原子串的最后一个节点(现为子串的第一个节点)
   }
L1: ;
}
void print(LiString *h)                     //输出链串
{
   LiString *p;
```

```
        p=h->next;
        while(p!=NULL)
        {
           printf("%2c",p->data);
           p=p->next;
        }
        printf("\n");
}
void main()
{
    LiString *head1,*head2,*p;
    char c1[20]="aacabccad",c2[10]="abc";
    StrAssingn(&head1,c1);                      //生成链串 head1
    printf("Output string head1\n");
    print(head1);                               //输出链串 head1
    StrAssingn(&head2,c2);                      //生成链串 head2
    printf("Output string head2\n");
    print(head2);                               //输出链串 head1
    Invert_Substring(head1,head2);
                        //将链串 head1 中首次与链串 head2 匹配的子串逆置
    printf("Output string head1\n");
    print(head1);                               //输出链串 head1
}
```

9.4 数组与广义表的应用

9.4.1 将所有奇数存放到数组的前半部分，所有偶数存放到数组的后半部分

设一系列正整数存放在一个数组中，试设计算法将所有奇数存放到数组的前半部分，所有偶数存放到数组的后半部分。要求尽可能少用临时存储单元，并且使时间花费最少。

【解析】此题可以采用快速排序的思想，即使用下标变量 i 和 j 分别指向数组的第一个与最后一个元素，并由这两端向数组的中间进行搜索。

（1）若 A[i]为偶数、A[j]为奇数，则 A[i]与 A[j]进行交换，然后 i++、j--。
（2）若 A[i]为偶数、A[j]为偶数，则 i 保持不变，j--。
（3）若 A[i]为奇数、A[j]为奇数，则 j 保持不变，i++。
（4）若 A[i]为奇数、A[j]为偶数，则 i++、j--。
（5）当 i 等于 j 时算法结束。

程序实现如下：

```
#include<stdio.h>
void Charge(int A[],int n)   //将奇数和偶数分别存放在数组的前半部分与后半部分
{
    int i,j,temp;
```

```
        i=0;                             //i 指向数组的起始位置
        j=n-1;                           //j 指向数组的最后位置
        while(i<j)
        {
           while(A[i]%2!=0&&i<j)         //A[i]不为偶数时继续向右扫描
              i++;
           while(A[j]%2==0&&i<j)         //A[j]不为奇数时继续向左扫描
              j--;
           if(i<j)                       //将 A[i]与 A[j]进行交换
           {
              temp=A[i];
              A[i]=A[j];
              A[j]=temp;
              i++;                       //交换之后指针 i 加 1
              j--;                       //交换之后指针 j 减 1
           }
        }
     }
     void main()
     {
        int i=0,n=0,x,c[40];
        printf("Input int data until -1 stop:\n");
        scanf("%d",&x);                  //输入一个数据
        while(x!=-1)                     //给数组输入数据,直到-1 结束
        {
           c[i++]=x;                     //将输入的数据送入数组 c
           scanf("%d",&x);               //继续输入下一个数据
        }
        n=i;                             //将数组 c 中存放的整型数据个数赋给 n
        Charge(c,n);                     //将奇数和偶数分别存放在数组的前半部分与后半部分
        for(i=0;i<n;i++)                 //输出交换之后的数组数据
           printf("%4d",c[i]);
        printf("\n");
     }
```

9.4.2 求字符数组中连续相同字符构成的子序列长度

定义一个一维字符数组 char b[n] (n 为常数),b 中连续相等元素构成的子序列称为平台。用程序求 b 中最长平台长度的方法如下:若已知 b[0]~b[i-1]的最长平台长度为 p 且 b[i]是下一平台的开始位置,即 b[i]!=b[i-1],则从位置 i 开始计算下一平台的长度;若新长度 q>p,则更新最长平台的长度 p;当 i=n 时 p 为所找到的最长平台长度。程序实现如下:

```c
#include<stdio.h>
int Length(char b[],int n)           //求数组中连续相同字符构成的最长子序列长度
{
   int i,p,q;
   i=0;
   p=0;
   while(i<n)
   {
      q=1;                            //初始时平台长度为1
      i++;
      while(i<n&&b[i-1]==b[i])        //寻找最长平台
      {
         q++;
         i++;
      }
      if(q>p)                         //找到更长的平台
         p=q;
   }
   return p;                          //返回找到的最长平台长度值p
}
void main()
{
   int i=0,n=0;
   char x,c[40];
   printf("Input any char string :\n");  //输入串数据
   scanf("%c",&x);
   while(x!='\n')                     //将输入的串存入数组c中
   {
      c[i++]=x;
      scanf("%c",&x);
   }
   n=i;                               //将数组c中存放的字符数据个数赋给n
   printf("Length=%d\n",Length(c,n)); //输出数组c中最长连续相同字符的长度
}
```

9.4.3 求广义表的表头和表尾

广义表用孩子兄弟表示法存储。求广义表表头的过程如下：空表不能求表头，如果表头元素为单元素，则输出该元素；如果表头元素为子表，则由于其 next 域不一定为 NULL，因此复制该表头元素产生*t，并置 t->next=NULL。在此，*t 称为虚表头元素。图 9-4 所示是广义表 "((a),(b))" 在求表头时所设置的虚表头节点*t 的示意图。使用输出函数 DispcB()输出由 t 指向的广义表即可得到原广义表的表头。

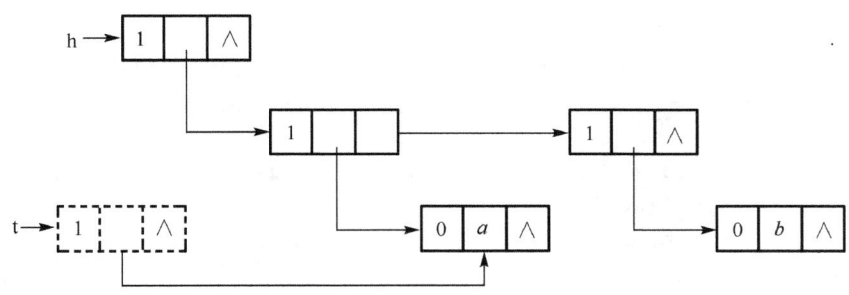

图 9-4 求表头示意图

广义表用孩子兄弟表示法存储,求广义表表尾的过程如下:空表不能求表尾,创建一个虚表头节点*t,并置 t->childlist=h->childlist。图 9-5 所示是广义表 "((a),(b))" 求表尾时设置的虚拟表头节点*t 的示意图。使用输出函数 DispcB()输出由 t 指向的广义表即可得到原广义表的表尾。

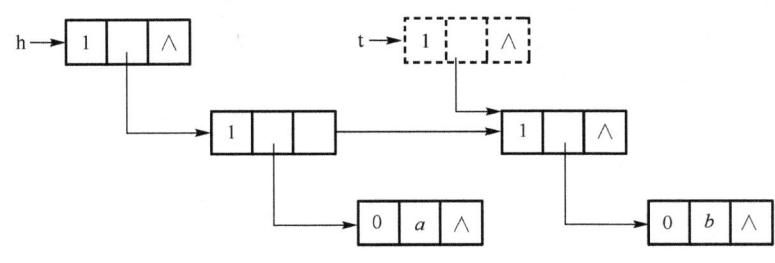

图 9-5 求表尾示意图

程序实现如下:

```
#include<stdio.h>
#include<stdlib.h>
#define SIZE 100                       //定义输入广义表表达式串的最大长度
typedef struct node                    //定义广义表的节点类型
{
  int flag;                            //本节点为元素或子表标志
  union                                //单元素和子表共用内存
  {
    char data;                         //本节点为单元素时的值
    struct node *childlist;            //本节点指向下一层子表的指针
  }val;
  struct node *next;                   //本节点指向相邻后继节点的指针
}lsnode,*plsnode;                      //广义表节点类型
plsnode Creatlist(char str[],plsnode head)   //生成广义表
{
  plsnode pstack[SIZE],newnode,p=head; //数组 pstack 为存储子表指针的栈
  int top=-1,j=0;
            //置栈 pstack 栈顶指针 top 和扫描输入广义表表达式串指针 j 的初值
  while(str[j]!='\0')                  //是否到输入广义表表达式串的串尾
```

```c
    {
        if(str[j]=='(')                              //当前输入字符为左括号'('时为子表
          if(str[j+1]!=')')                          //本层子表不是空表
          {
             pstack[++top]=p;                        //将当前节点指针 p 压栈
             p->flag=1;                              //置当前节点为有子表标志
             newnode=(lsnode *)malloc(sizeof(lsnode));
                                                     //生成新一层的广义表节点
             p->val.childlist=newnode;
                                    //将节点*p 的子表指针指向这个新节点（子表）
             p->next=NULL;                           //节点*p 相邻的后继节点为空
             p=p->val.childlist;                     //使指针 p 指向新一层的子表
          }
          else                                       //本层子表是空表
          {
             p->flag=1;                              //置当前节点为有子表标志
             p->val.childlist=NULL;                  //当前节点指向下一层子表的指针为空
             p->next=NULL;                           //当前节点指向后继节点的指针为空
             j++;                                    //广义表表达式串的扫描指针值加 1
          }
        else
          if(str[j]==',')                            //当前字符为逗号','时有相邻的后继节点
          {
             newnode=(lsnode *)malloc(sizeof(lsnode));
                                                     //生成一个新的广义表节点
             p->next=newnode;                        //节点*p 的节点指针指向这个新节点
             p=p->next;                              //使指针 p 指向这个新节点
          }
          else
             if(str[j]==')')                         //当前输入字符为右括号')'时本层子表结束
             {
                p=pstack[top--];                     //子表指针 p 返回上一层子表
                if(top==-1) goto l1;                 //广义表层次已结束，结束生成广义表的过程
             }
             else                                    //当前输入字符为广义表元素
             {
                p->flag=0;                           //置当前节点为元素标志
                p->val.data=str[j];                  //将输入字符赋给当前节点数据域
                p->next=NULL;                        //当前节点指向相邻后继节点的指针为空
             }
        j++;                                         //广义表表达式串的扫描指针值加 1
    }
l1: return head;                                     //返回已生成的广义表头指针
}
void DispcB(plsnode h)                               //输出广义表，h 为广义表的头节点指针
{
```

```c
        if(h!=NULL)                                    //表非空
        {
           if(h->flag==1)                              //如果为表节点
           {
              printf("(");                             //输出子表开始符号"("
              if(h->val.childlist==NULL)
                 printf(" ");                          //输出空子表
              else
                 DispcB(h->val.childlist);             //递归输出子表
           }
           else
              printf("%c", h->val.data);               //如果为单元素则输出元素值
           if(h->flag==1)
              printf(")");                             //输出子表结束符号
           if(h->next!=NULL)                           //有后继节点时
           {
              printf(",");                             //输出元素之间的分隔符","
              DispcB(h->next);                         //递归调用输出后继元素的节点信息
           }
        }
}
void Head(plsnode h)                                   //求广义表表头,h为广义表头节点指针
{
   plsnode q,t,p=h->val.childlist;
   if(p==NULL)                                         //为空表时
   {
      printf("空表不能求表头!\n");
      goto L1;
   }
   if(p->flag==0)                                      //表头元素为单元素时
   {
      q=(lsnode *)malloc(sizeof(lsnode));              //生成q的存储空间
      q->flag=0;                                       //设置单元素标志
      q->val.data=p->val.data;                         //复制表头元素数据信息
      q->next=NULL;                                    //去掉和其他兄弟的联系
      printf("%3c\n",q->val.data);
   }
   else                                                //表头元素为子表时生成一个虚子表*t
   {
      t=(lsnode *)malloc(sizeof(lsnode));              //生成虚表t的存储空间
      t->flag=1;
      t->val.childlist=p->val.childlist;
      t->next=NULL;
      DispcB(t);                                       //输出由t指向的广义表(即表头)信息
      free(t);                                         //释放虚子表*t的存放空间
   }
}
```

```
    L1: ;
    }
    void Tail(plsnode h)              //求广义表表尾，h 为广义表头节点指针
    {
      plsnode t,p=h->val.childlist;
      if(p==NULL)                     //为空表时
      {
         printf("空表不能求表尾!\n");
         goto L1;
      }
      p=p->next;                      //使 p 指向表头元素的下一个兄弟
      t=(lsnode *)malloc(sizeof(lsnode));   //生成虚表 t 的存储空间
      t->flag=1;                      //设置子表标志
      t->next=NULL;                   //没有其他兄弟
      t->val.childlist=p;             //节点*p 作为孩子节点链接到指针 t 上
      DispcB(t);                      //输出由 t 指向的广义表（此时就是表尾）信息
      free(t);                        //释放虚子表*t 的存放空间
    L1: ;
    }
    void main()
    {
      plsnode head=(lsnode *)malloc(sizeof(lsnode));   //生成广义表头指针
      char str[SIZE];
      printf("Please input List:\n");
      gets(str);                      //输入广义表表达式串
      head=Creatlist(str,head);       //生成广义表
      DispcB(head);                   //输出广义表
      printf("\nHead of lists is : ");
      Head(head);                     //输出广义表的表头
      printf("\nTail of lists is :   ");
      Tail(head);                     //输出广义表的表尾
      printf("\n");
    }
```

9.4.4 另一种广义表生成方法

可以用另一种广义表的孩子兄弟表示法存储结构，如图 9-6 所示。

tag	data
childlist	next

图 9-6　孩子兄弟表示法的存储结构

孩子兄弟表示法的节点类型定义如下：

```
    typedef struct node                 //定义广义表的节点类型
    {
```

```
        char data;                      //本节点为单元素时的值
        struct node *next;              //本节点指向相邻后继节点的指针
        struct node *childlist;         //本节点指向下一层子表的指针
        int tag;                        //本节点为元素或子表标志
}lsnode,*plsnode;
```

在这种广义表的存储结构中,指针 next 指向本层的后继节点,而指针 childlist 则指向下一层子表节点。前面使用过的递归输出广义表函数也可以用下面的非递归输出广义表函数来取代。生成广义表的程序如下:

```
#include<stdio.h>
#include<stdlib.h>
#define SIZE 100                        //定义输入广义表表达式串的最大长度
typedef struct node                     //定义广义表的节点类型
{
    char data;                          //本节点为单元素时的值
    struct node *next;                  //本节点指向相邻后继节点的指针
    struct node *childlist;             //本节点指向下一层子表的指针
    int tag;                            //本节点为元素或子表标志
}lsnode,*plsnode;
plsnode Creatlist(char str[],plsnode head)      //生成广义表
{
    plsnode pstack[SIZE],newnode,p=head;    //数组 pstack 为存储子表指针的栈
    int top=-1,j=0;
                //置栈 pstack 栈顶指针 top 和扫描输入广义表表达式串指针 j 的初值
    while(str[j]!='\0')                 //是否到输入广义表表达式串的串尾
    {
        if(str[j]=='(')                 //当前输入字符为左括号'('时为子表
            if(str[j+1]!=')')           //本层子表不是空表
            {
                pstack[++top]=p;        //将当前节点指针 p 压栈
                p->tag=1;               //置当前节点为有子表标志
                newnode=(lsnode *)malloc(sizeof(lsnode));
                                        //生成新一层的广义表节点
                p->childlist=newnode;   //将节点*p 的子表指针指向这个新节点(子表)
                p->next=NULL;           //节点*p 相邻的后继节点为空
                p=p->childlist;         //使指针 p 指向新一层的子表
            }
            else                        //本层子表是空表
            {
                p->tag=1;               //置当前节点为有子表标志
                p->childlist=NULL;      //当前节点指向下一层子表的指针为空
                p->next=NULL;           //当前节点指向后继节点的指针为空
                j++;                    //广义表表达式串的扫描指针值加 1
            }
        else
            if(str[j]==',')             //当前字符为逗号','时有相邻的后继节点
```

```c
            {
                newnode=(lsnode *)malloc(sizeof(lsnode));
                                            //生成一个新的广义表节点
                p->next=newnode;            //节点*p 的节点指针指向这个新节点
                p=p->next;                  //使指针 p 指向这个新节点
            }
            else
                if(str[j]==')')             //当前输入字符为右括号')'时本层子表结束
                {
                    p=pstack[top--];        //子表指针 p 返回上一层子表
                    if(top==-1) goto l1;    //广义表层次已结束,结束生成广义表的过程
                }
                else                        //当前输入字符为广义表元素
                {
                    p->tag=0;               //置当前节点为元素标志
                    p->data=str[j];         //将输入字符赋给当前节点数据域
                    p->next=NULL;           //当前节点指向相邻后继节点的指针为空
                    p->childlist=NULL;      //当前节点指向下一层子表的指针为空
                }
        j++;                                //广义表表达式串的扫描指针值加1
    }
l1: return head;                            //返回已生成的广义表头指针
}
void Display(plsnode head)                  //输出生成的广义表
{
    plsnode pstack1[SIZE],p1=head;          //数组 pstack1 为存储子表指针的栈
    int top1=-1;                            //置栈 pstack1 栈顶指针 top1 的初值
    printf("List is:\n");
    do{
        while((p1->childlist!=NULL)||(p1->next!=NULL))
        {                                   //当节点*p1 有下一层子表或有相邻的后继节点时
            if(p1->tag==1)                  //节点*p1 有子表
            {
                if((p1->tag==1)&&(p1->childlist==NULL))
                {
                    printf("( ),");
                    p1=p1->next;
                }
                else
                {
                    printf("(");            //输出子表开始符号"("
                    pstack1[++top1]=p1;     //将当前节点指针 p1 压栈
                    p1=p1->childlist;       //使指针 p1 指向新一层的子表
                }
            }
            else
```

```c
                if(p1->tag==0)                  //节点*p1为元素
                {
                    printf("%c",p1->data);      //输出元素值
                    printf(",");                //输出元素分隔符","
                    p1=p1->next;                //使指针p1指向相邻后继节点
                }
            }
            if((p1->tag==1)&&(p1->childlist==NULL))
                printf("( )");
            else
            {
                printf("%c",p1->data);          //输出本层子表的最后一个元素值
                printf(")");                    //输出本层子表的结束符号")"
                p1=pstack1[top1--];             //使指针p1返回到上一层子表
            }
l1:     if(p1->next!=NULL)                      //如果指针p1指向相邻后继节点的指针不为空
        {
            printf(",");                        //输出元素分隔符","
            p1=p1->next;                        //使指针p1指向相邻后继节点
        }
        else
        {
            while((top1!=-1)&&(p1->next==NULL))
            {       //当存储子表指针的栈pstack1不为空且*p1相邻的后继节点为空时
                p1=pstack1[top1--];             //使指针p1返回到上一层子表
                printf(")");                    //输出本层子表的结束符号")"
            }
            if(top1!=-1) goto l1;
        }
    }while(top1!=-1);                           //当存储子表指针的栈pstack1为空时结束do循环
    printf("\n");
}
void main()
{
    plsnode head=(lsnode *)malloc(sizeof(lsnode));  //生成广义表头指针
    char str[SIZE];
    printf("Please input List:\n");
    gets(str);                                  //输入广义表表达式串
    head=Creatlist(str,head);                   //生成广义表
    Display(head);                              //输出生成的广义表
}
```

9.5 树与二叉树的应用

9.5.1 交换二叉树的左子树和右子树

若二叉树中节点左孩子的 data 值域大于右孩子的 data 值域，则交换该节点的左子树和右子树。程序实现如下：

```c
#include<stdio.h>
#include<stdlib.h>
typedef struct node
{
   char data;                               //节点数据信息
   struct node *lchild, *rchild;            //左、右孩子指针
}BSTree;                                    //二叉树节点类型
void Inorder(BSTree *p)                     //中序遍历二叉树
{
   if(p!=NULL)
   {
      Inorder(p->lchild);                   //中序遍历左子树
      printf("%3c",p->data);                //访问根节点
      Inorder(p->rchild);                   //中序遍历右子树
   }
}
void Change(BSTree *p)                      //交换左、右孩子
{
   BSTree *q;
   if(p!=NULL)
   {
      if(p->lchild!=NULL&&p->rchild!=
            NULL&&p->lchild->data>p->rchild->data)
      {                                     //交换左、右孩子的指针
         q=p->lchild;
         p->lchild=p->rchild;
         p->rchild=q;
      }
      Change(p->lchild);
      Change(p->rchild);
   }
}
void Createb(BSTree **p)                    //生成一棵二叉树
{
   char ch;
   scanf("%c",&ch);                         //读入一个字符
   if(ch!='.')                              //读入的字符不是'.'
   {
```

```
            *p=(BSTree*)malloc(sizeof(BSTree));     //在主调函数空间中申请一个节点
            (*p)->data=ch;                          //将读入的字符赋给节点**p的数据域
            Createb(&(*p)->lchild);                 //沿节点**p的左孩子分支继续生成二叉树
            Createb(&(*p)->rchild);                 //沿节点**p的右孩子分支继续生成二叉树
        }
        else                                        //读入的字符是'.'
            *p=NULL;                                //置节点**p的指针域为空
}
void main()
{
    BSTree *root;
    printf("Make a bitree:\n");
    Createb(&root);                                 //生成一棵二叉树
    printf("Inorder output bitree: \n");
    Inorder(root);                                  //中序遍历二叉树
    printf("\n");
    Change(root);                                   //交换左、右孩子
    printf("Inorder output bitree of change: \n");
    Inorder(root);                                  //中序遍历交换之后的二叉树
    printf("\n");
}
```

9.5.2 统计二叉树叶子节点个数的非递归算法的实现

可以用一个指针栈 stack 实现统计二叉树叶子节点的个数，程序实现如下：

```
#include<stdio.h>
#include<stdlib.h>
#define MAXSIZE 30
typedef struct node
{
    char data;                                      //节点数据信息
    struct node *lchild,*rchild;                    //左、右孩子指针
}BSTree;                                            //二叉树节点类型
void Inorder(BSTree *p)                             //中序遍历二叉树
{
    BSTree *stack[20];
    int i=0;
    stack[0]=NULL;                                  //栈初始化
    while(i>=0)                                     //当指针p不空或栈stack不空（i>0）时
    {
        if(p!=NULL)                                 //当指针p不空时
        {
            stack[++i]=p;                           //将该节点压栈
            p=p->lchild;                            //沿左子树向下遍历
        }
        else                                        //当指针p为空时
```

```c
            p=stack[i--];                    //将这个无左子树的节点从栈中弹出
            printf("%3c",p->data);           //输出节点的信息
            p=p->rchild;                     //从该节点右子树的根开始继续沿左子树向下遍历
        }
        if(p==NULL&&i==0)
            goto l1;
    }
l1: ;
}
int Leaf_count(BSTree *p)                    //先序遍历二叉树统计叶子节点的个数
{
    BSTree *stack[20];
    int i=0,m=0;
    stack[0]=NULL;                           //栈初始化
    while(p!=NULL||i>0)                      //当指针 p 不空或栈 stack 不空（i>0）时
        if(p!=NULL)                          //当指针 p 不空时
        {
            stack[++i]=p;                    //将该节点压栈
            p=p->lchild;                     //沿左子树向下遍历
        }
        else                                 //当指针 p 为空时
        {
            p=stack[i--];                    //将这个无左子树的节点由栈中弹出
            if(p->lchild==NULL&&p->rchild==NULL)
                m++;
            p=p->rchild;                     //从该节点右子树的根开始继续沿左子树向下遍历
        }
    return m;                                //返回叶子节点的个数
}
void Createb(BSTree **p)                     //生成一棵二叉树
{
    char ch;
    scanf("%c",&ch);                         //读入一个字符
    if(ch!='.')                              //如果该字符不是'.'
    {
        *p=(BSTree*)malloc(sizeof(BSTree));  //在主调函数空间中申请一个节点
        (*p)->data=ch;                       //将读入的字符赋给节点的数据域
        Createb(&(*p)->lchild);              //沿左孩子分支继续生成二叉树
        Createb(&(*p)->rchild);              //沿右孩子分支继续生成二叉树
    }
    else                                     //如果读入的字符是'.',则置指针域为空
        *p=NULL;
}
void main()
{
```

```
    BSTree *root;
    printf("Preorder enter bitree with '. .': \n");
    Createb(&root);                          //建立一棵以 root 为根指针的二叉树
    printf("Inorder output bitree: \n");
    Inorder(root);                           //中序遍历二叉树
    printf("\n");
    printf("Leaf is : %d\n",Leaf_count(root));//输出二叉树中叶子节点的个数
}
```

9.5.3 判定一棵二叉树是否为完全二叉树

根据完全二叉树的定义可知，对完全二叉树按照从上到下、从左到右的次序遍历时应满足以下两个条件。

（1）若某个节点没有左孩子，则一定无右孩子。

（2）若某个节点缺（左或右）孩子，则其所有后继一定无孩子。

因此，可以采用按层次遍历二叉树的方法依次对每个节点进行判断。下面设置一个标志变量 CM 来表示所有已扫描过的节点均有左、右孩子，并将每次局部判断的结果存入 CM 中，即 CM 表示整个二叉树是否为完全二叉树，另设变量 b 来表示到目前为止所有节点是否均有左、右孩子。程序实现如下：

```
#include<stdio.h>
#include<stdlib.h>
#define MAXSIZE 10
typedef struct node
{
    char data;                               //节点数据信息
    struct node *lchild,*rchild;             //左、右孩子指针
}BSTree;                                     //二叉树节点类型
typedef struct
{
    BSTree *data[MAXSIZE];                   //队中元素存储空间
    int rear,front;                          //队尾指针和队头指针
}SeQueue;                                    //顺序队类型
void Init_SeQueue(SeQueue **q)               //循环队列初始化（置空队）
{
    *q=(SeQueue*)malloc(sizeof(SeQueue));    //生成循环队列的存储空间
    (*q)->front=0;                           //如果队头指针与队尾指针相等则队为空
    (*q)->rear=0;
}
int Empty_SeQueue(SeQueue *q)                //判队空
{
    if(q->front==q->rear)                    //队头指针等于队尾指针时队为空
        return 1;                            //返回队空标志
    else                                     //队头指针不等于队尾指针时队不空
        return 0;                            //返回队不空标志
}
```

```c
void In_SeQueue(SeQueue *q,BSTree *x)          //元素入队
{
   if((q->rear+1)%MAXSIZE==q->front)
      printf("Queue is full!\n");              //队满，入队失败
   else
   {
      q->rear=(q->rear+1)%MAXSIZE;             //队尾指针加1
      q->data[q->rear]=x;                      //元素 x 入队
   }
}
void Out_SeQueue(SeQueue *q,BSTree **x)        //元素出队
{
   if(q->front==q->rear)                       //队头指针等于队尾指针时
      printf("Queue is empty");                //队空，出队失败
   else                                        //队头指针不等于队尾指针时队不空，进行出队操作
   {
      q->front=(q->front+1)%MAXSIZE;           //队头指针加1
      *x=q->data[q->front];                    //队头元素出队并由 x 返回队头元素值
   }
}
void Inorder(BSTree *p)                        //中序遍历二叉树
{
   if(p!=NULL)
   {
      Inorder(p->lchild);                      //中序遍历左子树
      printf("%3c",p->data);                   //访问根节点
      Inorder(p->rchild);                      //中序遍历右子树
   }
}
void Createb(BSTree **p)                       //生成一棵二叉树
{
   char ch;
   scanf("%c",&ch);                            //读入一个字符
   if(ch!='.')                                 //如果该字符不是'.'
   {
      *p=(BSTree*)malloc(sizeof(BSTree));      //在主调函数空间中申请一个节点
      (*p)->data=ch;                           //将读入的字符赋给节点的数据域
      Createb(&(*p)->lchild);                  //沿左孩子分支继续生成二叉树
      Createb(&(*p)->rchild);                  //沿右孩子分支继续生成二叉树
   }
   else                                        //如果读入的字符是'.'，则置指针域为空
      *p=NULL;
}
int CBSTree(BSTree *t)                         //判断二叉树是否为完全二叉树
{
   SeQueue *Q;
```

```c
      BSTree *p=t;
      int b,CM;
      Init_SeQueue(&Q);                        //队列Q初始化
      b=1;                                     //b初始化
      CM=1;                                    //CM初始化
      if(t!=NULL)                              //二叉树t非空
      {
         In_SeQueue(Q,t);                      //指针t入队
         while(!Empty_SeQueue(Q))              //队列Q非空
         {
            Out_SeQueue(Q,&p);                 //队头节点(即指针值)出队并赋给p
            if(p->lchild==NULL)                //*p无左孩子
            {
               b=0;                            //置b为无左、右孩子标志
               if(p->rchild!=NULL)             //*p无左孩子但有右孩子
                  CM=0;                        //置不是完全二叉树的标志
            }
            else                               //*p有左孩子
            {
               CM=b;                           //将到目前为止是否仍为完全二叉树的标志赋给CM
               In_SeQueue(Q,p->lchild);        //*p左孩子指针入队
               if(p->rchild==NULL)             //*p无右孩子
                  b=0;                         //置b为无左、右孩子标志
               else
                  In_SeQueue(Q,p->rchild);     //*p右孩子指针入队
            }
         }
      }
      return CM;                               //返回是否为完全二叉树的标志
   }
   void main()
   {
      BSTree *root;
      printf("Preorder enter bitree with '. .': \n");
      Createb(&root);                          //建立一棵以root为根指针的二叉树
      printf("Inorder output bitree: \n");
      Inorder(root);                           //中序遍历二叉树
      printf("\n");
      if(CBSTree(root))                        //判断二叉树是否为完全二叉树
         printf("Yes!\n");
      else
         printf("No!\n");
   }
```

9.5.4 求二叉树中第一条最长的路径并输出此路径上各节点的值

本节采用非递归后序遍历二叉树。当后序遍历访问到由p所指的叶子节点时，此时栈

s 中的所有节点均为 p 所指节点的祖先。而这些祖先则构成了一条从根节点到此叶子节点的路径。因此，还需要另设一个 longestpath 数组来保存二叉树中最长路径的节点值，并且 m 为最长路径的路径长度。程序实现如下：

```c
#include<stdio.h>
#include<stdlib.h>
#define MAXSIZE 10
typedef struct node
{
   char data;                              //节点数据信息
   struct node *lchild,*rchild;            //左、右孩子指针
}BSTree;                                   //二叉树节点类型
typedef struct
{
   BSTree *data[MAXSIZE];                  //栈空间
   int top;                                //栈顶指针
}SeStack;                                  //顺序栈类型
void Longest_Path(BSTree *t)               //求二叉树中的最长路径
{
   SeStack *s;
   BSTree *p,*longestpath[MAXSIZE];
   int i,m=0,tag[MAXSIZE];
   s=(SeStack *)malloc(sizeof(SeStack));
   s->top=0;                               //栈指针初始化
   p=t;
   while(p!=NULL||s->top!=0)               //二叉树非空或栈非空
   {
      while(p!=NULL)                       //二叉树非空
      {
         s->top++;                         //栈指针加1
         s->data[s->top]=p;                //指针p入栈
         tag[s->top]=0;                    //置*p右孩子未访问过的标志
         p=p->lchild;                      //继续沿*p的左孩子向下访问
      }
      if(s->top>0)                         //栈非空时
         if(tag[s->top]==1)                //栈顶节点的左、右孩子都访问过即可访问该节点
         {
            if(s->data[s->top]->lchild==NULL&&
               s->data[s->top]->rchild==NULL&&s->top>m)
            {
               for(i=1;i<=s->top;i++)      //记录当前所找到的最长路径
                  longestpath[i]=s->data[i];
               m=s->top;
            }
            s->top--;                      //栈指针减1，继续后序遍历二叉树
         }
```

```c
            else                        //如果栈顶节点的右孩子未访问过,则先访问右孩子节点
            {
               p=s->data[s->top];       //取出栈顶节点的指针赋给 p
               if(s->top>0)             //栈非空时
               {
                  p=p->rchild;          //访问*p 的右孩子
                  tag[s->top]=1;        //置*p 右孩子已访问过的标志
               }
            }
         }
      for(i=1;i<=m;i++)                 //输出二叉树的最长路径
         printf("%2c",longestpath[i]->data);
      printf("\nlongest=%d",m);
}
void Inorder(BSTree *p)                 //中序遍历二叉树
{
   if(p!=NULL)
   {
      Inorder(p->lchild);               //中序遍历左子树
      printf("%3c",p->data);            //访问根节点
      Inorder(p->rchild);               //中序遍历右子树
   }
}
void Createb(BSTree **p)                //生成一棵二叉树
{
   char ch;
   scanf("%c",&ch);                     //读入一个字符
   if(ch!='.')                          //如果该字符不是'.'
   {
      *p=(BSTree*)malloc(sizeof(BSTree));   //在主调函数空间中申请一个节点
      (*p)->data=ch;                    //将读入的字符赋给节点的数据域
      Createb(&(*p)->lchild);           //沿左孩子分支继续生成二叉树
      Createb(&(*p)->rchild);           //沿右孩子分支继续生成二叉树
   }
   else                                 //如果读入的字符是'.',则置指针域为空
      *p=NULL;
}
void main()
{
   BSTree *root;
   printf("Preorder enter bitree with '. .': \n");
   Createb(&root);                      //建立一棵以 root 为根指针的二叉树
   printf("Inorder output bitree: \n");
   Inorder(root);                       //中序遍历二叉树
   printf("\n");
   Longest_Path(root);                  //求二叉树中的最长路径
```

```
     printf("\n");
}
```

9.6 图的应用

9.6.1 邻接矩阵转换为邻接表

程序实现如下：

```
#include<stdio.h>
#include<stdlib.h>
#define MAXSIZE 30
typedef struct                          //图在顺序存储结构下的类型定义
{
   char vertex[MAXSIZE];                //顶点为字符型且顶点表的长度小于 MAXSIZE
   int edges[MAXSIZE][MAXSIZE];         //边为整型且 edges 为邻接矩阵
}MGraph;                                //MGraph 为采用邻接矩阵存储的图类型
typedef struct node                     //邻接表节点
{
   int adjvex;                          //邻接点域
   struct node *next;                   //指向下一个邻接边节点的指针域
}EdgeNode;                              //邻接表节点类型
typedef struct vnode                    //顶点表节点
{
   int vertex;                          //顶点域
EdgeNode *firstedge;                    //指向邻接表第一个邻接边节点的指针域
}VertexNode;                            //顶点表节点类型
void CreatMGraph(MGraph *g,int e,int n)
{                      //建立无向图的邻接矩阵 g->edges，n 为顶点个数，e 为边数
   int i,j,k;
   printf("Input data of vertexs(0~n-1):\n");
   for(i=0;i<n;i++)
      g->vertex[i]=i;                   //以编号方式为每个顶点读入顶点信息
   for(i=0;i<n;i++)
      for(j=0;j<n;j++)
         g->edges[i][j]=0;              //初始化邻接矩阵
   for(k=1;k<=e;k++)                    //输入 e 条边
   {
      printf("Input edge of(i,j): ");
      scanf("%d,%d",&i,&j);
      g->edges[i][j]=1;
      g->edges[j][i]=1;
   }
}
void Graphlinklist(MGraph *G,int n, VertexNode g[])
```

```c
{                                       //邻接矩阵转换为邻接表
    EdgeNode *p;
    int i,j;
    for(i=0;i<n;i++)                    //建立包含 n 个顶点的顶点表
    {
       g[i].vertex=i;                   //以编号方式为每个顶点读入顶点信息
       g[i].firstedge=NULL;             //初始化指向顶点 i 的邻接表头指针
    }
    for(i=0;i<n;i++)                    //由邻接矩阵信息来建立邻接表
       for(j=0;j<n;j++)
          if(G->edges[i][j]!=0)         //邻接矩阵中边(i,j)存在
          {
             p=(EdgeNode *)malloc(sizeof(EdgeNode));
             p->adjvex=j;               //在顶点 v_i 的邻接表中添加邻接点为 j 的节点
             p->next=g[i].firstedge;    //插入是在邻接表表头进行的
             g[i].firstedge=p;
          }
}
int visited[MAXSIZE];                   //MAXSIZE 为大于或等于无向图顶点个数的常量
void DFS(VertexNode g[],int i)          //从指定的顶点 i 开始深度优先搜索
{
   EdgeNode *p;
   printf("%4d",g[i].vertex);           //输出顶点 i 的信息，即访问顶点 i
   visited[i]=1;                        //置顶点 i 为访问过的标志
   p=g[i].firstedge;
                    //根据顶点 i 的指针 firstedge 查找其邻接表的第一个邻接边节点
   while(p!=NULL)                       //当邻接边节点不为空时
   {
      if(!visited[p->adjvex])           //如果邻接的这个边节点未被访问过
      DFS(g,p->adjvex);                 //对这个边节点进行深度优先搜索
      p=p->next;                        //查找顶点 i 的下一个邻接边节点
   }
}
void DFSTraverse(VertexNode g[],int n)
{               //深度优先搜索遍历以邻接表存储的图，g 为顶点表，n 为顶点个数
   int i;
   for(i=0;i<n;i++)
      visited[i]=0;                     //访问标志置 0
   for(i=0;i<n;i++)     //对 n 个顶点的图查找未访问过的顶点，并由该顶点开始遍历
      if(!visited[i])                   //当 visited[i]等于 0 时顶点 i 未访问过
         DFS(g,i);                      //从未访问过的顶点 i 开始遍历
}
void main()
{
   int i,j,n,e;
   MGraph *g;
```

```
            VertexNode g1[MAXSIZE];
            g=(MGraph *)malloc(sizeof(MGraph));        //生成邻接矩阵的存储空间
            printf("Input size of MGraph: ");//输入邻接矩阵的大小（即图的顶点个数）
            scanf("%d",&n);
            printf("Input number of edge: ");          //输入图中边的条数
            scanf("%d",&e);
            CreatMGraph(g,e,n);                        //生成图的邻接矩阵
            printf("Output MGraph:\n");
            for(i=0;i<n;i++)                           //输出该图对应的邻接矩阵
            {
               for(j=0;j<n;j++)
                  printf("%4d",g->edges[i][j]);
               printf("\n");
            }
            Graphlinklist(g,n,g1);                     //将邻接矩阵转化为邻接表
            printf("DFSTraverse:\n");
            DFSTraverse(g1,n);                         //深度优先遍历以邻接表存储的无向图
            printf("\n");
         }
```

9.6.2 深度优先搜索的非递归算法的实现

非递归算法实现的步骤如下。

（1）先访问图 G 的指定起始顶点 v。

（2）从 v 出发访问一个与 v 邻接的由指针 p 所指的邻接边节点；再由 p 所指的顶点出发，访问与 p 所指顶点邻接且未被访问过的邻接边节点*q；然后从 q 所指的顶点出发，重复上述过程，直到找不到未被访问过的邻接边节点为止。

（3）回退到还有未被访问过其邻接边节点的顶点处，从该顶点出发重复步骤（2）和（3），直到所有被访问过的顶点的邻接边节点都被访问过为止。

下面设置一个栈 s 用来保存被访问过的节点，以便回溯查找已被访问顶点的那些未被访问过的邻接边节点，程序实现如下：

```
         #include<stdio.h>
         #include<stdlib.h>
         #define MAXSIZE 30
         typedef struct node                 //邻接表节点
         {
            int adjvex;                      //邻接点域
            struct node *next;               //指向下一个邻接边节点的指针域
         }EdgeNode;                          //邻接表节点类型
         typedef struct vnode                //顶点表节点
         {
            int vertex;                      //顶点域
            EdgeNode *firstedge;             //指向邻接表第一个邻接边节点的指针域
         }VertexNode;                        //顶点表节点类型
```

```c
void CreatAdjlist(VertexNode g[],int e,int n)
{              //建立无向图的邻接表，n 为顶点个数，e 为边数，g[]存储 n 个顶点表节点
   EdgeNode *p;
   int i,j,k;
   printf("Input data of vertexs(0~n-1);\n");
   for(i=0;i<n;i++)                   //建立包含 n 个顶点的顶点表
   {
      g[i].vertex=i;                  //以编号方式为每个顶点读入顶点信息
      g[i].firstedge=NULL;            //初始化指向顶点 i 的邻接表头指针
   }
   for(k=1;k<=e;k++)                  //输入 e 条边
   {
      printf("Input edge of(i,j): ");
      scanf("%d,%d",&i,&j);
      p=(EdgeNode *)malloc(sizeof(EdgeNode));
      p->adjvex=j;             //在顶点 $v_i$ 的邻接表中添加邻接点为 j 的节点
      p->next=g[i].firstedge;         //插入是在邻接表表头进行的
      g[i].firstedge=p;
      p=(EdgeNode *)malloc(sizeof(EdgeNode));
      p->adjvex=i;             //在顶点 $v_j$ 的邻接表中添加邻接点为 i 的节点
      p->next=g[j].firstedge;         //插入是在邻接表表头进行的
      g[j].firstedge=p;
   }
}
int visited[MAXSIZE];            //MAXSIZE 为大于或等于无向图顶点个数的常量
void DFS(VertexNode g[],int v,int n)     //从指定的顶点 v 开始深度优先搜索
{
   EdgeNode *p,*s[MAXSIZE];
   int i,visited[MAXSIZE],top=0;
   for(i=0;i<n;i++)                   //对图中每个顶点的访问标志初始化
     visited[i]=0;
   printf("%4d",v);                   //输出顶点 v 的信息
   visited[v]=1;                      //给顶点 v 置访问过的标志
   p=g[v].firstedge;                  //p 指向顶点 v 的第一个邻接边节点
   while(p!=NULL||top>0)              //p 非空或栈 s 非空
   {
      while(p!=NULL)                  //p 非空时
        if(visited[p->adjvex]==1)
          p=p->next;       //若该邻接边节点访问过，则 p 指向下一个邻接边节点
        else                          //该邻接边节点未访问过
        {
           printf("%4d",p->adjvex);   //输出该邻接边节点信息
           visited[p->adjvex]=1;      //置该邻接边节点（顶点）访问过的标志
           top++;                     //栈指针加 1
           s[top]=p;                  //指针 p 入栈
           p=g[p->adjvex].firstedge;
```

```c
            }                      //以该邻接边节点为顶点，p 指向其邻接表的第一个邻接边节点
        if(top>0)                  //栈 s 非空时
        {
          p=s[top];                //出栈
          top--;                   //栈指针减 1
          p=p->next;               //继续查找下一个邻接边节点
        }
      }
    }
}
void main()
{
  int e,n;
  VertexNode g[MAXSIZE];           //定义顶点表节点类型数组 g
  printf("Input number of node:\n");
  scanf("%d",&n);                  //输入图中节点的个数
  printf("Input number of edge:\n");
  scanf("%d",&e);                  //输入图中边的条数
  printf("Make adjlist:\n");
  CreatAdjlist(g,e,n);             //建立无向图的邻接表
  printf("DFSTraverse:\n");
  DFS(g,0,n);                      //深度优先遍历以邻接表存储的无向图
  printf("\n");
}
```

9.6.3 求无向连通图中距顶点 v_0 路径长度为 k 的所有节点

在程序中必须用广度优先遍历的层次特性来求解，即要以 v_0 为起点调用 BFS 算法输出第 $k+1$ 层上的所有顶点。因此，在访问顶点时需要知道层数，而每个顶点的层数是由其前驱决定的（起点除外）。所以，可以从第一个顶点开始，每访问到一个顶点就根据其前驱的层次计算该顶点的层次，并将层数值与顶点编号一起入队、出队。实际上，可以增加一个队列来保存顶点的层数值，并且将层数的相关操作与对应顶点的操作保持同步，即一起置空、出队和入队。程序实现如下：

```c
#include<stdio.h>
#include<stdlib.h>
#define MAXSIZE 30
typedef struct node
{
  int data;
  struct node *next;
}QNode;                            //链队列节点类型
typedef struct
{
  QNode *front,*rear;              //将指向链队列的队头指针和队尾指针纳入一个结构体中
}LQueue;                           //仅含有链队列队头指针和队尾指针的节点类型
```

```c
void Init_LQueue(LQueue **q)            //创建一个带头节点的空链队列
{                        //如果采用形参**q,则无须将指向队列的指针值返回给主调函数
   QNode *p;                            //定义指向链队列节点的指针变量p
   *q=(LQueue *)malloc(sizeof(LQueue));
                        //申请一个仅包含链队列的队头指针和队尾指针的节点
   p=(QNode*)malloc(sizeof(QNode));//申请一个链队列节点作为链队列的队头节点
   p->next=NULL;                        //空链队列队头节点的next指针值为空
   (*q)->front=p;                       //链队列队头指针front指向队头节点
   (*q)->rear=p;                        //因队列为空,故链队列队尾指针rear指向队头节点
}
int Empty_LQueue(LQueue *q)             //判队空
{
   if(q->front==q->rear)                //队头指针变量值等于队尾指针变量值时队为空
      return 1;                         //返回队空标志
   else                     //队头指针变量值不等于队尾指针变量值时队不空
      return 0;                         //返回队不空标志
}
void In_LQueue(LQueue *q,int x)         //入队
{
   QNode *p;
   p=(QNode *)malloc(sizeof(QNode));//申请新链队列节点
   p->data=x;
   p->next=NULL;                        //新节点*p作为队尾节点时其next域为空
   q->rear->next=p;                     //将新节点*p链到原队尾节点之后
   q->rear=p;                           //使队尾指针rear指向新队尾节点*p
}
void Out_LQueue(LQueue *q,int *x)       //出队
{
   QNode *p;
   if(Empty_LQueue(q))                  //队空时
      printf("Queue is empty!\n");      //输出出队失败信息
   else                                 //队非空时进行出队操作
   {
      p=q->front->next;                 //p指向链队列第一个节点
      q->front->next=p->next;           //头节点的next指向链队列第二个节点,
                                        //此时即删除了链队列的第一个节点
      *x=p->data;                       //将删除的节点值经由指针x返回给主调函数
      free(p);                          //回收被删节点的存储空间
      if(q->front->next==NULL)          //当节点出队后链队列变为空时
         q->rear=q->front;
                  //置链队列的队头指针和队尾指针均指向队头节点,即链队列为空
   }
}
typedef struct node1                    //邻接表节点
{
   int adjvex;                          //邻接点域
```

```c
    struct node1 *next;                    //指向下一个邻接边节点的指针域
}EdgeNode;                                  //邻接表节点类型
typedef struct vnode                        //顶点表节点
{
    int vertex;                             //顶点域
    EdgeNode *firstedge;                    //指向邻接表第一个邻接边节点的指针域
}VertexNode;                                //顶点表节点类型
void CreatAdjlist(VertexNode g[],int e,int n)    //建立无向图的邻接表
{                                           //n 为顶点个数，e 为边数，g[]存储 n 个顶点表节点
    EdgeNode *p;
    int i,j,k;
    printf("Input data of vertexs(0~n-1);\n");
    for(i=0;i<n;i++)                        //建立包含 n 个顶点的顶点表
    {
        g[i].vertex=i;                      //以编号方式为每个顶点读入顶点信息
        g[i].firstedge=NULL;                //初始化指向顶点 i 的邻接表头指针
    }
    for(k=1;k<=e;k++)                       //输入 e 条边
    {
        printf("Input edge of(i,j): ");
        scanf("%d,%d",&i,&j);
        p=(EdgeNode *)malloc(sizeof(EdgeNode));
        p->adjvex=j;                        //在顶点 $v_i$ 的邻接表中添加邻接点为 j 的节点
        p->next=g[i].firstedge;             //插入是在邻接表表头进行的
        g[i].firstedge=p;
        p=(EdgeNode *)malloc(sizeof(EdgeNode));
        p->adjvex=i;                        //在顶点 $v_j$ 的邻接表中添加邻接点为 i 的节点
        p->next=g[j].firstedge;             //插入是在邻接表表头进行的
        g[j].firstedge=p;
    }
}
int visited[MAXSIZE];
void BFS_klevel(VertexNode g[],int v0,int k,int n)
{                       //广度优先搜索查找从顶点 v0 开始且路径长度为 k 的所有节点
    int i,j,*x=&j,level,*y=&level;
    EdgeNode *p;
    LQueue *Q,*Q1;
    Init_LQueue(&Q);                        //队列 Q 初始化
    Init_LQueue(&Q1);                       //队列 Q1 初始化
    for(i=0;i<n;i++)                        //对图中每个顶点的访问标志初始化
        visited[i]=0;
    visited[v0]=1;                          //对顶点 v0 置访问过的标志
    level=1;                                //置 v0 的层数为 1
    In_LQueue(Q,v0);                        //顶点 v0 进入队列 Q
    In_LQueue(Q1,level);                    //顶点 v0 的层数进入队列 Q1
    while(!Empty_LQueue(Q)&&level<k+1)      //队列 Q 非空且层数小于 k+1
```

```c
         {
            Out_LQueue(Q,x);              //队头的顶点出队并经x赋给j（暂记为顶点j）
            Out_LQueue(Q1,y);             //队头顶点的层数出队并经y赋给level
            p=g[j].firstedge;             //p指向刚出队的顶点j的第一个邻接边节点
            while(p!=NULL)                //p不为空时
            {
               if(!visited[p->adjvex])    //若该邻接边节点未访问过
               {
                  if(level==k)            //若该邻接边节点层数为k
                     printf("Node=%d,  ",g[p->adjvex].vertex);
                                          //输出该邻接边节点信息
                  visited[p->adjvex]=1;   //置该邻接边节点已访问过的标志
                  In_LQueue(Q,p->adjvex); //该邻接边节点进入队列Q
                  In_LQueue(Q1,level+1);  //该邻接边节点的层数进入队列Q1
               }
               p=p->next;                 //在顶点j的邻接表中查找j的下一个邻接边节点
            }
         }
      }
   void main()
   {
      int e,k,n;
      VertexNode g[MAXSIZE];
      printf("Input number of node:\n");
      scanf("%d",&n);                     //输入图中顶点的个数
      printf("Input number of edge:\n");
      scanf("%d",&e);                     //输入图中边的条数
      printf("Make adjlist:\n");
      CreatAdjlist(g,e,n);                //生成图的邻接表
      printf("Input k of BFS_klevel:\n");
      scanf("%d",&k);                     //输入路径长度
      BFS_klevel(g,0,k,n);                //查找从顶点0开始且路径长度为k的所有节点
      printf("\n");
   }
```

9.6.4 用深度优先搜索对图中所有顶点进行拓扑排序

对于无向图来说，若深度优先遍历过程中遇到回边则必定存在环；而对于有向图来说，这条回边可能是指向深度优先森林中另一棵生成树上顶点的弧。但是，如果从有向图中某个顶点 v 出发进行遍历，并在 DFS(v) 结束之前出现一条从顶点 u 到顶点 v 的回边，因为 u 在生成树上是 v 的子孙，而此时又出现 v 是 u 的子孙，所以在有向图中必定存在包含顶点 v 和顶点 u 的环。

程序实现如下：

```c
#include<stdio.h>
#include<stdlib.h>
```

```c
#define MAXSIZE 30
typedef struct node                    //邻接表节点
{
   int adjvex;                         //邻接点域
   struct node *next;                  //指向下一个邻接边节点的指针域
}EdgeNode;                             //邻接表节点类型
typedef struct vnode                   //顶点表节点
{
   int indegree;                       //顶点入度
   int vertex;                         //顶点域
   EdgeNode *firstedge;                //指向邻接表第一个邻接边节点的指针域
}VertexNode;                           //顶点表节点类型
void CreatAdjlist(VertexNode g[],int e,int n)    //建立有向图的邻接表
{                                      //n 为顶点个数，e 为边数，g[]存储 n 个顶点表节点
   EdgeNode *p;
   int i,j,k;
   printf("Input data of vertexs(0~n-1);\n");
   for(i=0;i<n;i++)                    //建立包含 n 个顶点的顶点表
   {
     g[i].vertex=i;                    //以编号方式为每个顶点读入顶点信息
     g[i].firstedge=NULL;              //初始化指向顶点 i 的邻接表头指针
     g[i].indegree=0;
   }
   for(k=1;k<=e;k++)                   //输入 e 条边
   {
     printf("Input edge of(i,j): ");
     scanf("%d,%d",&i,&j);
     p=(EdgeNode *)malloc(sizeof(EdgeNode));
     p->adjvex=j;                      //在顶点 $v_i$ 的邻接表中添加邻接点为 j 的节点
     p->next=g[i].firstedge;           //插入是在邻接表表头进行的
     g[i].firstedge=p;
     g[j].indegree=g[j].indegree+1;
   }
}
int flag,visited[MAXSIZE],finished[MAXSIZE];
void DFS(VertexNode g[],int v,int n)   //从指定的顶点 v 开始深度优先搜索
{
   EdgeNode *p;
   printf("%4d,",v);                   //输出顶点 v 的信息
   visited[v]=1;                       //给顶点 v 置访问过的标志
   p=g[v].firstedge;                   //p 指向顶点 v 的第一个邻接边节点
   while(p!=NULL)                      //p 非空时
   {
     if(visited[p->adjvex]==1&&finished[p->adjvex]==0)
        flag=0;                        //在 DFS 调用结束之前出现回边则置存在环标志
     else
```

```c
            if(visited[p->adjvex]==0)//若该邻接边节点未访问过则继续深度优先遍历
              {
                  DFS(g,p->adjvex,n);
                  finished[p->adjvex]=1;
                                       //遍历结束时置该邻接边节点的finished标志为1
              }
           p=p->next;                  //p指向顶点v的下一个邻接边节点
        }
    }
    int DFS_Topsort(VertexNode g[],int n)   //深度优先搜索进行拓扑排序
    {
       int i;
       flag=1;                         //先置无环标志
       for(i=0;i<n;i++)                //初始化visited数组
         visited[i]=0;
       for(i=0;i<n;i++)                //初始化finished数组
         finished[i]=0;
       i=0;
       while(flag==1&&i<n)             //无环标志为真且顶点个数小于n
       {
          if(visited[i]==0)            //若顶点i未访问过则对i进行深度优先遍历
            DFS(g,i,n);
          finished[i]=1;               //遍历结束时置顶点i的finished标志为1
          i++;
       }
       return flag;                    //返回是否有环的标志
    }
    void main()
    {
       int e,n;
       VertexNode g[MAXSIZE];
       printf("Input number of node:\n");
       scanf("%d",&n);                 //输入有向图中顶点的个数
       printf("Input number of edge:\n");
       scanf("%d",&e);                 //输入有向图中边的条数
       printf("Make adjlist:\n");
       CreatAdjlist(g,e,n);            //建立有向图的邻接表
       printf("DFS_Top Sort:\n");
       if(!DFS_Topsort(g,n))           //判断有向图是否有环
          printf("\n有环存在!\n");
       else
          printf("\n无环。\n");
    }
```

9.7 查找的应用

9.7.1 判断一棵二叉树是否为二叉排序树

判断一棵二叉树是否为二叉排序树的方法建立在中序遍历二叉树的基础之上，即在遍历中设置指针 pre 始终指向当前访问节点的中序直接前驱节点，每访问一个节点就比较当前访问节点与其中序前驱节点是否有序，若遍历结束后各节点与其中序直接前驱节点均满足有序，则此二叉树就是二叉排序树；如果有一个节点不满足，则此二叉树就不是二叉排序树。程序实现如下：

```c
#include<stdio.h>
#include<stdlib.h>
#define MAXSIZE 30
typedef struct node
{
  int key;                            //记录简化为仅含关键字项
  struct node *lchild,*rchild;        //左、右孩子指针
}BSTree;                              //二叉树节点类型
void BSTCreat(BSTree *t,int k)        //在非空二叉排序树中插入一个节点
{
  BSTree *p,*q;
  q=t;
  while (q!=NULL)
    if(k==q->key)
        goto L1;                      //查找成功，不插入新节点
      else
    if(k<q->key)                      //如果k小于节点*q的关键字值，则到t的左子树查找
    {
      p=q;
      q=q->lchild;
    }
    else                              //如果k大于节点*q的关键字值，则到t的右子树查找
    {
      p=q;
      q=p->rchild;
    }
  q=(BSTree *)malloc(sizeof(BSTree));//查找不成功或为空树时创建一个新节点
  q->key=k;
  q->lchild=NULL;                     //因为作为叶子节点插入，所以左、右指针均为空
  q->rchild=NULL;
  if(p->key>k)
      p->lchild=q;                    //作为原叶子节点*p的左孩子插入
    else
      p->rchild=q;                    //作为原叶子节点*p的右孩子插入
L1: ;
```

```c
}
void Inorder(BSTree *p)                    //中序遍历二叉树
{
   if(p!=NULL)
   {
      Inorder(p->lchild);                  //中序遍历左子树
      printf("%4d",p->key);                //访问根节点
      Inorder(p->rchild);                  //中序遍历右子树
   }
}
int flag=1;
void BSortTree(BSTree *t,BSTree *pre)
{
   if(t!=NULL&&flag)
   {
      BSortTree(t->lchild,pre);
      if(pre==NULL)          //当前访问的是中序序列的第一个节点,不需要比较
      {
         flag=1;
         pre=t;
      }
      else                   //比较*t与中序序列中直接前驱*pre的大小
         if(pre->key<t->key)
         {
            flag=1;                        //*pre 与*t 有序
            pre=t;
         }
         else
            flag=0;                        //*pre 与*t 无序
      BSortTree(t->rchild,pre);
   }
}
void main()
{
   BSTree *p,*root;
   int i,n,x;
   printf("Input number of BSTree keys\n"); //输入二叉排序树节点的个数
   scanf("%d",&n);
   printf("Input key of BSTree :\n");       //建立二叉排序树
   for(i=0;i<n;i++)
   {
      scanf("%d",&x);
      if(i==0)                              //生成二叉排序树的根节点
      {
         root=(BSTree *)malloc(sizeof(BSTree));
         root->lchild=NULL;
```

```
            root->rchild=NULL;
            root->key=x;
        }
        else
            BSTCreat(root,x);                    //在非空二叉排序树中插入一个节点
    }
    printf("Output keys of BSTree by inorder:\n");
    Inorder(root);                               //中序输出二叉排序树中的数据
    p=NULL;
    BSortTree(root,p);                           //判断是否为二叉排序树（结果返回给 flag）
    if(flag)
        printf("\nYes!\n");
    else
        printf("\nNo!\n");
}
```

需要注意的是，在此建立的是一棵二叉排序树，也可以建立一棵普通的二叉树再进行判断。

9.7.2 另一种平衡二叉树的生成方法

另一种平衡二叉树的生成方法如下：用一个单链表来记录关键字的输入次序，并依据这个次序来构造平衡二叉树。当在平衡二叉树中删除一个关键字对应的节点时，实际上是删除单链表中具有该关键字的链表节点，然后按删除该节点之后单链表所记录的节点顺序重新构造平衡二叉树，新生成的平衡二叉树就与在原平衡二叉树中删除该待删节点之后的平衡二叉树完全相同。这种方法的优点是避免了在二叉排序树中删除一个节点的复杂操作，也避免了删除节点之后将二叉排序树重新调整为平衡二叉树的复杂操作；这种方法的缺点是每删除一个节点都要依据记录关键字输入次序的单链表来重新构造平衡二叉树，不利于实际使用。

程序实现如下：

```
#include<stdio.h>
#include<stdlib.h>
#define LH 1
#define EH 0
#define RH -1
typedef struct BSTnode
{
    int data;
    int bal;
    struct BSTnode *lchild,*rchild;              //左、右孩子指针
}BSTree;                                         //二叉树节点类型
typedef struct node
{
    int data;
```

```c
       struct node *next;
}Lnode;                                          //单链表节点类型
void lchange(BSTree **t)                         //进行左旋转
{
   BSTree *p1,*p2;
   p1=(*t)->lchild;
   if(p1->bal==1)                                //LL 旋转
   {
      (*t)->lchild=p1->rchild;
      p1->rchild=*t;
      (*t)->bal=0;
      (*t)=p1;
   }
   else                                          //LR 旋转
   {
      p2=p1->rchild;
      p1->rchild=p2->lchild;
      p2->lchild=p1;
      (*t)->lchild=p2->rchild;
      p2->rchild=*t;
      if(p2->bal==1)                             //调整平衡因子
      {
         (*t)->bal=-1;
         p1->bal=0;
      }
      else
      {
         (*t)->bal=0;
         p1->bal=1;
      }
      (*t)=p2;
   }
   (*t)->bal=0;
}
void rchange(BSTree **t)                         //进行右旋转
{
   BSTree *p1,*p2;
   p1=(*t)->rchild;
   if(p1->bal==-1)                               //RR 旋转
   {
      (*t)->rchild=p1->lchild;
      p1->lchild=*t;
      (*t)->bal=0;
      (*t)=p1;
   }
```

```
            else                                     //RL 旋转
            {
               p2=p1->lchild;
               p1->lchild=p2->rchild;
               p2->rchild=p1;
               (*t)->rchild=p2->lchild;
               p2->lchild=*t;
               if(p2->bal==-1)                       //调整平衡因子
               {
                  (*t)->bal=1;
                  p1->bal=0;
               }
               else
               {
                  (*t)->bal=0;
                  p1->bal=-1;
               }
               (*t)=p2;
            }
            (*t)->bal=0;
   }
   void InsertAVLTree(int x,BSTree **t,int *h)//在平衡二叉树中插入节点
   {
      if(*t==NULL)
      {
         *t=(BSTree *)malloc(sizeof(BSTree));    //生成平衡二叉树的新节点
         (*t)->data=x;
         (*t)->bal=0;
         *h=1;
         (*t)->lchild=NULL;                          //新节点是平衡二叉树的叶子节点
         (*t)->rchild=NULL;
      }
      else
      {
         if(x<(*t)->data)                            //在左子树中插入新节点
         {
            InsertAVLTree(x,&(*t)->lchild,h);
            if(*h)                                   //插入新节点之后改变平衡因子
            {
               switch((*t)->bal)
               {
                  case RH: {(*t)->bal=0;*h=0;break;}
                  case EH: {(*t)->bal=1;break;}
                  case LH: {lchange(t);*h=0;}
               }
```

```c
            }
        }
        else
            if(x>(*t)->data)                    //在右子树中插入新节点
            {
                InsertAVLTree(x,&(*t)->rchild,h);
                if(*h)                          //插入新节点之后改变平衡因子
                {
                    switch((*t)->bal)
                    {
                        case LH: {(*t)->bal=0;*h=0;break;}
                        case EH: {(*t)->bal=-1;break;}
                        case RH: {rchange(t);*h=0;}
                    }
                }
            }
            else
                *h=0;                           //已有此关键字的节点,故不插入
    }
}
void CreateAVLTree(BSTree **t,int n,Lnode *head)
{                    //生成一棵平衡二叉树,并用单链表记录各节点的输入次序
    int x,i,h=0;
    Lnode *p1,*p2;
    p2=head;
    for(i=0;i<n;i++)
    {
        printf("Input key of order %d: ",i+1);       //输入 n 个关键字值
        scanf("%d",&x);
        InsertAVLTree(x,t,&h);                  //在平衡二叉树中插入节点
        p1=(Lnode *)malloc(sizeof(Lnode));      //同时在单链表的表尾插入此节点
        p1->data=x;
        p2->next=p1;
        p2=p1;
    }
    p2->next=NULL;
}
void Preorder(BSTree *p)                        //先序遍历二叉树
{
    if(p!=NULL)
    {
        printf("%4d",p->data);                  //访问根节点
        Preorder(p->lchild);                    //先序遍历左子树
        Preorder(p->rchild);                    //先序遍历右子树
    }
```

```c
    }
    void Inorder(BSTree *p)                      //中序遍历二叉树
    {
       if(p!=NULL)
       {
          Inorder(p->lchild);                    //中序遍历左子树
          printf("%4d",p->data);                 //访问根节点
          Inorder(p->rchild);                    //中序遍历右子树
       }
    }
    int FindAVL(BSTree *p,int e)                 //在平衡二叉树中查找关键字值为e的节点
    {
       if(p==NULL)
          return 0;
       else
          if(e==p->data)
             return 1;
          else
             if(e<p->data)                       //在左子树上查找
             {
                p=p->lchild;
                return FindAVL(p,e);
             }
             else                                //在右子树上查找
             {
                p=p->rchild;
                return FindAVL(p,e);
             }
    }
    void DeleteAVL(BSTree **t,int x,int n,Lnode *head)
    {           //在平衡二叉树中删除关键字值为x的节点,删除后仍保持平衡二叉树的特性
       Lnode *p1;
       int h=0,i;
       p1=head;
       while(p1->next!=NULL)
       {
          if(p1->next->data==x)                  //在单链表中删除该节点
          {
             p1->next=p1->next->next;
             break;
          }
          p1=p1->next;
       }
       *t=NULL;
       p1=head->next;
```

```
        for(i=0;i<n-1;i++)//按删除该节点之后单链表所记录的节点顺序重新构造平衡二叉树
        {
           InsertAVLTree(p1->data,t,&h);
           p1=p1->next;
        }
}
void main()
{
   int n,h=0,x;
   BSTree *t=NULL;                              //初始时平衡二叉树为空
   Lnode *head;
   head=(Lnode *)malloc(sizeof(Lnode));         //生成单链表的头节点
   head->next=NULL;
   printf("Input number of keys:\n");
   scanf("%d",&n);                              //输入关键字的个数
   CreateAVLTree(&t,n,head);                    //按关键字输入顺序生成平衡二叉树
   printf("Preorder of CreateAVLTree:\n");
   Preorder(t);                                 //先序输出平衡二叉树
   printf("\nInorder of CreateAVLTree:\n");     //中序输出平衡二叉树
   Inorder(t);
   printf("\n");
   printf("\nInput key for search:\n");
   scanf("%d",&x);                              //输入要查找的关键字
   if(FindAVL(t,x))
      printf("found,key is %d!\n",x);           //找到则输出平衡二叉树中的关键字
   else
      printf("No found!\n");
   printf("Input key for delete:\n");
   scanf("%d",&x);                              //输入要删除的关键字
   DeleteAVL(&t,x,n,head);                      //在平衡二叉树中删除该关键字的节点
   printf("\nOutput keys of BSTree by deleted:\n");
   Inorder(t);                                  //中序输出删除之后的平衡二叉树
   printf("\n");
}
```

9.8 排序的应用

9.8.1 用双向循环链表表示的插入排序

用双向循环链表表示的插入排序程序实现如下:

```
#include<stdio.h>
#include<stdlib.h>
typedef struct dnode
{
```

```c
    int data;                              //data 为节点的数据信息
    struct dnode *prior,*next;
                       //prior 和 next 分别为指向直接前驱与直接后继节点的指针
}DLNode;                                   //双向循环链表节点类型
DLNode *CreateDlinkList()                  //建立双向循环链表
{
   DLNode *head,*s;
   int x;
   head=(DLNode *)malloc(sizeof(DLNode));
                                           //先生成仅含头节点的空双向循环链表
   head->prior=head;
   head->next=head;
   printf("Input int data of list(-1 stop):\n");
                                  //给链表的每个节点输入整型数据，直至-1 结束
   scanf("%d",&x);
   while (x!=-1)                           //采用头插法生成双向循环链表
   {
      s=(DLNode *)malloc(sizeof(DLNode));
      s->data=x;
      s->prior=head;
      s->next=head->next;
      head->next->prior=s;
      head->next=s;
      scanf("%d",&x);
   }
   return head;                            //返回指向双向循环链表的头指针
}
void Insert_Sort(DLNode *head)             //head 指向带头节点的双向循环链表
{
   DLNode *pre,*p,*q;
   pre=head->next;                         //初始时认为链表中的第一个节点有序
   p=pre->next;
   while(p!=head)                          //未查完整个链表时
   {
     pre=p->prior;                         //pre 指向有序链表的最后一个节点
     q=p->next;                            //暂存无序链表的第二个节点的指针值
     while(pre!=head&&p->data<pre->data)
        pre=pre->prior;                    //在有序链表中由后向前寻找插入位置
     if(pre!=p->prior)  //待插节点的插入位置不在有序链表的最后一个节点之后
     {
        p->prior->next=p->next;
        p->next->prior=p->prior;           //在无序链表中删除待插节点*p
        p->next=pre->next;
        pre->next->prior=p;
        p->prior=pre;
        pre->next=p;                       //在有序链表中将*p 插入应插节点*pre 之后
```

```
        }
        p=q;                                    //p继续指向无序链表新的第一个节点
    }
}
void print1(DLNode *h)                          //后向输出双向循环链表
{
    DLNode *p;
    p=h->next;
    while(p!=h)
    {
        printf("%4d",p->data);
        p=p->next;
    }
    printf("\n");
}
void print2(DLNode *h)                          //前向输出双向循环链表
{
    DLNode *p;
    p=h->prior;
    while(p!=h)
    {
        printf("%4d",p->data);
        p=p->prior;
    }
    printf("\n");
}
void main()
{
    DLNode *h;
    h=CreateDlinkList();                        //生成双向循环链表
    printf("Output list for next\n");
    print1(h);                                  //后向输出双向循环链表
    printf("Output list for prior\n");
    print2(h);                                  //前向输出双向循环链表
    Insert_Sort(h);                             //插入排序
    printf("Output list for Sort\n");
    print1(h);                                  //后向输出双向循环链表
}
```

9.8.2 双向冒泡排序

由冒泡排序程序执行的结果可知：最大关键字一趟就移到了它最终放置的位置上，而最小关键字每趟排序仅向前移动了一个位置。也就是说，如果具有 n 个记录的待排序序列已基本有序，但是具有最小关键字的记录位于序列最后，则采用冒泡排序也仍然需要进行 $n-1$ 趟排序。因此，可以采用双向冒泡排序的方法来解决这个问题。

程序实现如下：

```c
#include<stdio.h>
#define MAXSIZE 30
typedef struct
{
   int key;                                     //关键字项
   char data;                                   //其他数据项
}RecordType;                                    //记录类型
void DBubbleSort(RecordType R[],int n)          //双向冒泡排序
{
   int i,j,swap=1;
   for(i=1;swap!=0;i++)                         //交换标志 swap 为 1 时继续进行冒泡排序
   {
      swap=0;
      for(j=n-i;j>=i; j--)                      //从右到左进行冒泡排序
         if(R[j+1].key<R[j].key)
         {
            R[0]=R[j];
            R[j]=R[j+1];
            R[j+1]=R[0];
         }
      for(j=i+1; j<=n-i;j++)                    //从左到右进行冒泡排序
         if(R[j+1].key< R[j].key)
         {
            R[0]=R[j];
            R[j]=R[j+1];
            R[j+1]=R[0];
            swap=1;                             //有交换发生
         }
   }
}
void main()
{
   int i=1,j,x;
   RecordType R[MAXSIZE];                       //定义记录类型数组 R
   printf("Input int data of list (-1 stop):\n");
                                                //给表的每个记录输入关键字,直至-1 结束
   scanf("%d",&x);
   while(x!=-1)
   {
      R[i].key=x;
      scanf("%d",&x);
      i++;
   }
   printf("Output data in list:\n");
   for(j=1;j<i;j++)                             //输出表中各记录的关键字
      printf("%4d",R[j].key);
```

```c
        DBubbleSort(R,i-1);                        //进行双向冒泡排序
        printf("\nOutput data in list after Sort:\n");
        for(j=1;j<i;j++)                           //输出双向冒泡排序之后的结果
            printf("%4d",R[j].key);
        printf("\n");
}
```

9.8.3 双向选择排序

程序实现如下：

```c
#include<stdio.h>
#define MAXSIZE 30
typedef struct
{
    int key;                           //关键字项
    char data;                         //其他数据项
}RecordType;                           //记录类型
void D_SelectSort(RecordType R[],int n)
{                                      //对 R[1]~R[n]这 n 个记录进行选择排序
    int i,j,k;
    for(i=1;i<=n/2;i++)                //进行 n/2 趟选择
    {
        k=i;                           //假设关键字最小的记录为第 i 个记录
        for(j=i+1;j<=n-i+1;j++)
        {              //从第 i+1 个记录开始的 n-2i+1 个无序记录中选出关键字最小记录
            if(R[j].key<R[k].key)
                k=j;                   //用 k 保存关键字最小记录的存放位置
        }
        if(i!=k)                       //将找到的关键字最小记录与第 i 个记录交换
        {
            R[0]=R[k];
            R[k]=R[i];
            R[i]=R[0];
        }
        k=n-i+1;                       //假设关键字最大记录为第 n-i+1 个记录
        for(j=n-i;j>=i+1;j--)
                //从第 n-i 个记录开始的 n-2i 个无序记录中选出关键字最大的记录
            if(R[j].key>R[k].key)
                k=j;                   //用 k 保存关键字最大记录的存放位置
        if(i!=k)                       //将找到的关键字最大记录与第 n-i+1 个记录交换
        {
            R[0]=R[k];
            R[k]=R[n-i+1];
            R[n-i+1]=R[0];
        }
```

```
        }
    }
    void main()
    {
        int i=1,j,x;
        RecordType R[MAXSIZE];                        //定义记录类型数组 R
        printf("Input int data of list(-1 stop):\n");
                                                      //给表的每个记录输入关键字,直至-1 结束
        scanf("%d",&x);
        while(x!=-1)
        {
            R[i].key=x;
            scanf("%d",&x);
            i++;
        }
        printf("Output data in list:\n");
        for(j=1;j<i;j++)                              //输出表中各记录的关键字
            printf("%4d",R[j].key);
        D_SelectSort(R,i-1);                          //进行双向选择排序
        printf("\nOutput data in list after Sort:\n");
        for(j=1;j<i;j++)                              //输出选择排序之后的结果
            printf("%4d",R[j].key);
        printf("\n");
    }
```

9.8.4 单链表存储下的选择排序

在程序中,可以通过指针 p 来标识已排好序的记录区间和未排好序的记录区间,即由 head->next 直至指针 p 所链接的记录是前 *i* 趟已选择出并排好序的记录序列,而由 p->next 开始直至链尾为未排好序的记录序列。每趟找出的最小记录由指针 r->next 来标识。

程序实现如下:

```
#include<stdio.h>
#include<stdlib.h>
typedef struct node
{
    int data;                          //data 为节点的数据信息
    struct node *next;                 //next 为指向后继节点的指针
}LNode;                                //单链表节点类型
void CreateLinkList(LNode **head)
{                    //将主调函数中指向待生成单链表的指针地址(如&p)传给**head
    int x;
    LNode *p;
    *head=(LNode *)malloc(sizeof(LNode));     //生成链表头节点
    (*head)->next=NULL;                       //*head 为链表头指针
    printf("Input int data of list(-1 stop):\n");
```

```c
        scanf("%d", &x);                       //节点的数据为整型，读入节点数据
        while(x!=-1)                           //生成链表的其他节点
        {
           p=(LNode *)malloc(sizeof(LNode));   //申请一个节点空间
           p->data=x ;
           p->next=(*head)->next;              //将头节点的next值赋给新节点*p的next
           (*head)->next=p;                    //头节点的next指针指向新节点*p，实现在表头插入
           scanf("%d",&x);                     //继续生成下一个新节点
        }
    }
    LNode *Select(LNode *head)                 //单链表下的选择排序
    {
        LNode *p,*q,*r,*s;
        p=head;                                //p指向链表头节点
        while(p->next!=NULL)                   //对链表的所有节点（除了头节点）进行选择排序
        {
           q=p->next;                          //q用来标识本趟选择排序的开始记录
           r=p;                                //r指向*q的前驱
           while(q->next!=NULL)                //找出本趟中具有最小关键字的记录*(r->next)
           {
              if(q->next->data<r->next->data)
                 r=q;
              q=q->next;
           }
           if(r!=p)                            //*r是无序链表中的节点（即记录）
           {
              s=r->next;                       //s指向本趟找出的最小关键字节点
              r->next=s->next;                 //摘去*s之后应保证原无序链表的正常链接
              s->next=p->next;                 //本趟找出的最小关键字节点插入无序链表之前
              p->next=s;                       //本趟找出的最小关键字节点插入有序链表的最后
           }
           p=p->next;                          //p指向有序链表这个新的最后节点
        }
        return head;                           //返回链头指针
    }
    void print(LNode *p)                       //输出排序结果
    {
        p=p->next;
        while(p!=NULL)
        {
           printf("%d,",p->data);
           p=p->next;
        }
        printf("\n");
```

```
    }
    void main()
    {
        LNode *h;
        CreateLinkList(&h);              //生成单链表
        print(h);                        //输出单链表中的数据
        h=Select(h);                     //对单链表进行选择排序
        print(h);                        //输出排序结果
    }
```

9.8.5 归并排序的迭代算法实现

二路归并的迭代算法仍然采用二路归并的基本思想：将 n 个记录的无序表 R[1]~R[n] 看作 n 个表长为 1 的有序表，然后将相邻的两个有序表两两合并到表 R1[1]~R1[n]中，使之生成表长为 2 的有序表；接着进行两两合并，将表 R1 的子表两两合并到 R[1]~R[n] 中。这样反复进行由表 R 到表 R1 的两两合并，再由表 R1 到表 R 的两两合并，直到最后生成一个表长为 n 的有序表为止。

对于二路归并的迭代算法，需要先解决每趟排序中的分组问题。假定本趟排序是从 R[1]开始的，并且长度为 len 的每个子表已经有序。因为表长未必是 2 的整数幂，所以最后一组就不能保证表长恰好为 len，也不能保证每趟归并时都有偶数个有序表，这些都要在一趟排序中予以考虑。二路归并迭代算法针对这些情况处理的原则如下。

（1）若最后一次归并的记录个数（指两个子表）大于一个子表的长度 len，则再调用一次 Merge 算法，将剩下的两个不等长的子表归并为一个子表。

（2）若最后一次归并的记录个数已不足或正好等于一个子表的长度 len，则只需要将这些剩下的记录依次复制到已合并好的前一个子表中。

在函数 MergeSort()的 while 循环中，在执行第一个调用 MergePass 语句时就可能生成了长度为 n 的有序表，但这个表是保存在表（数组）R1 中的，接下来在执行第二个调用 MergePass 语句时因为已执行过 "len=2*len;" 语句，即此时的 len 已经等于 2n，所以 R1 只相当于半个子表，根据函数 MergePass 语句生成了长度为 n 的有序表，则这个表是保存在表 R 中的。因此，最终排好序的结果保存在表 R 中。

程序实现如下：

```
#include<stdio.h>
#define MAXSIZE 30
typedef struct
{
    int key;              //关键字项
    char data;            //其他数据项
}RecordType;              //记录类型
void Merge(RecordType R[],RecordType R1[],int s,int m,int t)
{   //两个有序子表R[s]~R[m]和R[m+1]~R[t]归并为一个有序子表，并且暂存于R1
    int i,j,k;
    i=k=s;
```

```c
      j=m+1;
   while(i<=m&&j<=t)       //依次比较两个子表中的记录，按升序暂存于R1
      if(R[i].key<R[j].key)
         R1[k++]=R[i++];
      else
         R1[k++]=R[j++];
   while(i<=m)             //第二个子表已归并完，将第一个子表的剩余记录复制到R1
      R1[k++]=R[i++];
   while(j<=t)             //第一个子表已归并完，将第二个子表的剩余记录复制到R1
      R1[k++]=R[j++];
}
void MergePass(RecordType R[],RecordType R1[],int len,int n)
{                    //len为本趟归并中子表长度，所有子表均在R[1]～R[n]中，
                     //即从R[1]～R[n]归并到R1[1]～R1[n]
   int i;
   for(i=1;i+2*len-1<=n;i=i+2*len)
      Merge(R,R1,i,i+len-1,i+2*len-1);   //对两个长度为len的有序表进行合并
   if(i+len-1<n)//待合并的两个子表长度之和大于一个子表长度，但小于两个子表长度
      Merge(R,R1,i,i+len-1,n);
   else
      if(i<=n)                              //待合并的记录已不足或正好是一个子表
         while(i<=n)
            R1[i++]=R[i++];
}
void MergeSort(RecordType R[],RecordType R1[],int n)//迭代方式的归并排序
{
   int len=1;
   while(len<n)
   {
      MergePass(R,R1,len,n);          //将暂存于表R中的子表两两合并到表R1
      len=2*len;                      //一趟归并之后有序子表的长度为原子表长度的2倍
      MergePass(R1,R,len,n);          //将暂存于表R1中的子表两两合并到表R
   }
}
void main()
{
   int i=1,j,x;
   RecordType R[MAXSIZE],R1[MAXSIZE];         //定义记录类型数组R和R1
   printf("Input int data of list (-1 stop):\n");
                                  //给表的每个记录输入关键字，直至-1结束
   scanf("%d",&x);
   while(x!=-1)
   {
      R[i].key=x;
      scanf("%d",&x);
```

```
        i++;
    }
    printf("Output data in list:\n");
    for(j=1;j<i;j++)                                //输出表中各记录的关键字
        printf("%4d",R[j].key);
    printf("\nSort:\n");
    MergeSort(R,R1,i-1);                            //进行迭代方式下的归并排序
    printf("\nOutput data in list after Sort:\n");//输出归并排序之后的结果
    for(j=1;j<i;j++)
        printf("%4d",R[j].key);
    printf("\n");
}
```

参考文献

[1] 胡元义. 数据结构（C 语言）实践教程[M]. 2 版. 西安：西安电子科技大学出版社，2014.

[2] 胡元义，黑新宏. 数据结构教程[M]. 北京：电子工业出版社，2018.

[3] 胡元义，邓亚玲，徐睿琳. 数据结构课程辅导与习题解析[M]. 北京：人民邮电出版社，2003.

[4] 何军，胡元义. 数据结构 500 题[M]. 北京：人民邮电出版社，2003.

[5] 胡元义，等. C 语言与程序设计[M]. 2 版. 西安：西安交通大学出版社，2017.